高等学校"十二五"规划教材

分析化学实验

孙建之　张存兰
杨　敏　王敦青　主编

化学工业出版社

·北京·

本书分化学分析实验和仪器分析实验两部分，共 33 个实验项目。实验项目选取兼顾经典和创新，以适合不同专业学生的学习要求。每个实验后附有思考题，每章后附有习题，以方便学生进一步巩固实验原理和实验操作。

本书可作为高等学校化学、化工、材料、环境、生物、医药和农学等专业的教材，也可供广大本科生复习之用。

图书在版编目（CIP）数据

分析化学实验/孙建之等主编．—北京：化学工业出版社，2014.9（2025.2重印）
高等学校"十二五"规划教材
ISBN 978-7-122-21263-4

Ⅰ.①分… Ⅱ.①孙… Ⅲ.①分析化学-化学实验-高等学校-教材 Ⅳ.①O652.1

中国版本图书馆 CIP 数据核字（2014）第 152082 号

责任编辑：宋林青　王　岩		文字编辑：颜克俭	
责任校对：蒋　宇		装帧设计：史利平	

出版发行：化学工业出版社（北京市东城区青年湖南街 13 号　邮政编码 100011）
印　　装：北京盛通数码印刷有限公司
787mm×1092mm　1/16　印张 10¼　字数 280 千字　2025 年 2 月北京第 1 版第 8 次印刷

购书咨询：010-64518888　　　　　　　　　售后服务：010-64518899
网　　址：http://www.cip.com.cn
凡购买本书，如有缺损质量问题，本社销售中心负责调换。

定　价：22.00元　　　　　　　　　　　　　　　　　　　　　　版权所有　违者必究

前　言

分析化学实验是化学、化工、材料、环境、生物、医药和农学等专业的主要基础课程之一，在培养学生基本实验技能、提高学生实验素养以及增强学生的实践能力等方面有着重要作用。

新建本科院校处于研究型大学和高职院校的"中间地带"，在地方本科高校转型发展、重点培养应用型人才的背景下，加强实验教学已成为全面提高学生素质的重要途径之一，也是地方院校突出办学特色的主要平台。根据"厚基础、强实践、求创新、高素养、重责任"的创新性应用型人才培养体系的要求，本教材针对应用型人才的特点，在课程的教学模式上以提高实践能力为导向，注重"实验中的细节"，使学生通过实验养成严谨的科学习惯。

本教材包括化学分析实验与仪器分析实验两部分内容，并且增加了相关的练习题，使学生的实验学习与习题练习同步进行，真正使学生在"学中做、做中学"。除经典实验外，还包括近几年仪器分析技术的最新进展，尤其是结合教师的研究项目开设的实验内容；教材结构与理论课程结构对应，方便学生的针对性学习，也体现了实践与教学的相互促进作用。

本书由德州学院化学化工学院孙建之、张存兰、杨敏、王敦青等编写，由孙建之统稿并定稿。本教材是在我们总结近几年来主持研究应用型本科院校"十一五"国家级课题（No：FIB070335-A4-03）、山东省教育科学"十二五"规划教研课题（No：2011JG439，No：2011GG127）的基础上，针对地方本科院校化学类专业的教学特点，从技术技能型人才的培养出发，以培养学生职业技能为主线编写而成的。

编者根据分析化学实验教学的实际经验，参阅国内外相关的教材、专著、文献资料编写了此教材，在此对相关院校的同行、专家表示诚挚的谢意。

本书在编写过程中，得到了山东省精品课程、德州学院教材建设基金项目的资助，并得到了化学工业出版社的支持与帮助，在此深表感谢。

由于编者水平所限，难免存在一些疏漏之处，敬请读者批评指正。

编者
2014 年 6 月于德州学院（山东德州）

目 录

第一部分 化学分析实验

第一章 基础知识 …………………… 1
  第一节 玻璃仪器的洗涤 …………… 1
  第二节 滴定分析的仪器和基本操作 …… 1

第二章 定量分析基本操作 ………… 3
  实验一 天平称量练习 ……………… 3
  实验二 滴定分析基本操作练习 …… 6
  练习题 ………………………………… 10

第三章 酸碱滴定实验 ……………… 15
  实验三 盐酸溶液的配制和标定 …… 15
  实验四 混合碱的连续滴定分析（双指示剂法） ………………………… 16
  实验五 NaOH 溶液的配制和标定 …… 19
  实验六 铵盐中含氮量的测定（甲醛法） …… 21
  练习题 ………………………………… 23

第四章 络合滴定 …………………… 30
  实验七 EDTA 标准溶液的配制和标定 …… 30
  实验八 水的硬度的测定 …………… 34
  实验九 铅、铋混合液中铅、铋含量的连续测定 …………………… 38
  练习题 ………………………………… 40

第五章 氧化还原滴定 ……………… 47
  实验十 高锰酸钾标准溶液的配制和标定 …… 47
  实验十一 过氧化氢含量的测定 …… 49
  实验十二 $Na_2S_2O_3$ 标准溶液的配制及标定 …… 51
  实验十三 间接碘量法测定铜盐中的铜 …… 54
  实验十四 碘量法测定维生素 C 的含量 …… 56
  实验十五 铁矿石中全铁含量的测定（重铬酸钾无汞法） …… 59
  练习题 ………………………………… 62

第六章 沉淀滴定与重量法实验 …… 69
  实验十六 氯离子含量的测定（莫尔法） …… 69
  实验十七 可溶性氯化物中氯含量的测定（佛尔哈德法） …… 72
  实验十八 钡盐中钡含量的测定 …… 73
  练习题 ………………………………… 76

第七章 吸光光度法实验 …………… 81
  实验十九 分光光度法测定微量铁 …… 81
  练习题 ………………………………… 84

第二部分 仪器分析实验

实验二十 ICP-AES 测定饮用水中铬、铅 …… 86
实验二十一 电感耦合等离子体原子发射光谱法测定塑料及其制品中铅、镉、汞 …… 87
实验二十二 原子吸收光谱法测定硫酸锌中铅、镉的含量 …… 89
实验二十三 火焰原子吸收光谱法测定废水中的重金属离子 …… 91
实验二十四 维生素 B_{12} 片剂含量的测定——紫外可见分光光度法 …… 92
实验二十五 紫外分光光度法测定塑料制品中双酚 A …… 93
实验二十六 苯甲酸的红外吸收光谱测定 …… 95
实验二十七 红外光谱吸收法测定液体有机化合物的结构 …… 96
实验二十八 氟离子选择性电极测定牙膏中氟的含量 …… 97
实验二十九 电位滴定法测定食用醋中醋酸的含量 …… 99
实验三十 循环伏安法测定染发剂中的对苯二胺 …… 101
实验三十一 葡萄酒中乙醇含量的气相色谱法测定 …… 102
实验三十二 液相色谱法检测土壤中的尿素含量 …… 104
实验三十三 离子色谱法测定高纯氯化锂中的五种微量阴离子 …… 105
仪器分析实验练习题 …… 106

思考题答案 …………………………………………………………………………… 126

练习题答案 …………………………………………………………………………… 133

附录 …………………………………………………………………………………… 151

    附录1　化学试剂等级对照表 ………………… 151　　附录5　络合指示剂 ………………………… 153

    附录2　常用酸碱试剂的浓度 ………………… 151　　附录6　氧化还原指示剂 …………………… 153

    附录3　常用酸碱指示剂 ……………………… 151　　附录7　常用缓冲溶液 ……………………… 153

    附录4　常用混合酸碱指示剂 ………………… 152　　附录8　相对原子质量表 …………………… 154

参考文献 ……………………………………………………………………………… 156

第一部分　化学分析实验

第一章　基础知识

第一节　玻璃仪器的洗涤

在分析化学实验中，洗涤玻璃仪器不仅是一项实验前必须做的准备工作，也是一项技术性工作。仪器洗涤是否符合要求，对检验结果的准确度和精密度均有影响。

最常用的洁净剂是肥皂、洗衣粉、去污粉、洗液、有机溶剂等。

肥皂、洗衣粉、去污粉用于可以用刷子直接刷洗的仪器，如烧杯、三角瓶、试剂瓶等；洗液多用于不便用刷子洗刷的仪器，如滴定管、移液管、容量瓶、蒸馏器等特殊形状的仪器，也用于洗涤长久不用的杯皿器具和刷子刷不下的结垢。洗完后，再用自来水清洗，最后用蒸馏水或去离子水冲洗 3 次。

新购买的玻璃仪器一般用稀盐酸洗涤，洗掉玻璃加工过程中的游离碱，然后用自来水洗涤，蒸馏水冲洗。对容量较大的器皿，如大烧瓶、量筒等，洗净后注入浓盐酸少许，转动容器使其内部表面均沾有盐酸，数分钟后倾去盐酸，再以流水冲净。

也可以用清洗机来清洗玻璃皿。通过超声波高频振荡可以使附在物体表面的污垢全部振落下来，最终达到清洗的目的。

第二节　滴定分析的仪器和基本操作

在滴定分析中，必须准确测量溶液的体积才能得到精确的分析结果，滴定管、容量瓶、移液管和吸量管等均是准确测量溶液体积的仪器。

一、滴定管

滴定管分为碱式滴定管和酸式滴定管。前者用于量取对玻璃管有侵蚀作用的液态试剂；后者用于量取对橡胶有腐蚀作用的液体。滴定管容量一般为 25.00mL 或 50.00mL，刻度的每一大格为 1mL，每一大格又分为 10 小格，故每一小格为 0.1mL。精确度是百分之一，即可精确到 0.01mL。滴定管为一细长的管状容器，一端具有活塞开关，其上标有刻度指示量度。一般读数由上到下逐渐增大。

现在也有通用型滴定管，样式与酸式滴定管近似，只是把旋塞的材质改为聚四氟乙烯等既耐酸又耐碱的材料。

酸式滴定管一般是玻璃活塞，用来量取或滴定酸溶液或氧化性试剂，不可装碱性溶液。使用前需先检查是否漏液，量取或滴定液体时必须洗涤、润洗，将管内的气泡赶尽，尖嘴内充满液体。

碱式滴定管一般是用橡胶管和玻璃珠来控制流量，用来量取或滴定碱性溶液，禁止用碱式滴定管装酸性及强氧化性溶液，以免腐蚀橡胶管。使用前，同样需先检查是否漏液，量取或滴定液体时必须洗涤、润洗，将管内的气泡赶尽，尖嘴内充满液体。

在滴定时，加入的液体量一般处于刻度线 0.00 或稍下处。底部的开关可控制流速，在远离滴定终点时可适当加快滴定速度，以节省实验时间。使用前，需要用待填充的液体润洗 2～3 次。填充液体时，需细心缓慢操作，以防因管口狭小而使液体漏出，必要时可辅以漏斗，装入液体后滴定管中不能有气泡。使用时，滴定管应保持垂直，不宜倾斜，以免读数时产生误差。

二、容量瓶

容量瓶是一种细颈平底的容器，带有磨口玻塞，颈上有标线，表示在所指温度下液体凹液面与容量瓶颈部的标线相切时，溶液体积恰好与瓶上标注的体积相等。容量瓶上标有温度、容量、刻度线。

容量瓶是用来准确配制一定浓度的溶液的精确仪器，常和移液管配合使用。有多种规格，小的有 5mL、25mL、50mL、100mL，大的有 250mL、500mL、1000mL、2000mL 等。主要用于直接法配制标准溶液、准确稀释溶液以及配制样品溶液等。

三、移液管

移液管是用来准确移取一定体积的溶液的量器。是一种量出式仪器，只用来测量它所放出溶液的体积。它是一根中间有一个膨大部分的细长玻璃管。其下端为尖嘴状，上端管颈处刻有一条标线，是所移取的准确体积的标志。

常用的移液管有 5mL、10mL、25mL 和 50mL 等规格。通常又把具有刻度的直形玻璃管称为吸量管。常用的吸量管有 1mL、2mL、5mL 和 10mL 等规格。移液管和吸量管所移取的体积通常可准确到 0.01mL。

在滴定分析中准确移取溶液一般使用移液管，反应过程中需控制试液加入量时一般使用吸量管。使用前，检查移液管的管口和尖嘴有无破损，若有破损则不能使用。

第二章 定量分析基本操作

实验一 天平称量练习

一、实验目的
1. 了解天平的构造及其使用方法。
2. 学会直接称量法、固定质量称量法和递减称量法等常用的称量方法；能熟练、规范地称量给定的试剂。
3. 养成准确、规范地记录实验原始数据的习惯。

二、实验原理
天平是定量分析操作中最主要的仪器，天平的称量误差直接影响分析结果。因此，必须了解常见天平的结构，学会正确的称量方法。常见的天平有普通托盘天平和电子天平。

托盘天平的称量误差较大，一般用于对质量精度要求不太高的试剂。称量采用杠杆平衡原理，使用前需先调平。使用砝码并结合游标来调节质量，砝码不能用手去拿，要用镊子夹。

电子天平是最新一代的天平，其称量原理是电磁力与物质的重力相平衡，即直接检出值是重力而非物质的质量。故该天平使用时，要随使用地的纬度、海拔高度随时校正其 g 值，方可获取准确的质量数。电子天平内部配有标准砝码和质量的校正装置，校正后的电子天平可获取准确的质量读数。

电子天平可直接称量，测量时不需要砝码，放上被测物质后，在几秒钟内即可达到平衡，直接显示读数，具有称量速度快、精度高的特点。它的支撑点采取弹性簧片代替机械天平的玛瑙刀口，用差动变压器取代升降枢纽装置，用数字显示代替指针刻度。因此具有体积小、性能稳定、操作简便和灵敏度高等特点。

此外，电子天平还具有自动校正、自动去皮、超载显示、故障报警等功能。以及具有质量电信号输出功能，并且可与打印机计算机联用，进一步扩展了其功能，如统计称量的最大值、最小值、平均值和标准偏差等。由于电子天平具有机械天平无法比拟的优点，现在应用越来越广泛。

1. 电子天平的一般使用步骤

① 称量前的检查　取下天平罩，叠好，放于天平后。检查天平盘内是否干净。检查硅胶是否变色失效，若失效，应及时更换。

② 水平调节　调整水平调节脚，使水平仪内气泡位于水平仪中心（圆环中央）。

③ 开机　接通电源，轻按"NO/OFF"键，当显示器显示"0.0000g"时，电子称量系统自检过程结束。天平如果长时间断电，接通电源后至少需预热30min。

④ 打开开关"ON"，使显示器亮，并显示称量模式 0.0000g。

⑤ 称量 按"O/T"键,显示为零后。将称量物放入盘中央,关闭天平侧门,待读数稳定后,该数字即为称量物的质量。

⑥ 去皮称量 按"O/T"键清零,将空容器放在盘中央,按 TAR 键显示零,即去皮。将称量物放入空容器中,读数稳定后,此时天平所示读数即为所称物体的质量。

⑦ 关机 称量完毕,按"ON/OFF"键,关闭显示器,此时天平处于待机状态,若长时间不再使用,应拔下电源插头。

称量时,要根据不同的称量对象,选择合适的天平和称量方法。一般称量使用普通托盘天平即可,对于质量精度要求高的样品和基准物质应使用电子天平来称量。尤其注意,并不是称量的精确度越高越好,能用普通托盘天平称量的试剂,一般不用电子天平称量。

2. 基本称量方法

样品的基本称量方法有 3 种:直接称量法、固定质量称量法和递减称量法。

(1) 直接称量法 此法用于在天平上直接称出物体的质量,如称量某小烧杯的质量等。适用称量洁净干燥的不易潮解或升华的固体试样。

操作要点:将要称量的物体准备好,关好天平门,按 TAR 键清零。打开天平左门,将物体放入托盘中央,关闭天平门,待稳定后读数。记录后打开左门,取出物品,关好天平门。

(2) 固定质量称量法 又称增量法,此法用于称量某一固定质量的试剂或试样。这种称量操作的速度很慢,用于称量不易吸潮,在空气中能稳定存在的粉末或小颗粒(最小颗粒应小于 0.1mg)样品,以便精确调节其质量。本操作可以在天平中进行,用左手手指轻击右手腕部,将牛角匙中样品慢慢振落于容器内。

操作要点:固定质量称量法要求称量精度在 1.0mg 以内。如称取 0.5000g 石英砂,则允许质量的范围是 0.4990~0.5010g。超出这个范围的样品均不合格。若加入量过多,则需重称试样,已用试样必须弃去,不能放回到试剂瓶中。操作中不能将试剂撒落到容器以外的地方,称好的试剂必须定量地转入接受器中,不能有遗漏。

(3) 递减称量法 又称减量法。此法用于称量一定范围内的样品和试剂。主要针对易挥发、易吸水、易氧化或易与二氧化碳反应的物质。用滤纸条从干燥器中取出称量瓶,用纸片夹住瓶盖柄打开瓶盖,用牛角匙加入适量试样(多于所需总量,如称取 3 份 0.3g 试样,则需加入 1g 左右试样),盖上瓶盖,置入天平中,按 TAR 键清零。

操作要点:用滤纸条取出称量瓶,在接受器的上方倾斜瓶身,用瓶盖轻击瓶口使试样缓缓落入接受器中。当估计试样接近所需量(0.3g 或约 1/3)时,继续用瓶盖轻击瓶口,同时将瓶身缓缓竖直,用瓶盖向内轻刮瓶口使粘于瓶口的试样落入瓶中,盖好瓶盖。将称量瓶放入天平,显示的质量减少量即为试样质量。

若放出质量多于所需(超出 0.3g 较多)时,则需重称,已取出试样不能收回,须弃去。

三、试剂和仪器

电子分析天平;表面皿或 50mL 小烧杯,烘干待用;粉末试样(如 NaCl、$K_2Cr_2O_7$ 等);牛角匙。

称量瓶:称量瓶依次用洗液、自来水、蒸馏水洗净后放入洁净的 100mL 烧杯中,瓶盖斜放在称量瓶口上,置于烘箱中,升温 105℃后保持 30min 取出烧杯,稍冷片刻,将称量瓶置于干燥器中,冷至室温后即可使用。

四、实验步骤

1. 直接称量法

在电子天平上准确称出洁净干燥的表面皿、烧杯或称量瓶的质量，记录称量的数据，熟悉天平的使用。

2. 固定质量称量法

称取 0.5000g NaCl 试样 3 份。

① 在电子天平上准确称出洁净干燥的表面皿或小烧杯的质量，记录称量数据或按天平上的"去皮"键。

② 用牛角匙将试样慢慢加到表面皿的中央，如果在①步中未选择"去皮"，则加试样使天平读数在关上天平门后正好显示"表面皿重＋0.5000g"，记录称量数据，算出试样的实际质量；如果在①步中选择了"去皮"，则加试样使天平读数在关上天平门后正好显示 0.5000g，记录称量数据。

③ 可以多练习几次，以表面皿加试样为起点，练习牛角匙的使用。

④ 固定质量称量法称一个试样的时间应在 8min 以内。

3. 递减称量法

称取 0.3～0.4g NaCl 试样 3 份。

① 在电子天平上将 3 个洁净、干燥的表面皿分别称准至 0.1mg。记录为 m_{b1}，m_{b2}，m_{b3}；

② 在电子天平上准确称量一个装有足够试样的称量瓶的质量，记录为 m_1；估计一下样品的体积，转移 0.3～0.4g 试样至表面皿中，称量并记录此时称量瓶和剩余试样的质量 m_2，根据 m_1 和 m_2 的质量差求出称出试样的质量 m_{s1}。以同样方法完成剩余 2 份试样的称量。

注：差减法称量时，拿取称量瓶的原则是避免手指直接接触器皿，可用洁净的纸条包裹或者用"指套"、"手套"等拿称量瓶，以减少称量误差。

③ 准确称量已有试样的表面皿，记录其质量为 m_{bs1}，根据 m_{b1} 和 m_{bs1} 的质量差求出称出试样的质量 m'_{s1}。以同样方法完成剩余 2 份试样的称量。

参照表 1 的格式认真记录实验数据。

④ 递减称量法称一个试样的时间在 12min 内，倾样次数不超过 3 次，连续称 3 个试样的时间不超过 18min，并做到称出的 3 份试样的质量均在要求的范围之内。

4. 称量结束后的工作

称量结束后，按 OFF 键关闭天平，将天平还原。在使用记录本上记下使用的时间和天平状态，并签名。整理好实验台之后方可离开。

五、实验数据记录和处理

1. 数据记录

称量练习记录表

编　号	1	2	3
m(称量瓶＋试样)/g	$m_1=$	$m_2=$	$m_3=$
	$m_2=$	$m_3=$	$m_4=$
m_s(称出试样)/g	$m_{s1}=$	$m_{s2}=$	$m_{s3}=$

续表

编　号	1	2	3
m_b（表面皿）/g	$m_{b1}=$	$m_{b2}=$	$m_{b3}=$
m_{bs}（表面皿＋试样）/g	$m_{bs1}=$	$m_{bs2}=$	$m_{bs3}=$
m'_s（表面皿中试样）/g	$m'_{s1}=$	$m'_{s2}=$	$m'_{s3}=$
偏差 d/mg			

2. 数据处理

计算实验结果，m_{s1} 与 m'_{s1} 的称量绝对偏差 d 应小于 0.4mg。

$$m_{s1}=m_1-m_2$$
$$m'_{s1}=m_{bs1}-m_{b1}$$
$$d=m_{s1}-m'_{s1}$$

六、使用和维护天平的注意事项

① 天平室应避免阳光照射，保持干燥，防止腐蚀性气体的接触，应放在牢固的台上避免震动。

② 天平状态稳定后不要随便变更设置。

③ 天平箱内应保持清洁，通常在天平中放置变色硅胶做干燥剂，若变色硅胶失效后应及时更换，以保持干燥。

④ 称量物的总质量不能超过天平的称量范围。在固定质量称量时要特别注意。

⑤ 不得在天平上称量过热、过冷或散发腐蚀性气体的物质。对于过热或过冷的称量物，应降（升）至室温后方可称量。

⑥ 天平上门一般不使用，称量时开侧门。在开关门放取称量物时，动作必须轻缓，切不可用力过猛或过快，以免造成天平损坏。

⑦ 所有称量物都必须置于一定的洁净干燥容器（如烧杯、表面皿、称量瓶等）中进行称量，以免沾染腐蚀天平。

⑧ 为避免手上的汗液污染，不能用手直接拿取容器。称取易挥发或易与空气作用的物质时，必须使用称量瓶以确保在称量的过程中质量不发生变化。

⑨ 实验数据必须写在记录本上，不允许记录到其他地方。

⑩ 注意保持天平内外的干净卫生。称量完毕，关好天平门，切断电源，罩上天平罩。

七、思考题

1. 用分析天平称量的方法有哪几种？固定称量法和递减称量法各有何优点缺点？在什么情况下选用这两种方法？

2. 使用称量瓶时，如何操作才能保证不损失试样？

实验二　滴定分析基本操作练习

一、实验目的

1. 掌握酸碱标准溶液的配制方法。

2. 掌握滴定管的正确使用和滴定基本操作。
3. 熟悉甲基橙和酚酞指示剂的变色特征，学会滴定终点的正确判断。

二、实验原理

滴定分析是将一种已知浓度的标准溶液滴加到被测试液中，直到化学反应完全为止，然后根据标准溶液的浓度和体积计算被测组分含量的一种方法。因此，必须学会标准溶液的配制、标定、滴定管的正确使用和滴定终点的正确判断。

$$NaOH + HCl = NaCl + H_2O$$

计量点 pH：7.0；pH 突跃范围：4.3~9.7。

甲基橙变色范围：3.1（红）~4.4（黄）；酚酞变色范围：8.0（无色）~9.6（红）。

HCl 与 NaOH 溶液的滴定反应，突跃范围的 pH 约为 4.3~9.7，可采用甲基橙（变色范围 pH 为 3.1~4.4）、酚酞（变色范围 pH 为 8.0~9.6）等指示剂来指示终点。HCl 滴定 NaOH，常选用甲基橙作为指示剂，NaOH 滴定 HCl，常以酚酞为指示剂。

标准溶液是指已知准确浓度（质量浓度或物质的量浓度）的用于滴定的溶液。一般有两种配制方法，即直接法和间接法。

1. 直接法

根据所需要的质量浓度（或物质的量浓度），准确称取一定量的物质，经溶解后，定量转移至容量瓶中并稀释至刻度，通过计算即得出标准溶液准确的质量浓度。这种溶液也称基准溶液。用来配制这种溶液的物质称为基准物质。对基准物质的要求是：①纯度高，杂质的质量分数低于 0.02%，易制备和提纯；②组成（包括结晶水）与化学式准确相符；③性质稳定，不分解，不吸潮，不吸收空气中 CO_2，不失结晶水等；④有较大的摩尔质量，以减小称量的相对误差。

配制方法：在分析天平上准确称取一定量已干燥的基准物质溶于水后，转入已校正的容量瓶中用水稀释至刻度，摇匀，即可计算出其准确浓度。

较稀的标准溶液可由较浓的标准溶液稀释而成。由储备液配制成操作溶液时，原则上只稀释一次，必要时可稀释二次。稀释次数太多则累积误差增大，影响分析结果的准确度。

2. 间接法

又叫标定法。如果欲配制标准溶液的试剂不是基准物，就不能用直接法配制。很多物质不符合基准物质的条件，它们都不能直接配制标准溶液。一般是先将这些物质配成近似所需浓度溶液，然后用基准物通过滴定的方法确定已配溶液的准确浓度，这一操作叫做"标定"。

注意：优级纯或分析纯试剂的纯度虽高，但组成不一定就与化学式相符，不一定能作为基准物使用。

酸碱滴定中常用 HCl 和 NaOH 作为滴定剂，由于浓盐酸易挥发，氢氧化钠易吸收空气中的水分和二氧化碳，故此滴定剂无法用直接法配制，只能先配置近似浓度的溶液然后用基准物质标定其浓度。

由原装的酸碱配制溶液时，一般只要求准确到 1~2 位有效数字，故可用量筒量取液体或用台秤称取固体试剂，加入的溶剂用量筒或量杯量取即可。但是在标定溶液的整个过程中，一切操作要求严格、准确。称量基准物质要求使用分析天平，称准至小数点后四位有效数字。浓度计算涉及的被标定溶液的体积，均要用容量瓶、移液管、滴定管等精确仪器量取或配制。

本实验分别选用甲基橙和酚酞作为指示剂，用自行配制的 HCl 和 NaOH 溶液相互滴定。在相互滴定的过程中，若采用同一种指示剂指示终点，不断改变被滴定溶液的体积，则滴定剂的用量也随之变化，但它们的体积比应基本不变。因此，在不知道 HCl 和 NaOH 溶液准确浓度的情况下，通过计算 V_{HCl}/V_{NaOH} 体积比的精确度，可以检查实验者对滴定操作技术和判断终点的掌握情况。

三、试剂和仪器

试剂：NaOH 固体（分析纯）、盐酸（分析纯）、酚酞（1%乙醇溶液）、甲基橙（0.1%水溶液）。

仪器：台秤、烧杯、试剂瓶、量筒、酸式滴定管、碱式滴定管、锥形瓶、洗瓶等。

四、实验步骤

1. 溶液的配制

（1）0.10mol/L HCl 溶液的配制

用洁净量筒量取约 4.2~4.5mL 12mol/L HCl 转入试剂瓶中，加蒸馏水至约 500mL，盖上玻璃塞，摇匀，贴好标签备用。浓盐酸易挥发，应在通风橱中操作。

（2）0.10mol/L NaOH 溶液的配制

在台秤上取约 2.0g 固体 NaOH 于烧杯中，加蒸馏水 50mL，全部溶解后，转入试剂瓶中，用少量蒸馏水涮洗小烧杯数次，将涮洗液一并转入试剂瓶中，加蒸馏水至约 500mL，盖上橡皮塞，摇匀，贴好标签备用。

2. 滴定操作练习

（1）酸式滴定管的使用

① 洗涤　若无明显油污，可用洗涤剂溶液荡洗。若有明显油污，可用铬酸溶液洗。加入 5~10mL 洗液，边转动边将滴定管放平，并将滴定管口对着洗液瓶口，以防洗液洒出。洗净后将一部分洗液从管口放回原瓶，最后打开活塞，将剩余的洗液放回原瓶，必要时可加满洗液浸泡一段时间。无论用何种洗涤液，清洗后，都必须用自来水充分洗净，并将管外壁擦干，以便观察内壁是否挂水珠。若挂水珠说明未洗干净，必须重洗。

② 涂油　取下酸式滴定管活塞上的橡皮圈，取出活塞，用吸水纸将活塞和活塞套擦干，将酸管放平，以防管内水再次进入活塞套。用食指蘸取少许凡士林，在活塞的两端各涂一薄层凡士林。也可以将凡士林涂抹在活塞的大头上，将活塞插入活塞套内，按紧并向同一方向转动活塞，直到活塞和活塞套上的凡士林全部透明为止。套上橡皮圈，以防活塞脱落打碎。

用自来水充满滴定管，夹在滴定管夹上直立 2min，仔细观察有无水滴滴下或从缝隙渗出。然后将活塞转动 180°，再如前法检查。如有漏水现象，必须重新涂油。

涂油合格后，用蒸馏水洗涤滴定管 3 次，每次用量分别为 10mL、5mL、5mL。洗涤时，双手持滴定管两端无刻度处，边转动边倾斜，使水布满全管并轻轻振荡。然后直立，打开活塞，将水放掉，同时冲洗管出口。

③ 操作溶液的装入　用 0.1mol/L HCl 溶液润洗酸式滴定管 2~3 次，每次 5~10mL。然后将 HCl 溶液装入酸式滴定管中。右手拿住滴定管上部，使滴定管倾斜 30°，左手迅速打开活塞，让溶液冲出，将气泡带走。管中液面调至 0.00mL 附近，记下初读数。

（2）碱式滴定管的使用

① 使用前的检查　检查乳胶管和玻璃球是否完好，若乳胶管已老化，玻璃球过大（不易操作）或过小（漏水），应予更换。乳胶管老化是正常现象，一般情况下，乳胶管应每学

② 操作溶液的装入　用 0.1mol/L NaOH 溶液润洗碱式滴定管 2～3 次，每次 5～10mL。然后将 NaOH 溶液装入碱式滴定管中，用右手拿住滴定管上端并使之倾斜，左手挤压乳胶管内的玻璃珠使尖端向上翘，让溶液从尖嘴处喷出，将气泡排出。管中液面调至 0.00mL 附近，记下初读数。

（3）以酚酞作指示剂，用 NaOH 溶液滴定 HCl

从酸式滴定管中精确放出一定体积（如 10.00mL）的 0.1mol/L HCl 于 250mL 锥形瓶中，加 10mL 蒸馏水，加 1～2 滴酚酞指示剂。用 0.1mol/L NaOH 进行滴定，在滴定过程中应不断摇动锥形瓶。

开始滴定时速度可以较快，当滴加的 NaOH 落点处周围红色褪去较慢时，表明已临近终点，应降低滴加速度，并用洗瓶淋洗锥形瓶内壁，直至溶液呈微红色并保持 30s 不褪色，即达终点，记录终读数。然后再从酸式滴定管中精确放出（如 2.00mL）HCl 溶液，再用 NaOH 滴定至终点，如此反复练习滴定、终点判断及读数若干次。

（4）以甲基橙作指示剂，用 HCl 溶液滴定 NaOH

从碱式滴定管中精确放出一定体积（如 10.00mL）的 0.1mol/L NaOH 于 250mL 锥形瓶中，加 10mL 蒸馏水，加 1～2 滴甲基橙指示剂。不断摇动下用 0.1mol/L HCl 进行滴定，溶液由黄色变为橙色即达终点，记录终读数。再从碱式滴定管中精确放出（如 2.00mL）NaOH 溶液，再用 HCl 滴定至终点，如此反复练习若干次。

（5）HCl 和 NaOH 溶液体积比的测定

从酸式滴定管中精确放出一定体积（如 20.00mL）0.1mol/L HCl 于锥形瓶中，加 1～2 滴酚酞，用 NaOH 溶液滴定至溶液呈微红色，0.5min 内不褪色即为终点，读取并准确记录 HCl 和 NaOH 溶液的体积，平行测定 3 次，计算 V_{HCl}/V_{NaOH}，要求相对平均偏差不大于 0.3%。

由碱式滴定管中精确放出一定体积的 NaOH 溶液于锥形瓶中，加 1～2 滴甲基橙，用 HCl 溶液滴定至终点，读取并准确记录 NaOH 和 HCl 溶液的体积，平行测定 3 次，计算 V_{NaOH}/V_{HCl}，要求相对平均偏差不大于 0.3%。

五、注意事项

① 用待装溶液将滴定管润洗 3 次（洗法与用蒸馏水润洗相同）。

② 将溶液直接倒入滴定管中，使之在"0"刻度左右，以便调节。

③ 赶气泡调"0"后，静止 1min 才能记录读数。

④ 碱式滴定管赶气泡的方法是：左手拇指和食指拿住玻璃珠中间偏上部位，并将乳胶管向上弯曲，出口管斜向上，同时向一旁压挤玻璃珠，使溶液从管口喷出随之将气泡带走，再一边捏乳胶管一边将其放直。当乳胶管放直后再松开拇指和食指，否则出口管仍会有气泡。最后将滴定管外壁擦干。

⑤ 无论使用哪种滴定管，都必须掌握下面 3 种加液方法：逐滴连续滴加；只加一滴；加半滴。

六、数据处理

NaOH 滴定 HCl（酚酞指示剂）

项　目	1	2	3
V_{HCl}初读数/mL			

续表

项　目	1	2	3
V_{HCl}终读数/mL			
V_{HCl}/mL			
V_{NaOH}初读数/mL			
V_{NaOH}终读数/mL			
V_{NaOH}/mL			
V_{NaOH}/V_{HCl}			
V_{NaOH}/V_{HCl}的平均值			
相对偏差/%			
相对平均偏差/%			

HCl 滴定 NaOH（甲基橙指示剂）

项　目	1	2	3
V_{NaOH}终读数/mL			
V_{NaOH}初读数/mL			
V_{NaOH}/mL			
V_{HCl}终读数/mL			
V_{HCl}初读数/mL			
V_{HCl}/mL			
V_{HCl}/V_{NaOH}			
V_{NaOH}/V_{HCl}的平均值			
相对偏差/%			
相对平均偏差/%			

七、思考题

1. 配制 NaOH 溶液时，应选用何种天平称取试剂？为什么？

2. 在滴定分析实验中，滴定管、移液管为何需要用滴定液和要移取的溶液润洗几次？滴定中使用的锥形瓶是否也要用滴定剂润洗？为什么？

3. 为什么用 HCl 溶液滴定 NaOH 溶液时一般采用甲基橙指示剂，而用 NaOH 溶液滴定 HCl 溶液时以酚酞为指示剂？

4. 滴定至临近终点时加入半滴的操作是怎样进行的？

练　习　题

一、选择题

1. 直接法配制标准溶液必须使用（　　）。
A. 基准试剂　　　　　　B. 化学纯试剂　　　　　C. 分析纯试剂　　　　　D. 优级纯试剂

2. 在分析中做空白实验的目的是（　　）。
A. 提高精密度，消除系统误差　　　　　　B. 提高精密度，消除偶然误差
C. 提高准确度，消除系统误差　　　　　　D. 提高准确度，消除偶然误差

3. 下列四个数据中为四位有效数字的是（　　）。

(1) 0.0056； (2) 0.5600； (3) 0.5006； (4) 0.0506

A. (1),(2)   B. (3),(4)   C. (2),(3)   D. (1),(4)

4. 使用滴定管读数应准确到（　　）。
A. 最小分度 1 格   B. 最小分度的 1/2
C. 最小分度的 1/10   D. 最小分度的 1/5

5. 用 25mL 移液管移出的液体体积应记录为（　　）。
A. 25mL   B. 25.0mL   C. 25.00mL   D. 25.000mL

6. 使用容量瓶配制标准溶液时，手应拿住（　　）。
A. 瓶颈刻度线以下   B. 瓶颈刻度线以上
C. 握住球部   D. 托住球部

7. 如果要求分析结果达到 0.1% 的准确度，滴定时所用滴定剂溶液的体积至少应为（　　）。
A. 100.00mL   B. 10.00mL   C. 18.00mL   D. 20.00mL

8. 欲取 50mL 某溶液进行滴定，要求容器量取的相对误差≤0.1%，应选（　　）。
A. 50mL 滴定管   B. 50mL 容量瓶   C. 50mL 量筒   D. 50mL 移液管

9. 需配 0.1mol/L HCl 溶液，请选最合适的仪器量取浓酸（　　）。
A. 量筒   B. 容量瓶   C. 移液管   D. 酸式滴定管

10. 用移液管吸取溶液时，调节液面至标线的正确方法是（　　）。
A. 保持移液管的管尖在液面下调节至标线
B. 将移液管提高离开液面并使管尖紧贴放置溶液器皿的内壁并调至标线
C. 将移液管移出液面，悬空调至标线
D. 移液管移至水槽上调至标线

11. 下表中的各种试剂按其纯度从高到低的顺序是（　　）。

代号	1	2	3	4
规格	分析纯	化学纯	实验纯	优级纯

A. 1，2，3，4   B. 4，1，2，3   C. 4，3，2，1   D. 4，2，1，3

12. 可用下列何种方法减小分析测试中的系统误差？（　　）
A. 仪器校正   B. 增加测定次数
C. 认真细心操作   D. 测定时环境的湿度一致

13. 在滴定分析中，一般用指示剂颜色的突变来判断化学计量点的到达，在指示剂变色时停止滴定。这一点称为（　　）。
A. 化学计量点   B. 滴定误差   C. 滴定终点   D. 滴定分析

14. 滴定分析法主要用于测定组分含量是（　　）。
A. 0.1% 以上的物质   B. 1% 以上的物质
C. 0.1%～1% 的物质   D. 0.1% 以下的物质

15. 用万分之一的分析天平称取试样质量时，数据记录正确的是（　　）。
A. 1.4102g   B. 1.410g   C. 1.41g   D. 1.4g

16. 对某试样进行平行 3 次测定，得平均含量为 30.6%，而真实含量为 30.3%，则 30.6%－30.3%＝0.3% 为（　　）。
A. 相对误差   B. 绝对误差   C. 相对偏差   D. 绝对偏差

17. 如果分析结果要求达到 0.1% 的准确度，使用灵敏度为 0.1mg 的分析天平至少应称取（　　）。
A. 0.1g   B. 0.2g   C. 0.05g   D. 0.5g

18. 定量分析中的空白实验的目的是（　　）。
A. 检查测定条件的控制是否正确   B. 检查试剂是否失效
C. 消除试剂和蒸馏水含杂质所造成的误差   D. 检查溶剂选择是否合适

19. 关于提高分析准确度的方法。以下描述正确的是（　　）。

A. 增加平行测定实验，可以减小系统误差
B. 做空白实验可以估算出试剂不纯带来的误差
C. 回收实验可以判定分析过程是否存在偶然误差
D. 通过对仪器进行校正可以减免偶然误差

20. 测定次数一定时，置信度越高，则平均值的置信区间（　　）。
A. 越宽   B. 越窄   C. 不变   D. 不一定

21. 微量分析的试样（液）体积范围是（　　）。
A. >1mL   B. <1mL   C. 0.01~1mL   D. <0.01mL

22. 下面有关随机误差的表述中正确的是（　　）。
(1) 大、小误差出现的概率相同
(2) 正、负误差出现的概率相同
(3) 大误差出现的概率小，小误差出现的概率大
(4) 正误差出现的概率小，负误差出现的概率大

A. (1)，(2)   B. (1)，(3)   C. (2)，(3)   D. (2)，(4)

23. 待测组分在试样中的相对含量在0.01%~1%范围内的分析为（　　）。
A. 痕量组分分析   B. 微量组分分析   C. 微量分析   D. 半微量分析

24. 试样用量为0.1~10mg的分析称为（　　）。
A. 常量分析   B. 半微量分析   C. 微量分析   D. 痕量分析

25. 下列数据中有效数字为四位的是（　　）。
A. 0.056   B. 35.070   C. pH=4.008   D. 0.7000

26. 海水平均含$1.08×10^3\mu g/g$ Na^+和$270\mu g/g$ SO_4^{2-}，海水平均密度为$1.02g/mL$，则海水中Na^+和SO_4^{2-}浓度（mol/L）为（　　）。[已知$A_r(Na)=23.0$，$M_r(SO_4^{2-})=96.1$]
A. $4.79×10^{-5}$，$2.87×10^{-6}$ B. $1.10×10^{-3}$，$2.75×10^{-4}$
C. $4.60×10^{-2}$，$2.76×10^{-3}$ D. $4.79×10^{-2}$，$2.87×10^{-3}$

27. 想通过一组分析数据来反映该样本所代表的总体，下面必不可少的量是（　　）。
A. 样本平均值$\bar{x}$ B. 样本标准差$s_{\bar{x}}$ C. 样本容量n D. 自由度f

28. 4次测量的平均值的标准偏差为16次测定的平均值的标准偏差的倍数是（　　）。
A. 16   B. 4   C. 2   D. 8

29. 某项测试包括三步测量，每步的相对误差为±0.1%，则极值相对误差为（　　）。
A. 0.1%   B. 0.2%   C. 0.3%   D. 0.6%

30. 对于下列四种表述，不正确的是（　　）。
(1) 为了减小测量误差，称样量越小越好；(2) 仪器分析方法因使用仪器，因此准确度高；(3) 增加平行测定次数不能消除系统误差；(4) 做空白实验可消除系统误差。

A. (1)，(2)   B. (1)，(2)，(4)   C. (1)，(3)，(4)   D. (1)，(2)，(3)

31. 用挥发法测定某试样的吸着水时，结果偏高，可能是由于（　　）。
A. 加热的温度过低   B. 加热时间不足
C. 试样加热后没有冷到室温就称量   D. 加热后的称量时间过长

32. 对某试样平行测定n次，量度所测各次结果的离散程度最好选用（　　）。
A. d B. $\bar{x}$ C. $s_{\bar{x}}$ D. σ

33. 下列说法正确的是（　　）。
A. 滴定管的初读数必须是"0.00"
B. 直接滴定分析中，各反应物的物质的量应成简单整数比
C. 滴定分析具有灵敏度高的优点
D. 基准物应具备的主要条件是摩尔质量大

34. 下列操作中错误的是（　　）。
   A. 用间接法配制 HCl 标准溶液时，用量筒取水稀释
   B. 用右手拿移液管，左手拿洗耳球
   C. 用右手食指控制移液管的液流
   D. 移液管尖部最后留有少量溶液及时吹入接收器中
35. 下列有关置信区间的定义中，正确的是（　　）。
   A. 以真值为中心的某一区间包括测定结果的平均值的概率
   B. 在一定信度时，以测量值的平均值为中心的，包括真值在内的可靠范围
   C. 真值落在某一可靠区间的概率
   D. 在一定置信度时，以真值为中心的可靠范围

二、填空题

1. 定量分析用的玻璃仪器洗涤干净的标志是_____。
2. 对一个 $w(Cr)=1.30\%$ 的标样，测定结果为 1.26%，1.30%，1.28%。则测定结果的绝对误差为_____，相对误差为_____。
3. 用移液管吸取溶液时，____手拿移液管，____手拿吸耳球，溶液上升至标线以上，迅速用____按紧上口。
4. 在定量转移中，当溶液由烧杯沿____转移至容量瓶内，溶液流完后，将烧杯沿玻璃棒_____。
5. 50mL 滴定管，如放出约 5mL 溶液时，相对误差为____。若使误差 $<0.1\%$，则滴定体积至少为_____。
6. 常量分析中，实验用的仪器是分析天平和 50mL 滴定管，某学生将称样和滴定的数据记为 0.25g 和 24.1mL，正确的记录应为_____和_____。
7. 在滴定分析中标准溶液浓度一般应与被测物浓度相近。两溶液浓度必须控制在一定范围。若浓度过小，将使_____；若浓度过大则_____。
8. 化学试剂按照规格通常分为_____、_____、_____、_____等四个等级，分别用符号_____、_____、_____、_____表示，所用标签的颜色为_____、_____、_____、_____。
9. 50mL 滴定管的最小分度值是_____ mL，如果放出约 20mL 溶液时，记录数据为____位有效数字。在滴定操作中____手控制滴定管，____手握锥形瓶。
10. 滴定管是滴定时可以准确测量_____的玻璃量器。容量瓶主要用于配制_____溶液和定量地稀释溶液。移液管是用于准确量取_____溶液的量出式玻璃量器。
11. 进行定量转移操作时，吹洗操作一般应重复_____次以上。
12. 滴定管可估读到 ± 0.01mL，若要求滴定的相对误差小于 0.1%，至少应耗用体积_____ mL。
13. 欲配制 1L 0.1mol/L HCl 溶液，应取浓盐酸（12mol/L）_____ mL。
14. 分析化学按任务可分为_____分析和_____分析；按测定原理可分为_____分析和_____分析。
15. 化学定量分析方法主要用于_____量组分的测定，即含在_____%以上的组分测定。
16. 滴定分析所用的准确量取液体体积的玻璃量器有_____、_____、_____等。
17. 随机误差分布规律，可由随机误差的_____表示。
18. 有效数字是_____。
19. 原始平均试样指_____。
20. 试样中的其他组分可能对测定有干扰，其主要消除方法有_____和_____。
21. 以五次平行测定的统计量 $\bar{x}$ 和 S 来估计总体平均值 μ 时（95%置信度），应表示为_____。
22. 有 95.0% 的测量次数落在要求的范围内，则有 5% 的测量次数的随机误差超过_____。
23. 分析化学中，考虑在最不利的情况下，各种误差最大叠加，这种误差是_____。

24. 一组数据的集中趋势常用该组数据的_____表示。

25. 根据随机误差的标准正态分布曲线，某测定值出现在 $u=\pm1.0$ 之间的概率为 68.3%，则此测定值出现在 $u>1.0$ 之外的概率为_____。

26. 常用相关系数检验一元线性回归方程_____。

27. 某学生分析工业碱试样，称取含 Na_2CO_3 ($M_r=106.0$) 为 50.00% 的试样 0.4240g，滴定时消耗 0.1000mol/L HCl 40.10mL，该次测定的相对误差是_____。

28. 用高碘酸钾光度法测定低含量锰的方法误差约为 2%。使用称量误差为 ±0.001g 的天平减量法称取 $MnSO_4$，若要配制成 0.2mg/mL 的硫酸锰的标准溶液，至少要配制_____mL。

29. 溶液中含有 0.095mol/L 的氢氧根离子，其 pH 值为_____。

30. 滴定管的初读数为 (0.05±0.01)mL，末读数为 (22.10±0.01)mL，滴定剂的体积可能波动的范围是_____。

31. 某同学测定盐酸浓度为：0.2038mol/L、0.2042mol/L、0.2052mol/L 和 0.2039mol/L，按 Q (0.90) 检验法，第三份结果应_____；若再测一次，不为检验法舍弃的最小值是_____；最大值是_____。

32. 准确度表示测得值与_____之间符合的程度；精密度表示测得值与_____之间符合的程度。准确度表示测量的_____性；精密度表示测量的_____性或_____性。

33. 间接法制备标准溶液，常采用_____和_____两种方法来确定其准确浓度。

34. 由于_____、_____或_____等原因不能直接滴定时，可采用返滴定的方式。

35. 用酸碱滴定法测定氧化镁的含量，宜采用的滴定方式是_____。

36. 现需配制 0.20mol/L HCl 溶液，量取盐酸应选_____作量器最为合适。

三、简答题

1. 简答如何检验和消除测量过程中的系统误差以提高分析结果的准确度。

2. 标准溶液装入滴定管之前，为什么要用该溶液润洗滴定管 2～3 次？而锥形瓶是否也需用该溶液润洗或烘干，为什么？

3. 溶解基准物质时加入 20～30mL 水，是用量筒量取，还是用移液管移取？为什么？

4. 简述滴定分析法对化学反应的要求？

四、计算题

一种测定铜的方法得到的结果偏低 0.5mg，若用此法分析含铜约 5.0% 的矿石，且要求由此损失造成的相对误差小于 0.1%，那么试样最少应称多少克？

第三章 酸碱滴定实验

实验三 盐酸溶液的配制和标定

一、实验目的
1. 掌握酸式滴定管的使用和操作方法。
2. 掌握酸标准溶液浓度标定的基本原理及方法。
3. 巩固用递减称量法称取试剂。

二、实验原理

市售盐酸为无色透明的 HCl 水溶液，HCl 含量为 36%～38%，约 12mol/L，相对密度约为 1.18。由于浓盐酸易挥发出 HCl 气体，若直接配制准确度差，因此需采用间接配制法。

标定盐酸的基准物质常用碳酸钠和硼砂等，本实验采用无水碳酸钠为基准物质，化学计量点由于生成的 H_2CO_3 是弱酸，溶液 pH 值近似为 4，可用甲基橙作指示剂。用 Na_2CO_3 标定时反应为：

$$Na_2CO_3 + 2HCl \Longrightarrow 2NaCl + H_2O + CO_2 \uparrow$$

甲基橙，根据结构式的命名是对二甲基氨基偶氮苯磺酸钠或 4-{[4-(二甲氨基)苯基]偶氮基}苯磺酸钠盐，化学式 $C_{14}H_{14}N_3SO_3Na$，相对分子质量 327.33，外观是橙黄色粉末或鳞片状结晶；常温下溶解度较小，易溶于热水，溶液呈金黄色，几乎不溶于乙醇；主要用作酸碱滴定指示剂，也可用于印染纺织品。甲基橙由对氨基苯磺酸经重氮化后与 N,N-二甲基苯胺偶合而成。

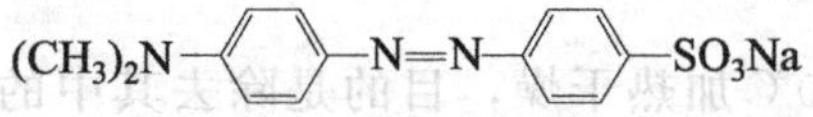

$$(CH_3)_2N-\text{◯}-N=N-\text{◯}-SO_3Na$$

图 1　甲基橙结构式

甲基橙的变色范围是 pH<3.1 时变红，3.1～4.4 时呈橙色，pH>4.4 时变黄。

三、实验试剂

浓盐酸，无水 Na_2CO_3，甲基橙（0.2%水溶液）。

四、实验仪器

量筒，烧杯，试剂瓶，锥形瓶，称量瓶，塑料洗瓶，酸式滴定管。

五、实验步骤

1. 0.1mol/L 盐酸溶液的配制

取浓盐酸 4.2～4.5mL 倒入 500mL 烧杯中，加去离子水至 500mL，然后转移到 500mL 试剂瓶中摇匀。

2. 无水 Na_2CO_3 的称量和溶解

在分析天平上，用递减称量法准确称取 3 份无水 Na_2CO_3（0.10～0.12g），分别置于锥形瓶中，加适量蒸馏水使其溶解。

3. 标定

向上述盛有 Na_2CO_3 溶液的锥形瓶中滴加甲基橙指示剂 1～2 滴，用 HCl 溶液滴定至溶液由黄色转变为橙色，即为终点。记录所消耗盐酸的体积，平行标定 3～4 次。

4. 计算 HCl 溶液的浓度，其相对平均偏差要小于 0.2%。

六、实验数据记录与处理

标定数据记录表

项　目	1	2	3
（基准物＋瓶）初质量/g			
（基准物＋瓶）末质量/g			
Na_2CO_3 质量/g			
HCl 初读数/mL			
HCl 终读数/mL			
V_{HCl}/mL			
c_{HCl}/(mol/L)			
相对偏差/%			
平均相对偏差/%			

七、注意事项

(1) 溶解 Na_2CO_3 基准物要注意以下几点。

① 称取的 Na_2CO_3 分别装于已编号的三个锥形瓶中。

② 溶解 Na_2CO_3 时，不能用玻璃棒伸进去搅拌。

③ 要等 Na_2CO_3 完全溶解后再加甲基橙指示剂。

(2) 指示剂现用现加，不允许几个锥形瓶一起在滴定前加指示剂。

(3) 滴定时，加入 HCl 溶液应缓慢，同时摇动锥形瓶，溅在锥形瓶壁上的溶液，应用洗瓶水冲下去。

(4) 无水碳酸钠经过高温烘烤后，极易吸水，故称量瓶一定要盖严；称量时，动作要快些，以免无水碳酸钠吸水。

(5) Na_2CO_3 在 270～300℃加热干燥，目的是除去其中的水分及少量 $NaHCO_3$。但若温度超过 300℃则部分 Na_2CO_3 分解为 Na_2O 和 CO_2。加热过程中（可在沙浴中进行），要翻动几次，使受热均匀。

(6) 注意数据记录和计算时有效数字的位数。

八、思考题

1. 为什么用 Na_2CO_3 标定 HCl？
2. 如何计算 Na_2CO_3 的称取量？

实验四　混合碱的连续滴定分析（双指示剂法）

一、实验目的

1. 熟练滴定操作和滴定终点的判断。

2. 掌握测定混合碱的组成和含量的基本原理和方法。

二、实验原理

混合碱是 Na_2CO_3 与 $NaOH$ 或 Na_2CO_3 与 $NaHCO_3$ 的混合物。欲测定同一份试样中各组分的含量，可用 HCl 标准溶液滴定，选用两种不同指示剂分别指示第一、第二化学计量点的到达。根据到达两个化学计量点时消耗的 HCl 标准溶液的体积，便可判别试样的组成及计算各组分含量。

$$CO_3^{2-} + H_2O \longrightarrow HCO_3^- + OH^-;$$

$$K_{b1} = K_w/K_{a2} = 10^{-14.00}/10^{-10.25} = 10^{-3.75}$$

$$HCO_3^- + H_2O \longrightarrow H_2CO_3 + OH^-$$

$$K_{b2} = K_w/K_{a1} = 10^{-14.00}/10^{-6.38} = 10^{-7.62}$$

$$K_{b1} = 10^{-3.75} > 10^{-8}, \quad K_{b2} = 10^{-7.62} > 10^{-8}, \quad K_{b1}/K_{b2} \approx 10^4 < 10^5 。$$

说明当准确度要求不高时，Na_2CO_3 和 $NaHCO_3$ 可被分步滴定。但滴定到 $NaHCO_3$ 的准确度不是很高，大约有1%的误差。

在混合碱试样中加入酚酞指示剂，此时溶液呈红色。用 HCl 标准溶液滴定到溶液由红色恰好变为无色时，$NaOH$ 完全被中和，Na_2CO_3 则被中和为 $NaHCO_3$，反应如下：

$$NaOH + HCl = NaCl + H_2O$$

$$Na_2CO_3 + HCl = NaCl + NaHCO_3$$

此步滴定用去的 HCl 标准溶液的体积为 V_1(mL)。再加入甲基橙指示剂，继续用 HCl 标准溶液滴定到溶液由黄色变为橙色。此时试液中的 $NaHCO_3$（试样中含有的或 Na_2CO_3 第一步被中和生成的）被中和成 CO_2 和 H_2O。

$$NaHCO_3 + HCl = NaCl + CO_2 + H_2O$$

此时，消耗的 HCl 标准溶液（即第一计量点到第二计量点消耗的）的体积为 V_2 (mL)。

当 $V_1 > V_2$ 时，说明是 $NaOH$ 和 Na_2CO_3 组成的混合碱，当 $V_1 < V_2$ 时，说明是 Na_2CO_3 和 $NaHCO_3$ 组成混合碱。

三、实验试剂

混合碱试样；甲基橙指示剂（1g/L 水溶液）；酚酞指示剂（2g/L 乙醇溶液）；HCl 标准溶液。

四、实验仪器

分析天平、称量瓶、烧杯、容量瓶、移液管、玻璃棒、锥形瓶、酸式滴定管等。

五、实验步骤

1. 混合碱试液的配制

用递减称量法准确称取 0.80~0.85g 试样置于烧杯中，加 40~50mL 水溶解，必要时可稍加热促进溶解，冷却后，将溶液定量转入到 250mL 容量瓶中，用水冲洗小烧杯几次，一并转入容量瓶中，用水稀释至刻度，摇匀。

2. 第一终点的滴定

用 25.00mL 的移液管平行移取试液 25.00mL 三份于 250mL 锥形瓶中，加水 20~

30mL，酚酞指示剂 1～2 滴，用标定好的 HCl 标准溶液滴定至溶液恰好由红色变为无色，记下消耗的 HCl 标准溶液的体积 V_1。

3. 第二终点的滴定

在上述溶液中再加入甲基橙指示剂 1～2 滴，继续用 HCl 标准溶液滴定至溶液由黄色变为橙色，消耗的 HCl 溶液的体积记为 V_2。

4. 平行操作 3 次。

六、实验数据记录与处理

1. 实验数据记录

混合碱的组成测定实验记录表

HCl 标准溶液浓度/(mol/L)			
混合碱质量/g			
滴定初始读数/mL			
第一终点读数/mL			
第二终点读数/mL			
V_1/mL			
V_2/mL			
相对偏差/%			
相对平均偏差/%			
平均 V_1/mL			
平均 V_2/mL			
w_{NaOH}			
$w_{Na_2CO_3}$			
w_{NaHCO_3}			

2. 数据处理

（1）判断混合碱的组成

根据第一终点、第二终点消耗 HCl 标准溶液的体积 V_1 和 V_2 的大小判断混合碱的组成。

（2）计算分析结果

根据混合碱的组成，写出计算公式，计算样品中各组分的含量。

七、注意事项

① 在第一终点滴完后的锥形瓶中加入甲基橙，立即滴 V_2。千万不能三个锥形瓶先分别滴 V_1，再分别滴 V_2。

② 滴定第一终点时酚酞指示剂可适当多滴几滴，以防 NaOH 滴定不完全而使 NaOH 的测定结果偏低，Na_2CO_3 的测定结果偏高。

③ 混合碱测定在第一终点时生成 $NaHCO_3$ 应尽可能保证不生成 CO_2，所以，接近终点时，滴定速度一定不能过快！否则造成 HCl 局部过浓，与 $NaHCO_3$ 反应生成 CO_2，导致 V_1 偏大，V_2 偏小，带来较大的误差。另外，滴定速度亦不能太慢，摇动要均匀、缓慢，不要剧烈振动。

④ 临近第二终点时，一定要充分摇动，以防止形成 CO_2 的过饱和溶液而使终点提前

⑤ 注意数据记录和计算时有效数字的位数。

八、思考题

1. 解释本实验中的双指示剂法？
2. 酸碱滴定法中，选择指示剂的依据是什么？

实验五　NaOH 溶液的配制和标定

一、实验目的

1. 进一步熟悉分析天平递减称量法的操作。
2. 学习 NaOH 溶液的配制和保存方法。
3. 学习用邻苯二甲酸氢钾作为基准物质标定 NaOH 的原理和方法。
4. 进一步掌握酸碱指示剂的使用。

二、实验原理

由于 NaOH 容易吸收空气中的水分和二氧化碳，因此只能选用标定法（间接法）来配制，即先配成近似浓度的溶液，再用基准物质或已知准确浓度的标准溶液标定其准确浓度。

市售 NaOH 中常含有 Na_2CO_3，由于碳酸钠的存在，对指示剂的使用影响较大，应设法除去。除去 Na_2CO_3 最通常的方法是将 NaOH 先配成饱和溶液（约 52%，质量分数），由于 Na_2CO_3 在饱和 NaOH 溶液中几乎不溶解，会慢慢沉淀出来，因此，可用饱和 NaOH 溶液，配制不含 Na_2CO_3 的 NaOH 溶液。待 Na_2CO_3 沉淀后，可吸取一定量的上清液，稀释至所需浓度即可。此外，用来配制 NaOH 溶液的蒸馏水，也应加热煮沸放冷，除去其中的 CO_2。

把 NaOH 配成近似浓度溶液的方法有 2 种：一种是称取近似所需质量的 NaOH 固体，加入无 CO_2 的蒸馏水溶解，稀释至所需体积；另一种是把 NaOH 先配成饱和溶液，放置约 1 周至溶液澄清，吸取一定量的上层清液稀释（量取饱和溶液 5mL 稀释至 1000mL，浓度约为 0.1mol/L）。选用何种方法，需根据实验的要求而定。

标定碱溶液的基准物质很多，常用的有草酸($H_2C_2O_4 \cdot 2H_2O$)、苯甲酸（C_6H_5COOH）和邻苯二甲酸氢钾（$C_6H_4COOHCOOK$）等。最常用的是邻苯二甲酸氢钾。

（1）邻苯二甲酸氢钾

优点：易制得纯品，在空气中不吸水，容易保存，且摩尔质量较大，与 NaOH 反应的计量比为 1:1，是一种较好的基准物质。在 100~125℃下干燥 1~2h 后使用。

$$\text{COOK} \atop \text{COOH} + NaOH \longrightarrow {\text{COOK} \atop \text{COONa}} + H_2O$$

化学计量点时，溶液呈弱碱性（pH≈9.20），可选用酚酞作指示剂。

（2）草酸 $H_2C_2O_4 \cdot 2H_2O$

草酸在相对湿度为 5%~95% 时稳定。如果长期存放于干燥器中，会失去部分结晶水，因此，草酸在室温条件下保存在试剂瓶中即可。溶液需用不含 CO_2 的水配制，由于光和 Mn^{2+} 能加快空气氧化草酸的速度，草酸溶液本身也能见光自动分解，所以需暗处保存。

化学计量点时，溶液呈弱碱性（pH≈8.4），可选用酚酞作指示剂。

酚酞为白色粉末，化学式 $C_{20}H_{14}O_4$，熔点 258~262℃，相对密度 1.27。溶于乙醇、乙醚，溶于稀碱溶液呈深红色，无臭，无味。由邻苯二甲酸酐和苯酚在加入脱水剂的条件下加热至 115~120℃ 进行缩合制得。

由图1可知，酚酞结构从强碱到强酸环境，越来越质子化，但是只有在强酸环境与碱性环境显现出颜色。这是因为在这两种环境下中心的碳原子为 sp^2 杂化，所有碳原子在同一平面，形成整个分子的大离域 π 键（在强酸环境下是 19 中心 18 电子 π 键，碱性环境下是 19 中心 19 电子 π 键）。

存在大的共轭体系的分子溶液容易表现出颜色，这是由于大共轭体系中的自由电子可以吸收特定波长的电磁波，从而显现出颜色。

存在形式	H_3In^+	H_2In	In^{2-}	$InOH^{3-}$
结构				
pH 值	<0	0~8.2	8.2~12.0	>12.0
条件	强酸	酸性~近中性	碱性	强碱性
颜色	橘红色	无色	粉红~紫红	无色

图 1　酚酞溶液在不同酸碱环境下的结构（$In=C_{20}H_{12}O_4$）

三、实验试剂

氢氧化钠：分析纯；邻苯二甲酸氢钾：分析纯；0.1%酚酞乙醇溶液。

四、实验仪器

台秤，分析天平，小烧杯，称量瓶，烧杯，试剂瓶，玻璃棒，锥形瓶，碱式滴定管。

五、实验步骤

1. 0.1mol/L NaOH 溶液的配制

用台秤称取固体 NaOH 2.0g，置于小烧杯中，用新煮沸冷却的蒸馏水 50mL 溶解后，完全转移到试剂瓶中，用蒸馏水稀释到 500mL，用橡皮塞塞好瓶口，充分摇匀。贴上标签，写上试剂名、姓名、日期，备用。

2. NaOH 溶液的标定

(1) 将干燥后的邻苯二甲酸氢钾放入称量瓶内，用递减法准确称取 0.4~0.5g 三份，置于 250mL 锥形瓶中，加入 30mL 无 CO_2 蒸馏水，使之溶解。

(2) 加酚酞指示剂 2~3 滴，用欲标定的 0.1mol/L NaOH 溶液滴定，直到溶液呈粉红色，0.5min 不褪色，即为终点。

(3) 平行测定 3 次，要求相对平均偏差小于 0.2%。

六、实验数据记录及处理

1. 数据记录

NaOH 标准溶液浓度的标定

项　　目	1	2	3
(基准物+瓶)初质量/g			
(基准物+瓶)末质量/g			
邻苯二甲酸氢钾质量/g			
NaOH 初读数/mL			
NaOH 终读数/mL			
V_{NaOH}/mL			
c_{NaOH}/(mol/L)			
相对偏差/%			
平均相对偏差/%			

2. 数据处理

NaOH 标准溶液浓度计算公式：

$$c_{\text{NaOH}} = \frac{m}{0.2042V}$$

式中，m 为邻苯二甲酸氢钾的质量，g；V 为氢氧化钠标准滴定溶液用量，mL；0.2042 为与 1mmol 氢氧化钠标准滴定溶液相当的邻苯二甲酸氢钾的质量。

七、注意事项

① 溶解邻苯二甲酸氢钾时，不能将玻棒伸入锥形瓶搅拌。

② 酚酞只需加 2~3 滴，多加要消耗 NaOH 引起误差。

③ 不可在三个锥形瓶中同时加指示剂。

④ 临近终点时，NaOH 溶液改为半滴加入，以免过量，且要用洗瓶及时淋洗锥形瓶内壁。

⑤ 注意数据记录和计算时有效数字的位数。

⑥ 氢氧化钠饱和溶液之配制：将 162g 氢氧化钠溶解在 150mL 无 CO_2 水中，冷却至室温。过滤，清液贮存于密闭的聚乙烯容器内；或溶液贮存于密闭的聚乙烯容器，放置至上层溶液清澈（放置时间 1 周），使其中的碳酸钠沉淀完全，使用时吸取清液。

取澄清的 NaOH 饱和液少许，加水稀释，加 $Ba(OH)_2$ 饱和液 1mL，10min 内不产生浑浊，表示碳酸钠已沉淀完全。

⑦ 可做空白实验进行对比。

八、思考题

1. 标定时，与草酸相比，邻苯二甲酸氢钾的优点是什么？

2. 用邻苯二甲酸氢钾标定氢氧化钠溶液时，为什么用酚酞作指示剂而不用甲基红或甲基橙作指示剂？

实验六　铵盐中含氮量的测定（甲醛法）

一、实验目的

1. 掌握甲醛法测定铵盐的原理和方法。
2. 理解弱酸强化的基本原理和方法。
3. 了解酸碱滴定的应用。

二、实验原理

硫酸铵、氯化铵、硝酸铵等都是常用的氮肥，常常需要对其氮含量进行测定。NH_4^+ 是 NH_3 的共轭酸，虽然 NH_4^+ 具有酸性，但酸性太弱，$K_{NH_4^+}=5.6\times10^{-10}<10^{-8}$，所以不能直接用 NaOH 标准溶液滴定，而是采用甲醛法测定。首先，甲醛与铵盐反应，生成质子化的六亚甲基四胺酸 $(CH_2)_6N_4H^+$ 和游离的 H^+，然后，以酚酞为指示剂，用 NaOH 标准溶液滴定。其反应式为：

$$4NH_4^+ + 6HCHO =\!=\!= (CH_2)_6N_4H^+ + 3H^+ + 6H_2O$$

生成质子化的六亚甲基四胺酸 $(CH_2)_6N_4H^+$（$K_a=7.1\times10^{-6}$）和游离的 H^+，均可用 NaOH 标准溶液滴定。从反应式可知，4mol 的 NH_4^+ 与甲醛反应，生成 1mol 的 $(CH_2)_6N_4H^+$ 和 3mol 的 H^+，滴定时需消耗 4mol 的 NaOH，消耗的 NaOH 与铵盐中 NH_4^+ 的物质的量之比为 1∶1。

化学计量点时，水溶液显弱碱性，可选用酚酞为指示剂。

三、实验试剂

硫酸铵（相对分子质量 132.14）；甲醛溶液（40%）；NaOH 标准溶液（0.10mol/L）；酚酞指示剂（1g/L 乙醇溶液）。

四、实验仪器

称量瓶，锥形瓶，分析天平，量筒，碱式滴定管等。

五、实验步骤

1. 甲醛溶液的处理

甲醛中常含有微量甲酸，应事先除去。取甲醛于烧杯中，加入 1 滴酚酞指示剂，用 0.10mol/L NaOH 溶液中和至溶液呈淡红色。

2. 试样中含氮量的测定

① 准确称取硫酸铵盐试样（约 0.13g）于锥形瓶中，用 20mL 去离子水溶解。
② 加入 5mL 处理后的甲醛溶液，再加 1~2 滴酚酞指示剂，静置 2min。
③ 用 NaOH 标准溶液滴定至呈微红色，0.5min 不褪色即为终点。
④ 平行测定 3 次。

六、实验数据处理

1. 数据记录

硫酸铵中含氮量的测定

项 目	1	2	3
试样质量/g			
滴定管初读数/mL			
滴定管终读数/mL			
NaOH 体积/mL			
氮的百分含量			
氮的平均百分含量			
相对偏差			
相对平均偏差			

2. 数据处理

含氮量的计算：计算过程可以省略，只写出计算公式即可，但实验结果必须准确。

七、注意事项

① $(NH_4)_2SO_4$ 试样中可能含有游离酸 HSO_4^-、H_2SO_4，滴定前应中和除去：向试样中加入 2 滴甲基红指示剂，若溶液呈红色或微红色，用 0.1mol/L NaOH 中和至溶液呈黄色即可。

② 测定有机物中的氮，须先将它转化为铵盐，然后再行测定。

③ 滴定时，要将锥形瓶壁的溶液用少量蒸馏水冲洗下来，否则将增大误差。

④ 由于 NH_4^+ 与甲醛反应在室温下进行较慢，故加入甲醛后需放置几分钟，使反应完全。

⑤ 甲醛常以白色聚合状态存在，称为多聚甲醛。甲醛溶液中含有少量多聚甲酸不影响滴定。

八、思考题

1. 为什么中和甲醛试剂中的游离酸以酚酞作指示剂，而中和铵盐试样中的游离酸则以甲基红为指示剂？

2. NH_4HCO_3 中含氮量的测定，能否用甲醛法？

练 习 题

一、选择题

1. 用 0.1000mol/L NaOH 滴定 0.1000mol/L HAC 溶液，指示剂应选择（　　）。
A. 甲基橙　　　　B. 甲基红　　　　C. 酚酞　　　　D. 二甲酚橙

2. 将酚酞指示剂加到无色水溶液中，溶液呈无色，该溶液的酸碱性为（　　）。
A. 中性　　　　B. 碱性　　　　C. 酸性　　　　D. 不定

3. 标定 NaOH 溶液常用的基准物质是（　　）。
A. 无水 Na_2CO_3　　B. 邻苯二甲酸氢钾　　C. 硼砂　　D. $CaCO_3$

4. 用 NaOH 溶液分别滴定体积相等的 H_2SO_4 和 HAc 溶液，消耗的体积相等，说明 H_2SO_4 和 HAc 两溶液中（　　）。
A. 氢离子浓度相等　　　　　　　　B. H_2SO_4 和 HAc 的浓度相等
C. H_2SO_4 的浓度为 HAc 的 1/2　　D. 两个滴定的 PH 突跃范围相同

5. 醋酸的 $pK_a=4.74$，则其有效数字位数为（　　）。
A. 一位　　　　B. 二位　　　　C. 三位　　　　D. 四位

6. 将甲基橙指示剂加到一无色水溶液中，溶液呈黄色，该溶液的酸碱性为（　　）。
A. 中性　　　　B. 碱性　　　　C. 酸性　　　　D. 不能确定其酸碱性

7. 以吸水的 Na_2CO_3 为基准物标定 HCl 溶液的浓度时，结果将（　　）。
A. 偏低　　　　B. 偏高　　　　C. 无影响　　　　D. 不确定

8. 酸碱滴定法测定蛋壳中的 Ca 含量，采用的方法是（　　）。
A. 直接滴定法　　B. 返滴定法　　C. 置换滴定法　　D. 间接滴定法

9. 标定 HCl 溶液常用的基准物有（　　）。
A. 无水碳酸钠　　B. 邻苯二甲酸氢钾　　C. 草酸　　D. 碳酸钙

10. 某弱酸型指示剂的离解常数（$KHIn=1.0×10^{-8}$），该指示剂的理论变色点 pH 是值等于（　　）。
A. 6　　　　B. 7　　　　C. 8　　　　D. 9

11. 能用标准碱溶液直接滴定的下列物质溶液（　　）。
   A. 邻苯二甲酸氢钾（$K_{a_2}=2.9\times10^{-5}$） B. $(NH_4)_2SO_4$（$K_{NH_3}=1.8\times10^{-5}$）
   C. 苯酚（$K_a=1.1\times10^{-10}$） D. NH_4Cl（$K_{NH_3}=1.8\times10^{-5}$）

12. 硼砂（$Na_2B_4O_7\cdot10H_2O$）作为基准物质用于标定盐酸溶液的浓度，若事先将其置于干燥器中保存，则对所标定盐酸溶液浓度的结果影响是（　　）。
   A. 偏高 B. 偏低 C. 无影响 D. 不能确定

13. 酸碱滴定中选择指示剂的原则是（　　）。
   A. 指示剂变色范围与化学计量点完全符合
   B. 指示剂应在 pH 值 7.00 时变色
   C. 指示剂的变色范围应全部或部分落入滴定 pH 突跃范围之内
   D. 指示剂变色范围应全部落在滴定 pH 突跃范围之内

14. 测定 $(NH_4)_2SO_4$ 中的氮时，不能用 NaOH 直接滴定，这是因为（　　）。
   A. NH_4^+ 的 K_a 太小 B. $(NH_4)_2SO_4$ 不是酸
   C. NH_3 的 K_b 太小 D. $(NH_4)_2SO_4$ 中含游离 H_2SO_4

15. 用 0.2000 mol/L HCl 溶液滴定 Na_2CO_3 到第一化学计量点，此时可选择的指示剂是（　　）。
   A. 甲基橙（3.1~4.4） B. 百里酚酞（9.4~10.6）
   C. 甲基红（4.4~6.2） D. 溴甲酚绿（4.0~5.6）

16. 某混合碱液，先用 HCl 滴至酚酞变色，消耗 V_1，继以甲基橙为指示剂，又消耗 V_2，已知 $V_1<V_2$，其组成为（　　）。
   A. $NaOH-Na_2CO_3$ B. Na_2CO_3 C. $NaHCO_3$ D. $NaHCO_3-Na_2CO_3$

17. 共轭酸碱对的 K_a 与 K_b 的关系是（　　）。
   A. $K_aK_b=1$ B. $K_aK_b=K_w$ C. $K_a/K_b=K_w$ D. $K_b/K_a=K_w$

18. $H_2PO_4^-$ 的共轭碱是（　　）
   A. H_3PO_4 B. HPO_4^{2-} C. PO_4^{3-} D. OH^-

19. 水的离子积在 18℃ 时为 0.64×10^{-14}，25℃ 为 1×10^{-14}，则下列说法正确的是（　　）。
   A. 只有在 25℃ 时水才是中性的 B. 水的 pH 值在 18℃ 时大于在 25℃ 时
   C. 水在 18℃ 时显弱酸性 D. 水的 pH 值在 18℃ 时小于在 25℃ 时

20. 人体血液的 pH 值总是维持在 7.35~7.45。这是因为（　　）。
   A. 人体内含有大量水分 B. 血液中的 HCO_3^- 和 H_2CO_3 起缓冲作用
   C. 新陈代谢出的酸碱物质是以等物质的量溶解在血液中
   D. 排出的 CO_2 气体一部分溶在血液中

21. 下面 0.10 mol/L 的酸能用氢氧化钠溶液直接滴定的是（　　）。
   A. COOH（$pK_a^\ominus=3.15$） B. H_3BO_3（$pK_a^\ominus=9.22$）
   C. NH_4NO_3（$pK_b^\ominus=4.74$） D. H_2O_2（$pK_a^\ominus=12$）

22. pH=1.0 与 pH=3.0 的强电解质溶液等体积混合，其 pH 值为（　　）。
   A. 1.0 B. 1.3 C. 1.5 D. 2.0

23. 以下溶液稀释 10 倍时，pH 改变最小的是（　　）。
   A. 0.1 mol/L 的 NH_4Ac B. 0.1 mol/L 的 NaAc
   C. 0.1 mol/L 的 HAc D. 0.1 mol/L 的 HCl

24. 中性溶液严格地说是指（　　）。
   A. pH=7.0 B. pOH=7.0 C. pH+pOH=14.0 D. $[H^+]=[OH^-]$

25. 用 0.1 mol/L NaOH 溶液滴定 0.1 mol/L $pK_a=4.0$ 的弱酸，突跃范围为 7.0~9.7，则用 0.1 mol/L NaOH 滴定 0.1 mol/L $pK_a=3.0$ 的弱酸时突跃范围为（　　）。
   A. 6.0~9.7 B. 6.0~10.7 C. 7.0~8.7 D. 8.0~9.7

26. 在 pH=4.8 时，氰化物的酸效应系数为（已知 HCN 的 $K_a=7.2\times10^{-10}$）（　　）。
   A. 1.0×10^2　　　　B. 1.4×10^3　　　　C. 1.8×10^5　　　　D. 2.2×10^4

27. 用甲基红作指示剂，能用 NaOH 标准溶液准确滴定的酸是（　　）。
   A. HCOOH　　　　B. CH_3COOH　　　　C. $H_2C_2O_4$　　　　D. H_2SO_4

28. 用双指示剂法测定可能含有 NaOH 及各种磷酸盐的混合液。现取一定体积的该试液，用 HCl 标准溶液滴定，以酚酞为指示剂，用去 HCl 18.02mL。然后加入甲基橙指示剂继续滴定至橙色时，又用去 20.50mL，则此溶液的组成是（　　）。
   A. Na_3PO_4　　　　B. Na_2HPO_4　　　　C. $NaOH+Na_3PO_4$　　　　D. $Na_3PO_4+Na_2HPO_4$

29. 假设用 NaOH 滴定某二元弱酸至第一等当点时，若终点检测的 $\Delta pH=+0.3$，当 $K_{a1}/K_{a2}=10^4$ 时，将会引起的终点误差为（　　）。
   A. $+1.5\%$　　　　B. -1.5%　　　　C. $+1\%$　　　　D. -1%

30. 将磷酸根沉淀为 $MgNH_4PO_4$，沉淀经洗涤后溶于过量 HCl 标准溶液，而后用 NaOH 标准溶液滴定至甲基橙变黄，此时 $n(P):n(H^+)$ 是（　　）。
   A. 1:1　　　　B. 1:2　　　　C. 1:3　　　　D. 2:1

31. 今有 (a) NaH_2PO_4，(b) KH_2PO_4 和 (c) $NH_4H_2PO_4$ 三种溶液，其浓度 $c(NaH_2PO_4)=c(KH_2PO_4)=c(NH_4H_2PO_4)=0.10mol/L$，则三种溶液的 pH 的关系是（　　）。
   [已知 H_3PO_4 的 $pK_{a1}\sim pK_{a3}$ 分别是 2.12、7.20、12.36；$pK_a(NH_4^+)=9.26$]
   A. (a)=(b)=(c)　　　　B. (a)<(b)<(c)　　　　C. (a)=(b)>(c)　　　　D. (a)=(b)<(c)

32. pH=1.0 与 pH=5.0 的强电解质溶液等体积混合，其 pH 值为（　　）。
   A. 1.0　　　　B. 1.3　　　　C. 1.5　　　　D. 3.0

33. 在下列多元酸或混合酸中，用 NaOH 溶液滴定时出现两个滴定突跃的是（　　）。
   A. $H_2S(K_{a1}=1.3\times10^{-7}, K_{a2}=7.1\times10^{-15})$
   B. $H_2C_2O_4(K_{a1}=5.9\times10^{-2}, K_{a2}=6.4\times10^{-5})$
   C. $H_3PO_4(K_{a1}=7.6\times10^{-3}, K_{a2}=6.3\times10^{-8}, K_{a3}=4.4\times10^{-13})$
   D. HCl+一氯乙酸（一氯乙酸的 $K_a=1.4\times10^{-3}$）

34. 用 HCl 标液测定硼砂（$Na_2B_4O_7\cdot10H_2O$）试剂的纯度有时会出现含量超过 100% 的情况，其原因是（　　）。
   A. 试剂不纯　　　　B. 试剂吸水　　　　C. 试剂失水　　　　D. 试剂不稳，吸收杂质

35. 称取邻苯二甲酸氢钾试样 1.074g，溶解后，以酚酞为指示剂，滴至终点时用去 0.2048mol/L NaOH 25.10mL，则试样中邻苯二甲酸氢钾的百分含量为（　　）。
   A. 98.20%　　　　B. 97.35%　　　　C. 97.74%　　　　D. 98.74%

36. 酸碱滴定中选择指示剂时可不考虑的因素是（　　）。
   A. 滴定方向　　　　　　　　B. 要求的误差范围
   C. 指示剂的分子结构　　　　D. 指示剂颜色变化

37. 用 NaOH 滴定相同浓度和体积的一元弱酸，则 pK_a 较大的一元弱酸（　　）。
   A. 消耗 NaOH 多　　　　B. 突跃范围大　　　　C. 计量点 pH 较低　　　　D. 指示剂变色不敏锐

38. 用 HCl 滴定某一元弱碱 B，在化学计量点时，$[H^+]$ 的计算最简式是（　　）。
   A. $(K_b c_B)^{1/2}$　　　　B. $(K_b c_B/c_{HB})^{1/2}$　　　　C. $(K_w/K_b c_{HB})^{1/2}$　　　　D. $(K_w/K_b c_B)^{1/2}$

39. 某酸碱指示剂的 $K_{HIn}=1.0\times10^{-5}$，从理论上推算，pH 变色范围是（　　）。
   A. 4~5　　　　B. 4~6　　　　C. 5~6　　　　D. 4.5~5.5

40. 用 1.0mol/L HCl 滴定 1.0mol/L NaOH 溶液时，突跃范围 pH 为 10.7~3.3，当酸和碱浓度均改为 0.010mol/L 时，其突跃范围将是（　　）。
   A. 11.7~2.3　　　　B. 9.7~4.3　　　　C. 8.7~5.3　　　　D. 7.7~6.3

41. 关于酸碱指示剂，下列说法错误的是（　　）。

A. 指示剂本身是有机弱酸或弱碱
B. 指示剂的变色范围越窄越好
C. HIn 与 In 颜色差异越大越好
D. 指示剂的变色范围必须全部落在滴定突跃范围之内

42. 下列酸碱滴定中，由于滴定突跃不明显而不能用直接滴定法进行滴定分析的是（   ）。
A. HCl 滴定 NaCN（HCN：$pK_a=9.21$）   B. HCl 滴定苯酚钠（苯酚：$pK_a=10.00$）
C. NaOH 滴定吡啶盐（吡啶：$pK_b=8.77$）   D. NaOH 滴定甲胺盐（甲胺：$pK_b=3.37$）

43. 用 0.1000mol/L HCl 溶液滴定 0.1000mol/L 氨水溶液，化学计量点的 pH 值为（   ）。
A. 等于 7.00   B. 大于 7.00   C. 小于 7.00   D. 等于 8.00

44. 用 NaOH 滴定 H_3AsO_4（$K_{a1}=6.5×10^{-3}$，$K_{a2}=1.1×10^{-7}$，$K_{a3}=3.2×10^{-12}$），该滴定有几个滴定突跃（   ）。
A. 1个   B. 2个   C. 3个   D. 4个

45. 用 0.10mol/L 的 NaOH 滴定 0.10mol/L 的弱酸 HA（$pK_a=4.0$），其 pH 突跃范围是 7.0~9.7，若弱酸的 $pK_a=3.0$，则其 pH 突跃范围为（   ）。
A. 6.0~10.7   B. 6.0~9.7   C. 7.0~10.7   D. 8.0~9.7

二、填空题

1. 用邻苯二甲酸氢钾标定 NaOH 时，滴定管未赶气泡，而滴定过程中气泡消失，则滴定体积用量偏_____，标定的 NaOH 浓度偏_____。

2. 用无水 Na_2CO_3 标定 HCl 溶液时，选用_____作指示剂。若 Na_2CO_3 吸水，则测定结果_____。

3. 为下列实验选择合适的分析仪器。
(1) 在_____上称取 0.5g 硼砂各三份置于锥形瓶中，用_____加入 25mL 蒸馏水溶解，以甲基红为指示剂，用 HCl 滴定以标定 HCl 浓度。
(2) 在_____上称取 $1gNa_2S_2O_3·5H_2O$ 于_____中，加入煮沸并冷却的蒸馏水溶解后，转移至_____中，加水使体积为 250mL。

4. 以 HCl 标准液滴定碱液中的总碱量时，滴定管的内壁挂液珠，对结果的影响是_____。

5. 体积比为 1:2 的 HCl 其摩尔浓度为_____。

6. 标定 NaOH 的基准物质有_____和_____。

7. 硼砂（$Na_2B_4O_7·10H_2O$）作为基准物质用于标定盐酸溶液的浓度，若事先将其置于干燥器中保存，则所标定盐酸溶液浓度将_____。

8. 已知 NH_3 的 $K_b=1.8×10^{-5}$，由 NH_3-NH_4Cl 组成的缓冲溶液 pH 缓冲范围是_____。

9. 甲基橙的变色范围是 pH=_____，当溶液的 pH 小于这个范围的下限时，指示剂呈现_____色，当溶液的 pH 大于这个范围的上限时则呈现_____色，当溶液的 pH 处在这个范围之内时，指示剂呈现_____色。

10. 用 0.1mol/L NaOH 滴定 0.1mol/L，$pK_a=4.0$ 的弱酸，其 pH 突跃范围是 7.0~9.7，用同浓度的 NaOH 滴定 $pK_a=3.0$ 的弱酸时，其 pH 突跃范围是_____。

11. NaOH 与磷酸盐组成的混合碱，以酚酞为指示剂，用 HCl 滴定消耗 12.84mL。若滴到甲基橙变色，则需 HCl 20.24mL。此混合物的组成是_____。

12. 以 0.200mol/L NaOH 滴定 0.200mol/L HAc 至 pH=6.20 终点误差为_____。

13. 含 0.10mol/L HCl 和 0.20mol/L H_2SO_4 的混合溶液的质子条件式为_____。

14. HCOOH 的 $pK_a=3.74$，HAc 的 $pK_a=4.74$，所以 HCOOH 的酸性比 HAc_____；HCOONa 的碱性比 NaAc_____。

15. 称取分析纯硼砂（$Na_2B_4O_7·10H_2O$）0.3000g，以甲基红为指示剂，用 0.1025mol/L HCl 溶液滴定，耗去 16.80mL。则硼砂的质量分数是_____。导致此结果的原因是_____。[M_r($Na_2B_4O_7·$

$10H_2O) = 381.4$]

16. 在滴定分析中，标准溶液浓度一般应与被测物浓度相近，且到达终点时所耗标准溶液体积应在 20~30mL，若二者浓度过小，将使＿＿＿＿；若浓度过大则＿＿＿＿。

17. 严格地讲，中性溶液是指＿＿＿＿。

18. 在 1mol/L HAc 溶液中加入水后，H^+ 离子浓度将＿＿＿＿。

19. 浓度为 c mol/L 的硼砂水溶液的质子条件式是＿＿＿＿。

20. 0.1mol/L 的某酸（$K_{a1} = 6.8 \times 10^{-5}$、$K_{a2} = 2.6 \times 10^{-6}$），如用 0.1mol/L NaOH 标准溶液滴定，有＿＿＿＿个突跃，应选用＿＿＿＿做指示剂。

21. 某一 250mL 溶液中含有 2.5×10^{-8} 摩尔的 HCl，该溶液的 pH＝＿＿＿＿。

22. pH＝8.00 时，0.10mol/L KCN 溶液中的 CN^-（$K_a = 6.2 \times 10^{-10}$）浓度是＿＿＿＿。

23. 将含磷试液经处理后沉淀为 $MgNH_4PO_4$，沉淀过滤洗涤后溶于 30.00mL 0.1000mol/L HCl 溶液中，最后用 0.1000mol/L NaOH 回滴至甲基橙变黄，计用去 10.00mL。此试液中含磷＿＿＿＿mmol。

24. HCl 滴定 Na_2CO_3 时，以甲基橙为指示剂，这时 Na_2CO_3 与 HCl 物质的量之比为＿＿＿＿。

25. 0.1mol/L Na_3PO_4 溶液的 pH 值为＿＿＿＿。

26. 配制 0.10mol/L NH_3 溶液 500mL，应取密度为 0.89g/mL 含 NH_3 29% 的浓 NH_3 水＿＿＿＿mL。[$M_r(NH_3) = 17.03$]

27. 在 0.2mol/L 的 NaAc 中，滴入石蕊溶液呈＿＿＿＿色，滴入酚酞溶液呈＿＿＿＿色。

28. 测定氮时，称取 0.2800g 有机物，经消化处理后蒸出的 NH_3 正好中和 20.00mL 0.2500mol/L 的 H_2SO_4，则该有机物中氮的质量分数 $w(N)$[$A_r(N) = 14.00$] 为＿＿＿＿。

29. 酸碱反应的实质是＿＿＿＿，根据质子理论，可以将＿＿＿＿、＿＿＿＿、＿＿＿＿和＿＿＿＿都统一为酸碱反应。

30. 酸的浓度是指酸的＿＿＿＿浓度，用符号＿＿＿＿表示，规定以＿＿＿＿为单位；酸度是指溶液中＿＿＿＿的浓度，常用符号＿＿＿＿表示，习惯上以＿＿＿＿表示。

31. 已知某一元弱碱的共轭酸水溶液浓度为 0.1mol/L，其 pH 值为 3.48，则该弱碱的 pK_b 为＿＿＿＿。

32. H_3AsO_4 的 $pK_{a1} \sim pK_{a3}$ 分别为 2.2、7.0、11.5。pH＝7.00 时 $[H_3AsO_4]/[AsO_4^{3-}]$ 的比值是＿＿＿＿。

33. 计算下列各溶液的 pH 值：
1) 0.2mol/L H_3PO_4（$pK_{a1} = 2.12$，$pK_{a2} = 7.20$，$pK_{a3} = 12.36$）＿＿＿＿。
2) 0.1mol/L H_2SO_4（$pK_{a2} = 1.99$）＿＿＿＿。
3) 0.05mol/L NaAc（$pK_{a1} = 4.74$）＿＿＿＿。
4) 5×10^{-8} mol/L HCl ＿＿＿＿。
5) 0.05mol/L NH_4NO_3（$pK_{b1} = 4.74$）＿＿＿＿。
6) 0.05mol/L Na_2HPO_4（$pK_{a1} = 2.12$，$pK_{a2} = 7.20$，$pK_{a3} = 12.36$）＿＿＿＿。
7) 0.05mol/L 氨基乙酸（$pK_{a1} = 2.35$，$pK_{a2} = 9.60$）＿＿＿＿。
8) 0.01mol/L H_2O_2（$pK_{a1} = 11.75$）＿＿＿＿。

34. ＿＿＿＿是选择指示剂的主要依据，选择指示剂的原则是：指示剂的＿＿＿＿必须全部或部分落在滴定突跃范围之内。

35. 用 0.1000mol/L NaOH 标准溶液滴定 0.10mol/L HCOOH（$K_a = 1.8 \times 10^{-4}$）到计量点时，溶液的 pH 值为＿＿＿＿，应选用＿＿＿＿作指示剂。

三、判断题

1. 常用的酸碱指示剂，大多是弱酸或弱碱，所以滴加指示剂的多少及时间的早晚不会影响分析结果。（　）

2. 用因吸潮带有少量吸着水的基准试剂 Na_2CO_3 标定 HCl 溶液的浓度时，结果偏高；若用此 HCl 溶

液测定某有机碱的摩尔质量时结果也偏高。（　）

3. 溶解基准物质时用移液管移取 20～30mL 水加入。（　）

4. 用因保存不当而部分风化的基准试剂 $H_2C_2O_4 \cdot 2H_2O$ 标定 NaOH 溶液的浓度时，结果偏高；若用此 NaOH 溶液测定某有机酸的摩尔质量时则结果偏低。（　）

5. 强酸滴定强碱的滴定曲线，其突跃范围的大小与浓度有关。（　）

6. 凡是优级纯的物质都可用于直接法配制标准溶液。（　）

7. 0.10mol/L NH_4Cl 溶液，可以用强碱标准溶液直接滴定。（　）

8. 酸碱滴定达计量点时，溶液呈中性。（　）

9. 酸碱指示剂本身必须是有机弱酸或弱碱。（　）

10. 定量分析中的基准物质的含义是组成恒定的物质。（　）

11. 对于反应 $aA+bB=C$ 根据 SI 单位 a/b 的意义是 A 物质与 B 物质的化学计量系数之比。（　）

12. Na_2S 溶液比 $Na_2C_2O_4$ 溶液的碱性强。（　）

13. 草酸溶液在 pH=3 时，溶液中离子主要存在形式是 $C_2O_4^{2-}$。（　）

14. 纯度很高的物质均可作为基准物质使用。（　）

15. 平均值的精密度比单次测定的精密度高。（　）

16. 活度常数只与温度有关，浓度常数不仅与温度有关，也与溶液离子强度有关。（　）

17. 电解质溶液越稀，活度系数越小。（　）

18. 酸越强，其共轭碱越强，酸越弱，其共轭碱越弱。（　）

19. 浓 HAc（17mol/L）的酸度大于 15mol/L H_2SO_4 水溶液酸度。（　）

20. 用含少量中性杂质的 $H_2C_2O_4 \cdot 2H_2O$ 标定 NaOH 溶液，所得浓度偏高。（　）

21. 当用 NaOH 溶液滴定 HCl 时，酚酞指示剂用量越多，变色越灵敏，滴定误差越小。（　）

22. 标定溶液时，若由于基准物吸潮而纯度不高所引起的试剂误差可用空白试验校正。（　）

23. 随机误差的大小和正负不固定，但它的分布服从统计规律。（　）

24. 某人对试样测定 5 次，测定值与平均值的偏差为：+0.04，-0.02，+0.01，-0.01，+0.06。此结果不正确。（　）

25. 加入回收法作对照时，实验求得的回收率越接近1，分析方法的准确度越高。（　）

26. 一定条件下，系统误差的大小固定且重复出现，因而可以用校正的方法消除。（　）

四、简答题

1. 配制和标定 NaOH 溶液时，称取 NaOH 及邻苯二甲酸氢钾各用什么天平？为什么？

2. NH_4NO_3、NH_4Cl 或 NH_4HCO_3 中的含氮量能否用甲醛法测定？为什么？

3. 已标定的 NaOH 溶液在保存中吸收了 CO_2，用它来测定 HCl 的浓度，若以酚酞为指示剂，结果如何？若以甲基橙为指示剂，结果又如何？

4. 铵盐中氮的测定为何不采用 NaOH 直接滴定法？

5. 苯甲酸能否用酸碱滴定法直接加以测定？如果可以，应选用哪种指示剂？为什么？（设苯甲酸的原始浓度为 0.2mol/L，$pK_a=4.21$）

6. 某学生按如下步骤配制 NaOH 标准溶液，请指出其错误并加以改正。

准确称取分析纯 NaOH 2.000g，溶于水中，为除去其中 CO_2 加热煮沸，冷却后定容并保存于 500mL 容量瓶中备用。

五、计算题

1. 某试样含 Na_2CO_3、$NaHCO_3$ 及其他惰性物质。称取试样 0.3010g，用酚酞作指示剂滴定时，用去 0.1060mol/L HCl 20.10mL，继续用甲基橙作指示剂滴定，共用去 HCl 47.70mL。计算试样中 Na_2CO_3 与 $NaHCO_3$ 的质量分数。

2. 称取纯 $NaHCO_3$ 1.008g，溶于适量水中，然后往此溶液中加入纯固体 NaOH 0.3200g，最后将溶液移入 250mL 容量瓶中。移取上述溶液 50.0mL，以 0.100mol/L HCl 溶液滴定。计算：（1）以酚酞为指示剂滴定至终点时，消耗 HCl 溶液多少毫升？(2) 继续加入甲基橙指示剂至终点时，又消耗 HCl 溶液多少毫升？[M_r(NaHCO$_3$)=84.00，M_r(NaOH)=40.00]

3. 4.000g NH$_4$NO$_3$ 配制成溶液，用容量瓶定容至 500mL，移取 25.00mL 此溶液，加入 10mL 甲醛溶液，反应为：4NH$_4^+$ + 6HCHO === (CH$_2$)$_6$N$_4$H$^+$ + 3H$^+$ + 6H$_2$O。用 0.1000mol/L NaOH 滴定所生成的酸，计耗去 24.25mL，计算 NH$_4$NO$_3$ 的质量分数，若此 NH$_4$NO$_3$ 试样中含有 2.20%的吸着水，则干试样中 NH$_4$NO$_3$ 的质量分数又是多少？{M_r(NH$_4$NO$_3$)=80.04，pK_b[(CH$_2$)$_6$N$_4$]=8.85}

六、设计题

某试液含有 NaCl、NH$_4$Cl、HCl，请用简单流程图表明测定三者的分析过程，指明滴定剂、主要试剂、酸度和指示剂。

第四章　络合滴定

实验七　EDTA 标准溶液的配制和标定

一、实验目的

1. 学会 EDTA 标准溶液的配制和标定方法。
2. 练习用纯 $CaCO_3$ 作为基准物质来标定 EDTA 标准溶液。
3. 熟悉二甲酚橙和钙指示剂的使用及其终点判断。

二、实验原理

EDTA，中文名称是乙二胺四乙酸，分子式 $C_{10}H_{16}N_2O_8$，常用 H_4Y 表示。它有 6 个配位原子，是化学中一种良好的配合剂，能和碱金属、稀土元素和过渡金属等形成稳定的水溶性配合物，与金属离子形成配合物时，配位比绝大多数为 1∶1。

EDTA 广泛用作水处理剂、洗涤用添加剂、锅炉清洗剂及分析试剂。在生物应用中，用于排除大部分过渡金属元素离子[如铁(Ⅲ)，镍(Ⅱ)，锰(Ⅱ)]的干扰。在蛋白质工程及实验中可在不影响蛋白质功能的情况下去除干扰离子。

EDTA 难溶于水，实验用的是 EDTA 的二钠盐：乙二胺四乙酸二钠（$Na_2H_2Y \cdot 2H_2O$，相对分子质量 372.2），也简称为 EDTA。在水中溶解度 10.8g/100g 水（22℃），23.6g/100g 水（80℃）。

EDTA 的结构式

EDTA 的结构图

乙二胺四乙酸二钠与钙离子作用示意

EDTA 因常吸附 0.3% 的水分且其中含有少量杂质而不能直接用来配制标准溶液，通常采用标定法测定 EDTA 标准溶液的浓度。常用的基准物质有金属 Zn、Cu、Pb、Bi 等，金属氧化物 ZnO、Bi_2O_3 等，盐类 $CaCO_3$、$MgSO_4 \cdot 7H_2O$ 等，通常选用其中与被测物组分相同的物质作为基准物，这样，滴定条件一致，可减少系统误差。本实验配制的 EDTA 标准溶液，用来测定自来水的硬度，所以选用 $CaCO_3$ 作为基准物。

金属指示剂是一些有色的有机配合剂，在一定条件下能与金属离子形成有色配合物，其颜色与游离指示剂的颜色不同，因此用它能指示滴定过程中金属离子浓度的变化情况。配位反应比酸碱反应速度慢，在滴定过程中，EDTA 溶液滴加速度不能太快，尤其近终点时，应逐滴加入，并充分摇动。

标定 EDTA 溶液可以用钙指示剂、二甲酚橙（XO）、铬黑 T 等作为指示剂。铬黑 T 指示剂在溶液 pH＝9.0～10.5 时显蓝色，能和 Ca^{2+} 生成稳定的红色络合物。当用 EDTA 标准溶液滴定时，Ca^{2+} 与 EDTA 生成无色的络合物，当接近化学计量点时，已与指示剂络合的金属离子被 EDTA 夺出，释放出指示剂，溶液即显示出游离指示剂的颜色，当溶液从紫红色变为纯蓝色，即为滴定终点。反应式如下：

滴定前：　　　　　　　$Ca^{2+} + HIn^{2-} \Longrightarrow CaIn^{-}（紫红色） + H^{+}$

滴定中：　　　　　　　$Ca^{2+} + H_2Y^{2-} \Longrightarrow CaY^{2-}（无色） + 2H^{+}$

终点时：　　　　　　　$CaIn^{-} + H_2Y^{2-} \Longrightarrow CaY^{2-} + HIn^{2-}（纯蓝色） + H^{+}$

铬黑 T 是偶氮类染料，棕黑色粉末，溶于水，分子式 $C_{20}H_{12}N_3NaO_7S$，相对分子质量 461.38。主要用作检验金属离子和水质测定，是实验室常备的分析试剂。在溶液中存在下列平衡。

$$H_2In^{-} \xrightleftharpoons[]{pK_{a2}=6.3} HIn^{2-} \xrightarrow{pK_{a3}=11.6} In^{3-}$$
　　　　　　　　紫红　　　　　　　蓝　　　　　　　橙

游离铬黑 T pH＜6.3 时，颜色是紫红色；pH＝6.6～11.6 显蓝色；pH＞11.6 为橙色。铬黑 T 与二价金属离子形成的络合物都是红色或紫红色的。因此，只有在 pH＝7.0～11.0 范围内使用，指示剂才有明显的颜色变化。根据实验，最适宜的酸度为 pH＝9.0～10.5。

钙指示剂是紫黑色粉末，分子式 $C_{21}H_{14}N_2O_7S$，相对分子质量 438.41，在 pH＝12.0～14.0 之间显蓝色，$HInd^{2-}$ 与 Ca^{2+} 形成比较稳定红色络合物，终点变色较铬黑 T 敏锐。反应如下：

$$HInd^{2-}（纯蓝色） + Ca^{2+} \Longrightarrow CaInd^{-}（酒红色） + H^{+}$$

　　铬黑 T 的结构式　　　　　钙指示剂的结构式　　　　　二甲酚橙的结构式

EDTA 若用于测定 Pb^{2+}、Bi^{3+} 离子，则宜以 ZnO 或金属锌为基准物，以二甲酚橙为指示剂。在 pH＝5.0～6.0 的溶液中，指示剂本身显黄色，与 Zn^{2+} 的络合物呈紫红色。EDTA 与 Zn^{2+} 离子形成的络合物更稳定，因此用 EDTA 溶液滴定至近终点时，二甲酚橙被游离出来，溶液由紫红色变成黄色。

二甲酚橙是红棕色结晶性粉末。易吸湿。易溶于水，分子式 $C_{31}H_{32}N_2O_{13}S$，相对分子质量 672.66。它有 6 级酸式解离，其中 H_6In 至 H_2In^{4-} 都是黄色，HIn^{5-} 至 In^{6-} 是红色。在 pH＝5.0～6.0 时，二甲酚橙主要以 H_2In^{4-} 形式存在。H_2In^{4-} 的酸碱解离平衡如下：

$$H_2In^{4-}（黄）\rightleftharpoons H^+ + HIn^{5-}（红）(pK_a = 6.3)$$

由此可知，pH>6.3 时，它呈现红色；pH<6.3 时，呈现黄色；pH=pK_a=6.3 时，呈现中间颜色。二甲酚橙与金属离子形成的配合物都是红紫色，因此它只适用于在 pH<6 的酸性溶液中。

三、实验试剂

1. 以 $CaCO_3$ 为基准物时所用试剂

（1）乙二胺四乙酸二钠盐（相对分子质量：372.24，分析纯）；（2）$CaCO_3$（基准试剂）；（3）NH_3-NH_4Cl 缓冲溶液（pH≈10）；（4）铬黑 T（5g/L 水溶液）；（5）氨水（1：2，氨水与水的体积比）；（6）HCl（1：1）；（7）Mg^{2+}-EDTA 溶液：分别配制 0.05mol/L 的 $MgCl_2$ 溶液和 0.05mol/L 的 EDTA 溶液各 500mL。移取 25.00mL $MgCl_2$ 溶液，加入 5mL 缓冲溶液（pH≈10），滴加 2~3 铬黑 T，用 EDTA 滴定至 $MgCl_2$ 溶液为纯蓝色，记下消耗的 EDTA 的体积。按比例把剩余的 $MgCl_2$ 和 EDTA 混合，确保 Mg^{2+} 与 EDTA 的物质的量之比为1：1。

2. 以 ZnO（或 Zn）为基准物时所用试剂

（1）乙二胺四乙酸二钠盐（分析纯）；（2）ZnO（基准试剂）；（3）氨水（1：1）；（4）六亚甲基四胺（200g/L）；（5）二甲酚橙指示剂（2g/L 水溶液）；（6）盐酸（1：1）。

四、实验仪器

台秤，分析天平，烧杯（50mL、500mL），试剂瓶，称量瓶，表面皿，量筒，容量瓶，移液管，锥形瓶，酸式滴定管等。

五、实验步骤

1. 配制 0.02mol/L EDTA 标准溶液

在台秤上称取 EDTA 3.5~4.0g，溶于 100mL 去离子水中，然后转移至 500mL 试剂瓶中，再加入 400mL 去离子水，摇匀，贴上标签。

2. 以 $CaCO_3$ 为基准物质标定 EDTA 溶液

（1）配制 0.02mol/L 钙标准溶液

准确称取干燥的 $CaCO_3$ 基准试剂 0.4~0.5g（注意容量瓶与移液管的体积比）于 100mL 烧杯中，用少量水润湿，盖上表面皿。从杯嘴内缓缓加入 1：1 的 HCl 约 5.0mL，使之溶解。溶解后将溶液转入 250mL 容量瓶中，定容，摇匀，计算其准确浓度。

（2）标定

用移液管移取 25.00mL 钙标准溶液，放入 250mL 锥形瓶中，滴加 1 滴甲基红指示剂，用氨水中和过量的 HCl，至溶液由红色变为黄色。再加入 5mL Mg^{2+}-EDTA 溶液，10.0mL 缓冲溶液和 2 滴铬黑 T。摇匀后，用 EDTA 溶液滴定到溶液由紫红色变为纯蓝色，即为终点。记录消耗 EDTA 溶液的体积，平行测定 3 次。

3. 以 ZnO 为基准物质标定 EDTA 溶液

（1）配制 0.02mol/L 锌标准溶液

准确称取在 800~1000℃ 灼烧过的 ZnO 基准物 0.2~0.3g（准确至 0.1mg）于小烧杯中，加少量去离子水润湿后，缓慢地滴加 1：1 的 HCl 5.0mL，同时搅拌至完全溶解。然后，将溶液定量转移到 250mL 容量瓶中，稀释至刻度并摇均匀。

（2）标定

用移液管移取 25.00mL 锌标准溶液于锥形瓶中，加入约 20mL 水、2 滴二甲酚橙，摇均匀后，先加 1:1 的氨水至溶液由黄色刚变橙色，然后滴加 20% 六亚甲基四胺至溶液呈稳定的紫红色后，再多加 4.0mL。用 EDTA 溶液滴定到溶液由紫红色变为亮黄色，即为终点，记录消耗 EDTA 溶液的体积。平行测定 3 次。

六、实验数据记录与处理

1. 数据记录

表 1　$CaCO_3$ 标定 EDTA 溶液

序　号	1	2	3
($CaCO_3$+瓶)初质量/g			
($CaCO_3$+瓶)末质量/g			
$CaCO_3$ 质量/g			
容量瓶的体积/mL			
移取 Ca^{2+} 溶液的体积/mL			
EDTA 初读数/mL			
EDTA 终读数/mL			
V_{EDTA}/mL			
c_{EDTA}/(mol/L)			
EDTA 平均浓度/(mol/L)			
相对偏差/%			
平均相对偏差/%			

表 2　ZnO 标定 EDTA 溶液

项　目	1	2	3
(ZnO+瓶)初质量/g			
(ZnO+瓶)末质量/g			
ZnO 质量/g			
容量瓶的体积/mL			
移取 Zn^{2+} 溶液的体积/mL			
EDTA 初读数/mL			
EDTA 终读数/mL			
V_{EDTA}/mL			
c_{EDTA}/(mol/L)			
EDTA 平均浓度/(mol/L)			
相对偏差/%			
平均相对偏差/%			

2. 数据处理

根据所耗 EDTA 溶液的体积和 $CaCO_3$、ZnO 的质量,计算出 EDTA 标准溶液的准确浓度。

七、注意事项

① $CaCO_3$ 基准试剂加 HCl 溶解时,速度要慢,以防激烈反应产生 CO_2 气泡,而使 $CaCO_3$ 溶液飞溅,造成 $CaCO_3$ 的损失。

② 络合滴定反应进行较慢,因此滴定速度不宜太快,尤其临近终点时,更应缓慢滴定,并充分摇动。

③ EDTA 二钠盐溶解速度较慢,溶解需要一定时间,所以可提前配制。EDTA 不能直接在试剂瓶中溶解,因固体溶解过程中有热效应,试剂溶解速度慢,而在烧杯中溶解,可以搅拌或加热,使试剂溶解的速度加快。

④ 用 Zn^{2+} 标准溶液滴定 EDTA 标准溶液时,加入二甲酚橙指示剂后,如果溶液为黄色,原因是溶液中的酸度过大,指示剂不能与 Zn^{2+} 形成 ZnIn,因而呈现指示剂的颜色。解决方法:边滴加六亚甲基四胺边搅拌溶液,直至溶液为稳定的红紫色,再多加 3.0~4.0mL,用精密 pH 试纸测试,确定溶液 pH 在 5.0~6.0 之间。

八、思考题

1. 阐述 Mg^{2+}-EDTA 能够提高终点敏锐度的原理。
2. 标定时,为什么要根据酸度范围选择指示剂?
3. 用 ZnO 标定 EDTA 时,为什么选用六亚甲基四胺-盐酸作为缓冲溶液?
4. 滴定为什么要在缓冲溶液中进行?如果没有缓冲溶液存在,将会导致什么现象发生?

实验八 水的硬度的测定

一、实验目的

1. 掌握 EDTA 滴定法测定水的硬度的原理和操作方法。
2. 熟悉指示剂的使用条件和终点变化。
3. 进一步练习络合滴定操作和滴定终点的判断。
4. 进一步练习移液管、滴定管的使用。

二、实验原理

水的硬度是指水中二价及多价金属离子含量的总和。这些离子包括 Ca^{2+}、Mg^{2+}、Fe^{2+}、Mn^{2+}、Fe^{3+}、Al^{3+} 等。构成天然水硬度的主要离子是 Ca^{2+} 和 Mg^{2+},其他离子在一般天然水中含量都很少,在构成水硬度上可以忽略。因此,一般都以 Ca^{2+} 和 Mg^{2+} 的含量来计算硬度。

水的硬度可以分为暂时硬度(也称"碳酸盐硬度")和永久硬度(也称"非碳酸盐硬度")两类。通常把暂时硬度与永久硬度之和称为总硬度。

① 水中 Ca^{2+}、Mg^{2+} 以酸式碳酸盐形式存在的部分,因其遇热即形成碳酸盐沉淀而被除去,称之为暂时硬度;

② 而以硫酸盐、硝酸盐和氯化物等形式存在的部分,因其性质比较稳定,不能够通过

加热的方式除去,故称为永久硬度。

表示水硬度大小的单位有多种。目前在文献中使用较多的有以下 3 种。

(1) 毫摩/升 (mmol/L)

以 1L 水中含有的形成硬度离子的物质的量之和来表示。一般以 Ca^{2+}、Mg^{2+} 等作为基本单元。单位为 mmol/L。

(2) 毫克/升 ($CaCO_3$)

以 1L 水中所含有的形成硬度的离子的量所相当的 $CaCO_3$ 的质量表示,单位为 mg/L ($CaCO_3$)。

以碳酸钙浓度表示的硬度大致分为:0~75mg/L 极软水;75~150mg/L 软水;150~300mg/L 中硬水;300~450mg/L 硬水;450~700mg/L 高硬水;700~1000mg/L 超高硬水;>1000mg/L 特硬水。

美国供水工程协会水质标准:80-100mg/L ($CaCO_3$,下同),欧盟饮用水标准 60mg/L,加拿大饮用水标准:≤300mg/L,澳大利亚饮用水标准≤200mg/L,我国《生活饮用水卫生标准 GB/T 5750—2006》中,要求总硬度≤450mg/L。

(3) 德国度 (°dH)

1L 水中含有相当于 10mg 的 CaO,其硬度即为 1 个德国度 (1°dH)。

水的硬度是表示水质的一个重要指标,是确定用水质量和进行水处理的重要依据。通过测定水的硬度可以知道其是否可以用于工业生产及日常生活,硬度高的水可使肥皂沉淀、使洗涤剂的效用大大降低,纺织工业上硬度过大的水使纺织物粗糙且难以染色;烧锅炉易堵塞管道,引起锅炉爆炸等事故;高硬度的水难喝、有苦涩味,饮用后甚至影响胃肠功能等。

测定水的总硬度,一般采用配位滴定法。最常用的配位剂是乙二胺四乙酸二钠盐,用 $Na_2H_2Y \cdot 2H_2O$ 表示,习惯上称为 EDTA,它在溶液中以 Y^{4-} 的形式与 Ca^{2+},Mg^{2+} 配位,形成 1:1 的无色配合物。

水的硬度的测定可分为水的总硬度测定和钙、镁硬度的分别测定两种,前者是测定 Ca、Mg 总量,并以钙的化合物(即 1mol 的 Mg 折合为 1mol 的 Ca)含量表示,后者是分别测定 Ca 和 Mg 的含量。

1. 水的总硬度的测定

测定钙镁总硬度时,在 pH=10 的缓冲溶液中,以铬黑 T (EBT) 为指示剂,用 EDTA 标准溶液滴定。铬黑 T 与 EDTA 都能与 Ca^{2+}、Mg^{2+} 形成配合物,配合物的稳定性:$CaY^{2-}>MgY^{2-}>MgIn^->CaIn^-$。滴定前,铬黑 T 与溶液中的部分 Mg^{2+} 反应生成 $MgIn^-$ 而显酒红色;滴定时,EDTA 首先与溶液中游离的 Ca^{2+} 反应,然后与游离的 Mg^{2+} 反应,均生成无色配合物;滴定至终点,铬黑 T 被 EDTA 从 $MgIn^-$ 中置换出来,溶液就由红色变成为游离铬黑 T 的蓝色。其反应简式如下。

滴定前:$Mg^{2+} + H_2In^-$(蓝色)$== MgIn^-$(紫红色)

滴定时:$Ca^{2+} + H_2Y^{2-} == CaY^{2-}$(无色)$+ 2H^+$

$Mg^{2+} + H_2Y^{2-} == MgY^{2-}$(无色)$+ 2H^+$

终点时:$MgIn^-$(紫红色)$+ H_2Y^{2-} == MgY^{2-}$(无色)$+ H_2In^-$(蓝色)

滴定时,Fe^{3+}、Al^{3+} 等离子干扰测定,可以用三乙醇胺掩蔽;Cu^{2+}、Pb^{2+}、Zn^{2+} 等重金属离子则可用 KCN、Na_2S 或巯基乙酸等掩蔽。

2. 钙、镁硬度的分别测定

测定钙硬度时，用 NaOH 调节溶液 pH 值为 12.0~13.0，使溶液中的 Mg^{2+} 形成 $Mg(OH)_2$ 白色沉淀。钙指示剂与钙离子形成红色的络合物，使溶液呈红色，滴入 EDTA 时，钙离子逐步被络合，当接近化学计量点时，已与指示剂络合的钙离子被 EDTA 夺出，释放出指示剂，使溶液显示钙指示剂自身的蓝色。

水的总硬度减去钙硬度，即为水样的镁硬度。

三、实验试剂

EDTA 溶液（0.02mol/L）；NH_3-NH_4Cl 缓冲溶液（也称为氨性缓冲溶液，pH≈10：称取 20g NH_4Cl，溶解后，加 100mL 浓氨水，用水稀至 1L）；铬黑 T 指示剂（5g/L）；三乙醇胺溶液（1:2）；NaOH（1mol/L）；HCl（1:1）；钙指示剂。

四、实验仪器

量筒，移液管，锥形瓶，酸式滴定管等。

五、实验步骤

1. 总硬度的测定

用移液管吸取 100.00mL 自来水置于 250mL 锥形瓶中，加氨性缓冲溶液 5mL，再加 3~4 滴铬黑 T 指示剂，用 EDTA 标准溶液滴定，至溶液由红色变为蓝色即为终点，记录所消耗 EDTA 的体积 V_1。平行测定 3 次。

2. 钙硬度的测定

用移液管吸取 100.00mL 自来水置于 250mL 锥形瓶中，加入 5mL 1mol/L NaOH 溶液，再加 3~4 滴钙指示剂，用 EDTA 标准溶液滴定至溶液由红色变为蓝色即为终点，记录所消耗 EDTA 的体积 V_2。平行测定 3 次。

六、实验数据记录与处理

1. 数据记录

表 1　总硬度的测定记录表

项　　目	1	2	3
水样体积/mL			
滴定管初读数/mL			
滴定管终读数/mL			
EDTA 标液体积/mL			
总硬度($CaCO_3$)/(mg/L)			
平均总硬度($CaCO_3$)/(mg/L)			
水的总硬度/(°)			
平均总硬度/(°)			
相对偏差/%			
相对平均偏差/%			

表 2　钙硬度的测定记录表

项　　目	1	2	3
水样体积/mL			
滴定管初读数/mL			
滴定管终读数/mL			
EDTA 标液体积/mL			

项 目	1	2	3
Ca^{2+} 含量/(mg/L)			
Ca^{2+} 平均含量/(mg/L)			
相对偏差/%			
相对平均偏差/%			

2. 数据处理

(1) 根据消耗的 EDTA 的体积和浓度，分别计算水的总硬度、钙硬度和镁硬度。

$$总硬度(mg/L) = \frac{(c\overline{V_1})_{EDTA} \times M_{CaCO_3} \times 10^3}{V_水}$$

式中，c 为 EDTA 的浓度，mol/L；$\overline{V_1}$ 为测定总硬度时消耗 EDTA 的平均体积，mL；M_{CaCO_3} 为 $CaCO_3$ 的分子质量，100.09g/mol；$V_水$ 为自来水的体积，mL。

$$\rho_{Ca}(mg/L) = \frac{(c\overline{V_2})_{EDTA} \times M_{Ca} \times 10^3}{V_水}$$

式中，c 为 EDTA 的浓度，mol/L；$\overline{V_2}$ 为测定钙硬度时消耗 EDTA 的平均体积，mL；M_{Ca} 为 Ca 的分子质量 40.08g/moL；$V_水$ 为自来水的体积，mL。10^3 为 g 与 mg 之间的换算。

$$\rho_{Mg}(mg/L) = \frac{c(\overline{V_1} - \overline{V_2})_{EDTA} \times M_{Mg} \times 10^3}{V_水}$$

式中，c 为 EDTA 的浓度，mol/L；$\overline{V_1}$ 为测定总硬度时消耗 EDTA 的平均体积，mL；$\overline{V_2}$ 为测定钙硬度时消耗 EDTA 的平均体积，mL；M_{Mg} 为 Mg 的分子质量 24.31g/moL；$V_水$ 为自来水的体积，mL。10^3 为 g 与 mg 之间的换算。

(2) 硬度单位的换算

毫克/升（$CaCO_3$）换算成德国度时，需乘以系数 0.056，即 1mg/L($CaCO_3$)＝0.056(°dH)。

七、注意事项

① 水样中若有 CO_2 或 CO_3^{2-} 存在会和 Ca^{2+} 结合生成 $CaCO_3$ 沉淀，使终点拖后，变色不敏锐。故应在滴定前将水样酸化并煮沸以除去 CO_2。HCl 不宜多加，以免影响滴定时溶液的 pH。自来水样较纯、杂质少，可省去水样酸化、煮沸，加 Na_2S 掩蔽等步骤。

② 铬黑 T 和 Mg^{2+} 显色灵敏度高于 Ca^{2+} 显色的灵敏度，当水样中 Mg^{2+} 含量较低时，终点变色不敏锐。为此可在 EDTA 标准溶液中加入适量 Mg^{2+}（标定前加入，不影响测定结果）；或者在缓冲溶液中加入一定量的 Mg-EDTA 盐，利用置换滴定来提高终点变色的敏锐性。

③ 应该用移液管移取 100.00mL 自来水，不能用量筒、小烧杯等容器移取。

④ 因为络合反应速度较中和反应要慢一些，所以络合滴定速度不能太快，特别是临近终点时要逐滴加入，并充分摇动。

八、思考题

1. 如果水样中含有 Al^{3+}、Fe^{3+}、Cu^{2+}，能否用铬黑 T 为指示剂进行测定，如可以，实验应该如何做？
2. 为什么滴定 Ca^{2+}、Mg^{2+} 总量时要控制 $pH \approx 10.0$，而滴定 Ca^{2+} 分量时要控制 pH 为 12.0～13.0？若 pH＞13.0 时测 Ca^{2+} 对结果有何影响？
3. 为什么钙指示剂能在 pH=12.0～13.0 的条件下指示终点？
4. 怎样减少测定钙硬度时的返红现象？

实验九 铅、铋混合液中铅、铋含量的连续测定

一、实验目的

1. 掌握通过控制溶液酸度来进行多种金属离子连续络合滴定的原理和方法。
2. 掌握连续测定铋和铅含量的原理和方法。
3. 熟悉二甲酚橙指示剂的应用。

二、实验原理

溶液中有 M、N 两种金属离子共存时，欲准确滴定两种离子，并且 N 不干扰 M 的测定，条件如下 (Et≤0.3%)：

① $\lg c_M K'_{MY} \geq 6$； $\lg c_N K'_{NY} \geq 6$ （注：$\lg K'_{MY} = \lg K_{MY} - \lg \alpha_{Y(H)}$）

② $c_M K_{MY} / c_N K_{NY} \geq 10^5$

若 $c_M = c_N$，则 $\lg K_{MY} - \lg K_{NY} \geq 5$，即 $\Delta \lg K \geq 5$

如果满足以上两个条件，则可以利用控制溶液酸度的方法实现混合离子的连续滴定。

Bi^{3+}、Pb^{2+} 均能与 EDTA 形成稳定的络合物，其 lgK 值分别为 27.94 和 18.04，两者稳定性相差很大，$\Delta pK = 9.90 > 6$。因此，可以用控制酸度的方法在一份试液中连续滴定 Bi^{3+} 和 Pb^{2+} 的含量。

滴定 Bi^{3+} 时，Pb^{2+} 不干扰的最大酸度可由酸效应曲线查得 $pH_{min} = 0.7$，一般控制 pH=1.0。同样由酸效应曲线查得滴定 Pb^{2+} 的 $pH_{min} = 3.4$，通常用六亚甲基四胺溶液作为缓冲溶液，控制 pH=5.0～6.0。

在测定中，均以二甲酚橙（XO）作指示剂，XO 在 pH＜6.0 时呈黄色，在 pH＞6.3 时呈红色；而它与 Bi^{3+}、Pb^{2+} 所形成的络合物均呈紫红色，因此二甲酚橙只适用于在 pH＜6.0 的酸性溶液中。它们的稳定性比 Bi^{3+}、Pb^{2+} 与 EDTA 形成的络合物低，而 $K_{Bi-XO} > K_{Pb-XO}$。

在 Bi^{3+}、Pb^{2+} 混合溶液中，首先调节溶液的 $pH \approx 1.0$，以二甲酚橙为指示剂，Bi^{3+} 与指示剂形成紫红色配合物（Pb^{2+} 在此条件下不与二甲酚橙形成有色配合物）。

滴定前：Bi^{3+} + XO(黄色) ⟶ BiXO(紫红色)

滴定中：Bi^{3+} + H_2Y^{2-} ══ BiY^-(无色) + $2H^+$

终点时：BiXO(紫红色) + H_2Y^{2-} ⟶ BiY^- + XO(黄色)

用 EDTA 标准溶液滴定 Bi^{3+}，当溶液由紫色恰好变为黄色时，即为滴定 Bi^{3+} 的终点。

在滴定 Bi^{3+} 后的溶液中，加入六亚甲基四胺溶液作为缓冲溶液，调节溶液 pH=5.0～

6.0，此时 Pb^{2+} 与二甲酚橙形成紫红色络合物，溶液再次呈现紫红色。

滴定前：Pb^{2+} + XO(黄色) ⟶ PbXO(紫红色)

滴定中：Pb^{2+} + H_2Y^{2-} ⇌ PbY^{2-}(无色) + $2H^+$

终点时：PbXO(紫红色) + H_2Y^{2-} ⟶ PbY^{2-} + XO(黄色) + $2H^+$

用 EDTA 标准溶液继续滴定，当溶液由紫红色恰好变为黄色时，即为滴定 Pb^{2+} 的终点。

三、实验试剂

1. EDTA 标准溶液（0.02mol/L）。

2. 浓 HNO_3。

3. 六亚甲基四胺溶液（200g/L）。

4. Bi^{3+}、Pb^{2+} 混合液（含 Bi^{3+}、Pb^{2+} 各约 0.01mol/L）：称取硝酸铋 4.8g 于烧杯中，加入 14.0mL 浓 HNO_3 使之溶解．再称取硝酸铅 3.3g 倒入烧杯中，溶解完全后加水稀释至 1L，摇匀，贴标签，备用。此时，溶液的 pH 值约为 0.7；在滴定操作过程中不断地加入 EDTA 标准溶液，会使溶液 pH 值上升而达到准确滴定的 pH 范围。

5. 二甲酚橙（2g/L 水溶液）。

四、实验仪器

移液管，容量瓶，酸式滴定管，锥形瓶，量筒等。

五、实验步骤

1. Bi^{3+} 的滴定

用移液管移取 25.00mL Bi^{3+}、Pb^{2+} 混合液于锥形瓶中，加入 2 滴二甲酚橙，用 EDTA 标准溶液滴定。溶液由紫红色变为亮黄色时，即为滴定 Bi^{3+} 的终点，记录消耗的体积 V_1。

2. Pb^{2+} 的滴定

在滴定 Bi^{3+} 后的溶液中再加 1 滴二甲酚橙，然后加入 10mL 六亚甲基四胺溶液（此时溶液的 pH 值约为 5.0~6.0），溶液变为紫红色，继续用 EDTA 滴定。溶液由紫红色突变为亮黄色时，即为滴定 Pb^{2+} 的终点，记录消耗的体积 V_2。

3. 平行测定三次。

六、实验数据记录与处理

1. 数据记录

滴定数据记录表

项目	1	2	3
Bi^{3+}、Pb^{2+} 混合液体积/mL			
滴定管初读数/mL			
Bi^{3+} 终点滴定管读数/mL			
Pb^{2+} 终点滴定管读数/mL			
V_1(Bi^{3+} 消耗 EDTA 体积)/mL			
V_2(Pb^{2+} 消耗 EDTA 体积)/mL			
Bi^{3+} 浓度/(mol/L)			

项目	1	2	3
Bi^{3+} 浓度/(mol/L)			
Bi^{3+} 平均浓度/(mol/L)			
相对偏差(Bi^{3+})			
相对平均偏差(Bi^{3+})			
Pb^{2+} 浓度/(mol/L)			
Pb^{2+} 平均浓度/(mol/L)			
相对偏差(Pb^{2+})			
相对平均偏差(Pb^{2+})			

2. 数据处理

根据两步消耗的 EDTA 标准溶液体积，分别计算出混合试液中 Bi^{3+} 和 Pb^{2+} 的含量及相对偏差。

七、注意事项

① 用 EDTA 标准溶液滴定 Bi^{3+} 时，在临近终点前应降低滴定速度，每滴加 1 滴 EDTA，应及时摇动锥形瓶并注意观察是否变色。直至使溶液由紫红色变成橙色，滴定剂改为半滴加入，溶液由橙色突变为黄色，即为终点。

② 测定 Bi^{3+} 时若酸度过低，Bi^{3+} 将水解，产生白色浑浊，会使终点过早出现，而且产生回红现象，此时应放置片刻，继续滴定至透明稳定的亮黄色，即为终点。

③ 指示剂应滴定 1 份加 1 份。滴定速度要慢，并且充分摇动锥形瓶。

④ 滴定过程中一定要小心，尤其在 Bi^{3+} 的终点时 EDTA 不要过量，否则会使结果误差较大，Bi^{3+} 含量偏高，Pb^{2+} 含量偏低。

⑤ 由于滴定 Bi^{3+} 后，试液的体积增大了，故需补加指示剂。

八、思考题

1. 按本实验操作，滴定 Bi^{3+} 的起始酸度是否超过滴定 Bi^{3+} 的最高酸度？滴定至 Bi^{3+} 的终点时，溶液中酸度为多少？此时再加入 10mL 200g/L 六亚四基四胺后，溶液 pH 约为多少？

2. 能否控制 pH 为 5.0～6.0 滴定 Bi^{3+}、Pb^{2+} 总量？为什么？

3. 滴定 Pb^{2+} 时要调节溶液 pH 为 5.0～6.0，为什么加入六亚四基四胺而不加入醋酸钠？

练 习 题

一、选择题

1. 含有 Ca^{2+}、Zn^{2+}、Fe^{2+} 混合离子的弱酸性溶液，若以 $Fe(OH)_3$ 形式分离 Fe^{3+}，应选择的试剂是（　）。

A. 浓 NH_3 水　　　　B. 稀 NH_3 水　　　　C. NH_4Cl+NH_3　　　　D. NaOH

2. 某溶液含 Ca^{2+}、Mg^{2+} 及少量 Al^{3+}、Fe^{3+}，今加入三乙醇胺，调至 pH=10，以铬黑 T 为指示剂，用 EDTA 滴定，此时测定的是（　）。

A. Mg^{2+} 量　　　　　　　　　　　　B. Ca^{2+} 量

C. Ca^{2+}，Mg^{2+} 总量　　　　　　　D. Ca^{2+}，Mg^{2+}，Al^{3+}，Fe^{3+} 总量

3. 铬黑 T 在溶液中存在下列平衡，它与金属离子形成络合物显红色，H_2In^-（紫红）→HIn^{2-}（蓝）→In^{3-}（橙）（$pK_{a2}=6.3$；$pK_{a3}=11.6$）
使用该指示剂的酸度范围是（　　）。
A. pH<6.3　　　　B. pH>11.6　　　　C. pH=6.3~11.6　　　　D. pH=6.3±1

4. 在 Ca^{2+}、Mg^{2+} 的混合溶液中，用 EDTA 法滴定测定 Ca^{2+} 的含量，要消除 Mg^{2+} 的干扰，应选择（　　）。
A. 沉淀掩蔽法　　　B. 配位掩蔽法　　　C. 离子交换法　　　D. 氧化还原掩蔽法

5. 在 pH=5.0 的乙酸缓冲溶液中，用 0.002mol/L 的 EDTA 滴定同浓度的 Pb^{2+}。已知 $lgK_{PbY}=18.0$，$lg\alpha_{Y(H)}=6.6$，$lg\alpha_{Pb(Ac)}=2.0$，在化学计量点时，溶液中 pPb' 值应为（　　）。
A. 8.2　　　　B. 6.2　　　　C. 5.2　　　　D. 3.2

6. 为标定 EDTA 溶液的浓度宜选择的基准物是（　　）。
A. 分析纯的草酸钠　　　　　　　　B. 分析纯的 $CaCO_3$
C. 分析纯的 $FeSO_4 \cdot 7H_2O$　　　　D. 光谱纯的 CaO

7. 为了测定水中的 Ca、Mg 含量，以下消除 Fe^{3+}、Al^{3+} 干扰的方法正确的是（　　）。
A. 酸性溶液中加入三乙醇胺，然后调至 pH=10 氨性溶液
B. 于酸性溶液中加入 KCN，然后调至 pH=10
C. 于 pH=10 的氨性缓冲溶液中直接加入三乙醇胺
D. 加入三乙醇胺时不需要考虑溶液的酸碱性

8. 以 $CaCO_3$ 为基准物标定 EDTA，在溶液配制和滴定过程中，需要润洗的是（　　）。
A. 烧杯　　　　B. 容量瓶　　　　C. 移液管　　　　D. 锥形瓶

9. EDTA 在 pH<1.0 的酸性溶液中相当于几元酸？（　　）。
A. 3　　　　B. 5　　　　C. 4　　　　D. 6

10. 在 pH=10.0 的氨性缓冲溶液中，以 0.01mol/L EDTA 滴定同浓度 Zn^{2+} 溶液 2 份。分别含有 0.2mol/L 和 0.5mol/L 的游离 NH_3。上述两种情况下，对 pZn' 叙述正确的是（　　）。
A. 在计量点前 pZn' 相等　　　　　B. 在计量点时 pZn' 相等
C. 在计量点后 pZn' 相等　　　　　D. 任何时候 pZn' 都不相等

11. 一般情况下，EDTA 与金属离子形成的配合物的配位比是（　　）。
A. 1∶1　　　　B. 2∶1　　　　C. 1∶3　　　　D. 1∶2

12. 在金属离子 M 和 N 等浓度的混合液中，以 HIn 为指示剂，用 EDTA 标准溶液直接滴定其中的 M 而 N 不干扰，要求（　　）。
A. $pH=pK'_{MY}$　　　　　　　　　B. $pK'_{MY}<pK'_{MIn}$
C. $lgK'_{MY}-lgK'_{NY}\geqslant 5$　　　　　D. MIn 与 HIn 颜色应有明显的区别

13. 以 EDTA 滴定 Zn^{2+}，选用（　　）作指示剂。
A. 酚酞　　　　B. 二甲酚橙　　　　C. 二苯胺磺酸钠　　　　D. 淀粉

14. EDTA 滴定 Zn^{2+} 时，加入 NH_3-NH_4Cl 可（　　）。
A. 防止干扰　　　　　　　　　　　B. 防止 Zn^{2+} 水解
C. 使金属离子指示剂变色更敏锐　　　D. 加大反应速度

15. 在一定酸度下，用 EDTA 滴定金属离子 M。当溶液中存在干扰离子 N 时，影响络合剂总副反应系数的大小的因素为（　　）。
A. $\alpha_{Y(H)}$　　　B. $\alpha_{Y(H)}$ 和 $\alpha_{Y(N)}$　　　C. $\alpha_{Y(N)}$　　　D. $\dfrac{K_{MY}}{K_{NY}}$

16. 在下列两种情况下，以 EDTA 滴定相同浓度的 Zn^{2+}：一是在 pH=10 的氨性缓冲溶液中，二是在 pH=5.5 的六亚甲基四胺缓冲溶液中，叙述滴定曲线突跃范围大小正确的是（　　）。
A. 突跃范围大小一样　　　　　　　B. 前者的突跃范围比后者大

C. 前者的突跃范围比后者小 D. 上述三种情况都有可能

17. 在 pH=10.0 的氨性缓冲溶液中，用 0.020mol/L EDTA 滴定相同浓度的 Zn^{2+}，已知 $\lg K(ZnY)=16.5$，$\lg \alpha_{Y(H)}=0.5$，$\lg \alpha_{Zn(NH_3)}=5.0$，$\lg \alpha_{Zn(OH)}=2.4$，则化学计量点时 pZn 值为（　　）。
   A. 6.5   B. 8.0   C. 11.5   D. 10.0

18. 在 pH=5.5 时，用 2.0×10^{-3} mol/L EDTA 滴定 2.0×10^{-3} mol/L Zn^{2+}。已知 pH=5.5 时，$\lg K'_{Zn\text{-}XO}=5.7$，$\lg K'_{Zn\text{-}DZ}=5.6$。要获得较高的准确度，应选用的指示剂是（　　）。
   A. 二甲酚橙（XO） B. 双硫腙（DZ） C. 两者都可 D. 两者都不可

19. EDTA 滴定金属离子时，若仅浓度均增大 10 倍，pM 突跃改变（　　）。
   A. 1 个单位 B. 2 个单位 C. 10 个单位 D. 不变化

20. 可用氨性缓冲溶液分离的离子对是（　　）。
   A. Cu^{2+}、Zn^{2+} B. Ag^+、Ca^{2+} C. Fe^{3+}、Cu^{2+} D. Al^{3+}、Cr^{3+}

21. 已知 EDTA 的各级解离常数分别为 $10^{-0.9}$、$10^{-1.6}$、$10^{-2.0}$、$10^{-2.67}$、$10^{-6.16}$ 和 $10^{-10.26}$，在 pH=2.67~6.16 的溶液中，EDTA 最主要的存在形式是（　　）。
   A. H_3Y^- B. H_2Y^{2-} C. HY^{3-} D. Y^{4-}

22. 配制溶液的水中含有少量 Ca^{2+}，被滴定溶液和所用滴定剂体积几乎相等，则由于水中 Ca^{2+} 的存在，使测定结果偏高的是（　　）。
   A. 以 $CaCO_3$ 为基准物，标定的 EDTA 溶液，用以滴定样品中的锌，二甲酚橙作指示剂
   B. 以锌为基准物，二甲酚橙为指示剂标定的 EDTA 溶液用以测定样品中的 Ca
   C. 以锌为基准物，铬黑 T 为指示剂，pH=10 时标定的 EDTA 溶液用以测定样品中钙

23. 今有 A、B 浓度相同的 Zn^{2+}-EDTA 溶液两份：A 为 pH=10.0 的 NaOH 溶液；B 为 pH=10.0 的氨性缓冲溶液。则在 A、B 溶液中 Zn^{2+}-EDTA 的 $K'(ZnY)$ 值的大小是（　　）。
   A. A 溶液的 $K'(ZnY)$ 和 B 溶液的 $K'(ZnY)$ 相等
   B. A 溶液的 $K'(ZnY)$ 比 B 溶液的 $K'(ZnY)$ 小
   C. A 溶液的 $K'(ZnY)$ 比 B 溶液的 $K'(ZnY)$ 大
   D. 无法确定

24. 在 pH=10.0 的氨性缓冲溶液中，以 EDTA 滴定同浓度 Zn^{2+} 溶液至 50% 处（　　）。
   A. pZn' 仅与 [NH_3] 有关 B. pZn' 与 $\lg K'_{ZnY}$ 有关
   C. pZn' 仅 $C_{Zn^{2+}}$ 与有关 D. pZn' 与以上三者均有关

25. 在 $ZnCl_2$ 溶液中加入少量 NH_3 产生白色沉淀，再加入过量 NH_3 至 pH=10.0 时，沉淀溶解，加入铬黑 T（EBT）生成红色溶液，再加 EDTA 则由红变蓝，由以上现象知（　　）。
   A. $\lg K_{Zn(NH_3)} < \lg K_{Zn(EBT)} < \lg K_{ZnY}$ B. $\lg K_{Zn(NH_3)} > \lg K_{Zn(EBT)} > \lg K_{ZnY}$
   C. $\lg K_{Zn(EBT)} < \lg K_{Zn(NH_3)} > \lg K_{ZnY}$ D. $\lg K_{ZnY} < \lg K_{Zn(EBT)} < \lg K_{Zn(NH_3)}$

26. 用 EDTA 滴定 Ca^{2+}、Mg^{2+}，若溶液中存在少量 Fe^{3+} 和 Al^{3+}，将对测定有干扰，消除干扰的方法是（　　）。
   A. 加 KCN 掩蔽 Fe^{3+}，加 NaF 掩蔽 Al^{3+}
   B. 加抗坏血酸将 Fe^{3+} 还原为 Fe^{2+}，加 NaF 掩蔽 Al^{3+}
   C. 采用沉淀掩蔽法，加 NaOH 沉淀 Fe^{3+} 和 Al^{3+}
   D. 在酸性条件下，加入三乙醇胺，再调到碱性以掩蔽 Fe^{3+}、Al^{3+}

27. 以 EDTA 滴定相同浓度的金属离子 M，已知检测终点时 $\Delta pM=0.20$，$K'(MY)=10^{9.0}$，若要求终点误差为 0.1%，则被测金属离子 M 的最低原始浓度为（　　）。
   A. 0.010mol/L B. 0.020mol/L C. 0.0010mol/L D. 0.0020mol/L

28. 用 EDTA 滴定 Mg^{2+}，采用铬黑 T 为指示剂，少量 Fe^{3+} 的存在将导致（　　）。
   A. 终点颜色变化不明显以致无法确定终点
   B. 在化学计量点前指示剂即开始游离出来，使终点提前

C. 使EDTA与指示剂作用缓慢,终点延长
D. 与指示剂形成沉淀,使其失去作用

29. 在含有0.10mol/L $AgNO_3$ 和0.20mol/L NH_3 的混合溶液中,下列叙述 Ag^+ 的物料平衡方程正确的是( )。
   A. $[Ag(NH_3)^+]+[Ag(NH_3)_2^+]=0.10$
   B. $[Ag^+]+[Ag(NH_3)^+]+2[Ag(NH_3)_2^+]=0.10$
   C. $[Ag^+]+[Ag(NH_3)^+]+[Ag(NH_3)_2^+]=0.10$
   D. $[Ag^+]+[Ag(NH_3)_2^+]=0.10$

30. 有一EDTA溶液,浓度为0.0100mol/L,则每毫升溶液相当于CaO的毫克数为( )。
   A. 0.5608   B. 0.4031   C. 0.8135   D. 0.5719

31. 在一定酸度下,用EDTA滴定金属离子M,当溶液中存在干扰离子N时,影响络合剂总副反应系数大小的因素是( )。
   A. 酸效应系数 $\alpha_{Y(H)}$
   B. 共存离子副反应系数 $\alpha_{Y(N)}$
   C. 酸效应系数 $\alpha_{Y(H)}$ 和共存离子副反应系数 $\alpha_{Y(N)}$
   D. 络合物稳定常数 $K(MY)$ 和 $K(NY)$ 之比值

32. 用EDTA滴定 Bi^{3+} 时,消除 Fe^{3+} 干扰宜采用( )。
   A. 加NaOH   B. 加抗坏血酸   C. 加三乙醇胺   D. 加氰化钾

33. 磺基水杨酸(L)与 Cu^{2+} 络合物的 $lg\beta_1$ 为9.5, $lg\beta_2$ 为16.5, [CuL]达最大的pL为( )。
   A. 9.5   B. 16.5   C. 7.0   D. 8.3

34. 以甲基橙为指示剂,用NaOH标准溶液滴定三氯化铁溶液中少量游离盐酸, Fe^{3+} 将产生干扰。为了消除 Fe^{3+} 的干扰,直接测定盐酸,应加入的试剂是( )。
   [$lgK_{CaY}=10.69$, $lgK_{Fe(III)Y}=24.23$]
   A. 酒石酸三钠   B. 三乙醇胺   C. 氰化钾   D. pH=5.0的CaY

35. 用含有少量 Ca^{2+}、Mg^{2+} 的蒸馏水配制EDTA溶液,然后在pH=5.5,以二甲酚橙为指示剂,用标准锌溶液标定EDTA溶液的浓度,最后在pH=10.0时,用上述EDTA溶液滴定试样中 Ni^{2+} 的含量,结果将( )。
   A. 偏高   B. 偏低   C. 无影响

36. 含有 Ca^{2+} 与 Ba^{2+} 的混合溶液,若分别滴定,应选用哪种络合剂直接滴定( )。
   A. EDTA ($lgK_{CaY}=10.67$, $lgK_{BaY}=7.86$)
   B. DCTA ($lgK_{Ca\text{-}DCTA}=13.15$, $lgK_{BaY\text{-}DCTA}=8.64$)
   C. DTPA ($lgK_{Ca\text{-}DTPAY}=10.83$, $lgK_{Ba\text{-}DTPA}=8.87$)
   D. HEDTAY ($lgK_{Ca\text{-}HEDTAY}=6.3$, $lgK_{Ba\text{-}HEDTA}=6.3$)

37. 若用0.0200mol/L Zn^{2+} 标准溶液滴定0.0200mol/L EDTA溶液,已知 $lgK_{ZnY}=16.5$、$lg\alpha_{Zn}=1.5$、$lg\alpha_Y=5.0$,终点时pZn=6.5,则终点误差为( )。
   A. 0.03%   B. −0.03%   C. 3%   D. −3%

38. 下面各滴定突跃范围最大的是( )。
   A. pH=12时用0.01mol/L EDTA滴定等浓度的 Ca^{2+}
   B. pH=9时用0.01mol/L EDTA滴定等浓度的 Ca^{2+}
   C. pH=12时用0.05mol/L EDTA滴定等浓度的 Ca^{2+}
   D. pH=9时用0.05mol/L EDTA滴定等浓度的 Ca^{2+}

39. 络合滴定法直接滴定 Zn^{2+},铬黑T(In^-)作指示剂,其滴定终点所呈现的颜色实际上是( )。
   A. ZnIn的颜色   B. In^- 的颜色   C. ZnY的颜色   D. ZnIn和 In^- 的颜色

40. 在EDTA法中,当MIn溶解度较小时,会产生( )。

A. 封闭现象　　　　B. 僵化现象　　　　C. 掩蔽现象　　　　D. 络合效应和酸效应

41. 当 $K_{MIn} > K_{MY}$ 时，易产生（　　）。

A. 封闭现象　　　　B. 僵化现象　　　　C. 掩蔽现象　　　　D. 络合效应和酸效应

42. 下列指示剂中，全部适用于络合滴定的一组是（　　）。

A. 甲基橙、二苯胺磺酸钠、EBT　　　　B. 酚酞、钙指示剂、淀粉
C. 二甲酚橙、铬黑T、钙指示剂　　　　D. PAN、甲基红、铬酸钾

43. 在络合滴定中，有时采用辅助络合剂，其主要作用是（　　）。

A. 控制溶液的酸度　　　　B. 将被测离子保持在溶液中
C. 作为指示剂　　　　D. 掩蔽干扰离子

44. 在氨性缓冲液中，用 EDTA 滴定 Zn^{2+} 至化学计量点时，以下关系正确的是（　　）。

A. $[Zn^{2+}] = [Y^{4-}]$　　　　B. $[Zn^{2+'}] = [Y']$
C. $[Zn^{2+}]^2 = [ZnY]/K_{ZnY}$　　　　D. $[Zn'^{2+}]^2 = [ZnY]/K'_{ZnY}$

45. 用 EDTA 滴定时，要求溶液的 pH≈5.0，调节酸度的缓冲溶液应该选择（　　）。

A. HAc-Ac⁻ 缓冲溶液　　　　B. NH_3-NH_4^+ 缓冲溶液
C. 六亚甲基四胺缓冲溶液　　　　D. $C_2H_3ClO_2$ 缓冲溶液

二、填空题

1. 已标定好的 EDTA 标准溶液若长期贮存于玻璃容器中会溶解 Ca^{2+}，若用它去滴定铋，则测得铋含量将_____。（指偏高、偏低或无影响）

2. 铝合金中铝含量的测定中，在用 Zn^{2+} 返滴定过量的 EDTA 后，加入过量的 NH_4F，使 AlY^- 与 F^- 发生置换反应，反应式为_____。

3. Bi^{3+}、Pb^{2+} 均能与 EDTA 形成稳定的_____（填络合比）络合物。由于两者的 lgK_{MY} 相差较大，所以可以利用_____法进行分步滴定。控制 pH＝_____时，滴定 Bi^{3+}；然后加入_____溶液把 pH 调到 5.0～6.0 时滴定 Pb^{2+}。

4. 标定 EDTA 时，若选用铬黑T作指示剂，则应控制 pH＝_____。若选用二甲酚橙作指示剂，则应控制 pH＝_____。

5. 测定水的总硬度时用_____掩蔽 Fe^{3+}、Al^{3+} 等少量共存离子。

6. 在含有 EDTA 的中性溶液中，$BaSO_4$ 沉淀的溶解度比在纯水中有所增大，这是由于_____。

7. 在弱碱性溶液中用 EDTA 滴定 Zn^{2+} 常使用 NH_3-NH_4^+ 溶液，其作用是_____；_____。

8. 标定 EDTA 时，若控制 pH＝5，常选用_____为金属离子指示剂，若控制 pH＝10，常选用_____为金属离子指示剂。

9. EDTA 标准溶液常用_____配制，标定 EDTA 标准溶液一般多采用_____为基准物。

10. EDTA 是一种氨羧配位剂，全称为_____，配位滴定中常使用其二钠盐，EDTA 二钠盐在水溶液中有_____种型体。其中只有_____能与金属离子直接络合。

11. 简单配合物一般不适合于配位滴定，主要原因是_____。

12. 配位滴定突跃曲线的大小取决于_____。在金属离子浓度一定的条件下，_____越大，突跃_____；在条件常数 K'_{MY} 一定时，_____越大，突跃_____。

13. 在 pH＝5.0 的 HAc-Ac⁻ 缓冲介质中，以 EDTA 滴定 Pb^{2+} 至化学计量点时，当溶液中游离 Ac⁻ 浓度增大时，$pPb_{计}$_____；$pPb_{计}$_____。（答：增大，减小或不变）

14. 在含有 EDTA、金属离子 M 和另一种络合剂 L 的溶液中，$c_Y =$_____，$[Y'] =$_____，$[M'] =$_____，$c_M =$_____。

15. EDTA 与金属离子形成的络合物具有_____、_____、_____和_____等特性。

16. 铬黑T（EBT）是一种有机弱酸，它的 $pK_{a2} = 6.3$，$pK_{a3} = 11.6$，Mg-EBT 的 $lgK_{稳} = 7.0$，则在

pH=10 时的 lgK'(Mg-EBT) 值为_____。

17. EDTA 与金属离子络合时，一分子的 EDTA 可提供_____个配位原子。

18. 在非缓冲溶液中，用 EDTA 滴定金属离子时溶液的 pH 值将_____（升高、降低还是不变？）

19. 当 M 与 Y 反应时，溶液中有另一络合剂 L 存在，若 $\alpha_{M(L)}=1$ 表示_____。

20. 已知 HCN 的 $pK_a=9.14$，在 pH=5.0 时，氰化物的酸效应系数为_____。

21. 金属离子 M 与络合剂 L 形成逐级络合物，溶液中各种存在型体的分布系数 x 与络合剂的平衡浓度_____；与金属离子的总浓度_____。（答有关或无关）

22. 含有 0.010mol/L Mg^{2+}-EDTA 络合物的 pH=10.0 的氨性缓冲溶液中 [已知 $lgK_{(MgY)}=8.7$，$lg\alpha_{Y(H)}=0.5$]，则 [Mg^{2+}]=_____ mol/L，[Y]=_____ mol/L。

23. 配制 100mL 总浓度为 0.1mol/L 氨基乙酸缓冲溶液，需_____克氨基乙酸，需加_____mL1.0mol/L 的 HCl 才能使 pH=2.0（$pK_{a1}=2.35 pK_{a2}=9.60 M=75.07$）。

24. 在 pH=5.0 的醋酸缓冲溶液中，用 0.002mol/L 的 EDTA 滴定同浓度的 Pb^{2+}，已知 $lgK_{PbY}=18.0$，$lg\alpha_{Y(H)}=6.6$，$lg\alpha_{Pb(Ac)}=2.0$，在计量点时 pPb=_____。

25. 有一 Na_2SO_4 试样，取 0.5000g 定容为 250.0mL，吸取试液 25.00mL，加入 0.0500mol/L 的 $BaCl_2$ 溶液 25.00mL 过滤，收集滤液和洗液，用 0.0500mol/L 的 EDTA 返滴过量的 Ba^{2+} 至计量点，消耗 23.00mL，试样中 Na_2SO_4 的含量为_____。

26. 在含有 Ca^{2+}、Mg^{2+} 和 Zn^{2+} 的混合溶液中，欲用 EDTA 溶液直接滴定 Zn^{2+}，为了消除 Ca^{2+}、Mg^{2+} 的干扰，最简便的方法是_____。

27. EDTA 的 $pK_{a1} \sim pK_{a6}$ 分别为 0.9；1.6；2.0；2.67；6.16；10.26 则其 $pK_{b2}=$_____。

28. 在某一 pH 下，以 2.0×10^{-4}mol/L EDTA 滴定 2.0×10^{-4}mol/L 金属离子 M，设其条件稳定常数 $lgK'(MY)=10.0$，检测终点时的 $\Delta pM=0.40$，则 E_t 为_____%。

29. 将 PO_4^{3-} 沉淀为 $MgNH_4PO_4$，将沉淀过滤洗涤后溶于酸，用 EDTA 滴定时须采用回滴法，其原因是_____。

30. 测定铝盐中铝的含量时，称取试样 0.2550g，溶解后加入 0.0500mol/L EDTA 溶液 50.00mL，加热煮沸，冷却后调溶液的 pH 值至 5.0，加入二甲酚橙为指示剂，以 0.0200mol/L $Zn(Ac)_2$ 溶液滴定至终点，消耗 25.00mL，则试样中含 Al_2O_3 为_____。

31. 10.05mL 0.0200mol/L EDTA 溶液与 10.00mL0.0200mol/L $Pb(NO_3)_2$ 溶液混合 [$lgK(PbY)=18.0$，pH=5.0 时 $lg\alpha_{Y(H)}=6.5$]，未络合的 Pb^{2+} 的浓度为_____ mol/L。

32. 将 2×10^{-2}mol/L NaF 溶液与 2×10^{-4}mol/L Fe^{3+} 溶液等体积混合，并调 pH 为 1.0。此时铁的主要存在形式是_____。[已知 Fe-F 络合物的 $lg\beta_1\sim lg\beta_3$ 分别为 5.3、9.3、12.1，pK_a(HF)=3.2]

33. 在 pH=10.0 的氨性溶液中，已计算出 $\alpha_{Zn(NH_3)}=10^{4.7}$，$\alpha_{Zn(OH)}=10^{2.4}$，$\alpha_{Y(H)}=10^{0.5}$，已知 $lgK_{ZnY}=16.5$；在此条件下，lgK'_{ZnY} 为_____。

三、判断题

1. 缓冲溶液是由某一种弱酸或弱碱的共轭酸碱对组成的。（　　）
2. EDTA 过量时，金属离子就没有副反应了。（　　）
3. 作为金属离子指示剂，二甲酚橙只适用于 pH>6 的溶液体系。（　　）
4. 络合物溶液的平均配位数一定是体系中占优势的某一种型体的配位数。（　　）
5. 金属指示剂与酸碱指示剂一样，有一个确定的变色点。（　　）
6. 络合滴定中滴定曲线表示在滴定过程中金属离子浓度的变化。（　　）
7. 酸效应系数越大，络合滴定的 pM 突跃范围越大。（　　）
8. 络合滴定中，若封闭现象是由被测离子引起的，则可采用返滴定法进行。（　　）
9. 在一定条件下，金属离子的 K_{MY} 越大，滴定突跃范围也越大（　　）
10. EDTA 能与许多金属离子形成 1∶1 的络合物，故稳定性强。（　　）

四、简答题

1. 在 pH=10 的氨性溶液中以铬黑 T 为指示剂，用 EDTA 滴定 Ca^{2+} 时需加入 MgY。请回答下述问题：
 (1) MgY 加入量是否需要准确？
 (2) Mg 和 Y 的量是否必须保持准确的 1:1 关系？为什么？
 (3) 如何检查 MgY 溶液是否合格，若不合格如何补救？

2. 络合滴定中为什么加入缓冲溶液？

3. 假设 Mg^{2+} 和 EDTA 的浓度皆为 2×10^{-2} mol/L，在 pH=6.0 时，镁与 EDTA 络合物的条件稳定常数是多少（不考虑羟基络合效应等副反应）？并说明在此 pH 值下能否用 EDTA 标准溶液滴定 Mg^{2+}。如不能滴定，求其允许的最小 pH 值。（$\lg K_{MgY}=8.69$）

pH	5.0	6.0	7.0	8.0	9.0	10.0	11.0
$\lg\alpha_{Y(H)}$	6.54	4.65	3.32	2.27	1.28	0.45	0.07

4. 在测定水样的硬度时，加入三乙醇胺的目的、方式及其理由？测定时加入 NH_3-NH_4Cl 的作用是什么？

五、计算题

1. 称取某含铅锌镁试样 0.4080g，溶于酸后加入酒石酸，用氨水调至碱性，加入 KCN，滴定时耗去 0.02150mol/L EDTA 45.90mL。然后加入二巯基丙醇置换 PbY，再滴定时耗去 0.00780mol/L Mg^{2+} 标液 19.70mL。最后加入甲醛，又消耗 0.02060mol/L EDTA 29.10mL。计算试样中铅、锌、镁的质量分数。[$Ar_{Pb}=207.2$，$Ar_{Zn}=65.38$，$Ar_{Mg}=24.31$]

2. 移取含 Bi^{3+}、Pb^{2+}、Cd^{2+} 的试液 25.00mL，以二甲酚橙为指示剂，在 pH=1.0 时用 0.02025 mol/L EDTA 滴定，用去 21.80mL；调 pH 至 5.5，用 EDTA 滴定又用去 32.50mL；再加入邻二氮菲与 Cd^{2+} 充分反应，再用 0.02011mol/L Pb^{2+} 标准溶液滴定，计用去 11.60mL。计算溶液中 Bi^{3+}、Pb^{2+}、Cd^{2+} 的浓度。

3. 将 50.00mL 0.1100mol/L $Ca(NO_3)_2$ 溶液加入到 1.000g 含 NaF 的试样溶液中，过滤、洗涤。滤液及洗液中剩余的 Ca^{2+} 用 0.05200mol/L EDTA 滴定，消耗 25.35mL。计算试样中 NaF 的质量分数。（$M(NaF)=41.99$）

4. 在 pH=5.0 的 HAc-NaAc 缓冲溶液中，乙酸总浓度为 0.2mol/L，计算 MY 络合物的条件稳定常数 [已知 HAc 的 $pK_a=4.74$，M^{2+}-Ac 的 $\lg\beta_1=1.9$，$\lg\beta_2=3.3$，$\lg K_{MY}=18.04$；pH=5.0 时，$\lg\alpha_{Y(H)}=6.45$，$\lg\alpha_{M(OH)}=0$]。

5. 测定乳制品中 Ca 含量，称取 2.1365g 试样经灰化处理，制备为试液，然后用 EDTA 标准溶液滴定消耗了 21.30mL。称取 0.7192g 高纯锌，用稀 HCl 溶解后，定容为 1.000L。吸取 10.00mL，用上述 EDTA 溶液滴定消耗了 11.15mL。求乳制品中 Ca 含量（以 mg/g 表示）[$Ar_{Zn}=65.38$]。

6. 某指示剂与 Mg^{2+} 的络合物的稳定常数为 $K_{MgEBT}=10^{7.0}$，指示剂的 K_{a1}、K_{a2} 分别为 $10^{-6.3}$、$10^{-11.6}$，计算 pH=10.0 时的 pMg_{ep}。

六、设计题

1. 简述用纯金属锌标定 0.02mol/L EDTA 的方法。[包括称取锌量、如何溶解标定、滴定所需酸碱介质以及指示剂及颜色变化等，$A_r(Zn)=65.38$]

2. 用两种方法测定鸡蛋壳中的钙的含量。试写出化学反应方程式，并注明测定条件。

第五章 氧化还原滴定

实验十 高锰酸钾标准溶液的配制和标定

一、实验目的
1. 掌握 $KMnO_4$ 溶液的配制与标定过程和保存条件，了解自催化反应。
2. 掌握 $Na_2C_2O_4$ 作基准物质标定高锰酸钾溶液的方法。

二、实验原理
高锰酸钾（$KMnO_4$，$M_r = 158.04$），紫黑色针状结晶，溶解度 6.38g/100mL（20℃）。在化学品生产中，广泛用作氧化剂；在医药上用作防腐剂、消毒剂、除臭剂及解毒剂；还用作水处理剂、漂白剂，防毒面具的吸附剂等。

高锰酸钾是氧化还原滴定中最常用的氧化剂之一，其氧化性能受 pH 影响很大，在酸性溶液中氧化能力最强，因此，通常在酸性溶液中进行滴定，反应时锰的氧化数由 +7 变到 +2。

$KMnO_4$ 试剂常含有少量 MnO_2 和 Cl^-、SO_4^{2-} 和 NO_3^- 等杂质离子；另外，由于其氧化性很强，所以，稳定性不高，在生产、储存及配制成溶液的过程中易与其他还原性物质发生反应。例如配制时，蒸馏水中常含有少量的有机物质，能与 $KMnO_4$ 发生氧化还原反应，使 $KMnO_4$ 分解，且还原产物能促进 $KMnO_4$ 自身分解，方程式如下：

$$4MnO_4^- + 2H_2O = 4MnO_2 + 3O_2\uparrow + 4OH^-$$

光照也会促进分解。因此，$KMnO_4$ 的浓度容易改变，不能直接配制成标准溶液，应把 $KMnO_4$ 溶液保持微沸 1h 或在暗处放置 7~10 天，使 $KMnO_4$ 把水中还原性杂质充分氧化。溶液浓度趋于稳定后，过滤除去还原产物 MnO_2 等杂质，保存于棕色瓶中，标定其准确浓度。已标定过的 $KMnO_4$ 溶液，如果长期使用必须定期重新标定。

标定 $KMnO_4$ 的基准物质较多，有 As_2O_3、$H_2C_2O_4 \cdot 2H_2O$、$Na_2C_2O_4$ 和纯铁丝等。$Na_2C_2O_4$ 不含结晶水，不宜吸水，宜纯制，性质稳定，是实验室经常使用的基准物质。用 $Na_2C_2O_4$ 标定 $KMnO_4$ 的反应为：

$$2MnO_4^- + 5C_2O_4^{2-} + 16H^+ = 2Mn^{2+} + 10CO_2\uparrow + 8H_2O$$

反应要在酸性、较高温度和有 Mn^{2+} 作催化剂的条件下进行；滴定温度不能低于 60℃，如果温度太低，开始时的反应速度太慢；也不能过高，如果高于 90℃，$C_2O_4^{2-}$ 会分解。

反应开始时速度较慢，$KMnO_4$ 溶液必须逐滴加入，如滴加过快，加入的 $KMnO_4$ 溶液来不及与 $C_2O_4^{2-}$ 反应，在热的酸性溶液中发生分解，影响标定的准确度：

$$4MnO_4^- + 4H^+ = 4MnO_2 + 3O_2\uparrow + 2H_2O$$

待溶液中产生 Mn^{2+} 后，由于 Mn^{2+} 的催化作用，会使反应速率逐渐加快。

因为 $KMnO_4$ 溶液本身具有特殊的紫红色，极易察觉，故用它作为滴定剂时，不需要另加指示剂，滴定终点时，显示 $KMnO_4$ 本身的紫红色，称为自身指示剂。

三、实验试剂

高锰酸钾（$M_r=158.04$，分析纯）；草酸钠（$M_r=134$，基准试剂，在110℃左右烘干2h备用）；硫酸（3mol/L）。

四、实验仪器

台秤，分析天平，小烧杯，大烧杯（1000mL），酒精灯，棕色试剂瓶，微孔玻璃漏斗，称量瓶，锥形瓶，量筒，酸式滴定管，水浴锅等。

五、实验步骤

1. 配制300mL 0.02mol/L高锰酸钾标准溶液

用台秤称量1.0g $KMnO_4$于烧杯中，加入200mL蒸馏水，煮沸约1h，自然冷却后用微孔玻璃漏斗过滤，滤液装入棕色试剂瓶中，用水稀释至300mL，贴上标签，1周后标定。

如果将称取的高锰酸钾溶于烧杯中，加330mL水（由于要煮沸使水蒸发，可适当多加些水），盖上表面皿，加热至沸，保持微沸状态1h，则不必长期放置，冷却后用玻璃砂芯漏斗过滤除去杂质后，将溶液储于棕色试剂瓶可直接标定使用。

2. 高锰酸钾标准溶液的标定

准确称取0.13~0.16g干燥后的$Na_2C_2O_4$三份，分别置于250mL的锥形瓶中，加约20.0mL水和10.0mL 3mol/L H_2SO_4，在水浴锅中慢慢加热直到锥形瓶口有蒸气冒出（约75~85℃）。趁热用待标定的$KMnO_4$溶液进行滴定。开始滴定时，速度宜慢，不断摇动溶液，当前一滴$KMnO_4$的紫红色褪去后再滴入第二滴，待溶液中产生Mn^{2+}后，滴定速度可适当加快。近终点时，应缓慢滴定，并充分摇匀。溶液呈现微红色并且30s不褪色即为终点。记录消耗的$KMnO_4$溶液的体积。平行测定3次。

六、注意事项

① 蒸馏水中常含有少量的还原性物质，可以把$KMnO_4$还原为$MnO_2·nH_2O$。市售高锰酸钾内含有细粉状的$MnO_2·nH_2O$能加速$KMnO_4$的分解，故通常将$KMnO_4$溶液煮沸一段时间，冷却后，还需放置2~3天，使之充分作用，然后将沉淀物过滤除去。

② 过滤后玻璃砂芯漏斗及烧杯上沾有MnO_2，要用硫酸/草酸过饱和溶液洗涤（硫酸具有腐蚀性，操作时要小心，避免烧伤皮肤。另外，废液要回收）。

③ 滴定温度 在室温条件下，$KMnO_4$与$C_2O_4^{2-}$反应缓慢，加热可以提高反应速度，但温度又不能太高，如温度超过85℃则有部分$H_2C_2O_4$分解，反应式如下：

$$H_2C_2O_4 = CO_2\uparrow + CO\uparrow + H_2O$$

④ 酸度 草酸钠溶液的酸度在开始滴定时约为1.0mol/L，滴定终点时约为0.5mol/L，这样能促使反应正常进行，并且防止MnO_2的形成。滴定过程中如果产生棕色浑浊（MnO_2），应立即加入H_2SO_4补救，使棕色浑浊消失。

⑤ 滴定速度 该反应为自催化反应，反应中生成的Mn^{2+}具有催化作用。因此开始滴定时，应逐滴加入，等到第一滴$KMnO_4$完全褪色后，再滴加第二滴。以后可适当加快滴定速度，但滴定过快，$KMnO_4$则会因为局部过浓而分解，放出O_2或引起杂质的氧化，都可造成误差。

如果滴定速度过快，部分$KMnO_4$来不及与$Na_2C_2O_4$反应，而会按下式分解，导致结果偏低。

$$4MnO_4^- + 4H^+ = 4MnO_2 + 3O_2\uparrow + 2H_2O$$

⑥ 滴定终点　$KMnO_4$ 溶液自身也是指示剂。滴定至化学计量点时，过量的 $KMnO_4$ 使溶液显示微红色而指示滴定终点。此终点不是很稳定，若在空气中放置一段时间后，空气中的还原性物质可使 $KMnO_4$ 分解，所以，当溶液出现微红色，在 30 s 内不褪色，滴定就可认为已经完成。

对终点有疑问时，可先将滴定管读数记下，再加入 1 滴 $KMnO_4$ 溶液，出现紫红色即证实终点已到。

⑦ $KMnO_4$ 标准溶液应放在酸式滴定管中，由于 $KMnO_4$ 溶液颜色很深，液面凹下弧线不易看出，因此，应该从液面最高边上读数。

七、实验数据记录与处理

1. 数据记录

标定数据记录表

项目	1	2	3
$Na_2C_2O_4$ 质量/g			
滴定管初读数/mL			
滴定管终读数/mL			
消耗的 $KMnO_4$ 溶液体积/mL			
$KMnO_4$ 溶液浓度/(mol/L)			
$KMnO_4$ 溶液平均浓度/(mol/L)			
相对偏差/%			
相对平均偏差/%			

2. 数据处理

根据 $Na_2C_2O_4$ 的质量和消耗 $KMnO_4$ 溶液的体积计算 $KMnO_4$ 浓度及相对平均偏差，相对平均偏差应在 0.2% 以内。

八、思考题

1. 配制 $KMnO_4$ 标准溶液时，为什么要将 $KMnO_4$ 溶液煮沸一定时间并放置数天？配好的 $KMnO_4$ 溶液为什么要过滤后才能保存？

2. 配制好的 $KMnO_4$ 溶液为什么要盛放在棕色试剂瓶中？如果没有棕色瓶怎么办？

3. 在滴定时，$KMnO_4$ 溶液为什么要放在酸式滴定管中？

4. 用 $Na_2C_2O_4$ 标定 $KMnO_4$ 时，为什么必须在 H_2SO_4 介质中进行？酸度过高或过低有何影响？可以用 HNO_3 或 HCl 调节酸度吗？

5. 盛放 $KMnO_4$ 溶液的烧杯或锥形瓶等容器放置较久后，其壁上常有棕色沉淀物，是什么？此棕色沉淀物用通常方法不容易洗净，应怎样洗涤才能除去此沉淀？

实验十一　过氧化氢含量的测定

一、实验目的

1. 掌握高锰酸钾法测定过氧化氢的原理和方法。
2. 掌握用吸量管移取试液的操作。

3. 学会测定过氧化氢的含量的操作。

二、实验原理

过氧化氢化学式为 H_2O_2，其水溶液俗称双氧水。外观为无色透明液体，一般以30%或60%的水溶液形式存放。

双氧水的用途分医用、军用和工业用3种，日常消毒的是医用双氧水，可杀灭肠道致病菌、化脓性球菌、致病酵母菌等，一般用于物体表面消毒。双氧水具有氧化作用，但医用双氧水浓度等于或低于3%。

化学工业中是生产过硼酸钠、过碳酸钠、过氧乙酸等的原料，生产酒石酸、维生素等的氧化剂。医药工业用作杀菌剂、消毒剂。印染工业用作棉织物的漂白剂，还原染料染色后的发色剂。也用于电镀液，可除去无机杂质，提高镀件质量。高浓度的过氧化氢可用作火箭动力燃料。由于过氧化氢应用广泛，并且 H_2O_2 溶液不稳定，会自行分解，所以使用前需要测定它的含量。

H_2O_2 分子中有一个过氧键—O—O—，在酸性溶液中它是一个强氧化剂。但遇强氧化剂 $KMnO_4$ 时则表现为还原性，在室温和酸性介质条件下可以被 $KMnO_4$ 定量氧化，其反应式为：

$$5H_2O_2 + 2MnO_4^- + 6H^+ \Longleftrightarrow 2Mn^{2+} + 5O_2\uparrow + 8H_2O$$

室温下，开始时反应速度慢，滴入第一滴溶液不易褪色，待有 Mn^{2+} 生成后，由于 Mn^{2+} 的催化作用，反应速度加快，又由于 H_2O_2 受热易分解，故滴定时通常加入少量的 Mn^{2+} 作催化剂。因为 $KMnO_4$ 溶液本身具有紫红色，极易察觉，故用它作为滴定剂时，不需要另加指示剂，滴定终点时，显示 $KMnO_4$ 本身的紫红色。根据 $KMnO_4$ 溶液的浓度和消耗的体积，即可计算 H_2O_2 的含量。

三、实验试剂

$KMnO_4$ 标准溶液 0.02mol/L；H_2SO_4 溶液 3mol/L；$MnSO_4$ 溶液 1mol/L；H_2O_2 (M_r=34.01) 试样：30%左右 H_2O_2 水溶液。

四、实验仪器

吸量管，容量瓶，移液管，锥形瓶，量筒，酸式滴定管等。

五、实验步骤

1. H_2O_2 试样的稀释

用吸量管吸取 1.00mL H_2O_2 试样置于 250mL 容量瓶中，定容摇匀，备用。

2. H_2O_2 溶液的滴定

用移液管移取 25.00mL 上述溶液于锥形瓶中，加 30mL 水，5.0mL H_2SO_4，2～3滴 $MnSO_4$ 溶液，用 $KMnO_4$ 滴定至溶液呈微红色，30s 不褪色即为终点。

平行测定3次。

六、注意事项

① H_2O_2 易挥发，在实验中的取样、配制后应及时盖好瓶盖。样品测试应先取一个样，滴定完后，再取第二个样。

② 移取 H_2O_2 时注意不要滴在手上。

③ 如果 H_2O_2 试样是工业产品，产品中常加入少量乙酰苯胺等有机物质作稳定剂，此

类有机物也消耗 KMnO₄，用上述方法测定误差较大，此时应采用碘量法或硫酸铈法进行测定。

④ 滴定 H_2O_2 不能加热，因过氧化氢受热易分解。

⑤ 滴定 H_2O_2 时，速度应缓慢，要严格控制速度。

⑥ 在冬季做实验时，由于气温低，如果不加催化剂，高锰酸钾溶液加入 1 滴红色就很难退去，实验几乎做不出来。所以，冬季做此实验时，更需要加入催化剂。

七、实验数据记录与处理

1. 数据记录

实验记录表

项 目	1	2	3
移取 H_2O_2 试样的体积/mL			
容量瓶体积/mL			
从容量瓶移取 H_2O_2 的体积/mL			
滴定管初读数/mL			
滴定管终读数/mL			
KMnO₄ 溶液体积/mL			
KMnO₄ 溶液浓度/(mol/L)			
H_2O_2 溶液浓度/(g/L)			
H_2O_2 平均浓度/(g/L)			
原 H_2O_2 试样浓度/(g/L)			
相对偏差/%			
相对平均偏差/%			

2. 数据处理

根据 KMnO₄ 溶液的浓度和消耗的体积，计算试样中 H_2O_2 的含量，相对平均偏差应在 0.2% 以内。

$$\rho_{H_2O_2} = \frac{\frac{5}{2} \times c_{KMnO_4} \times V'_{KMnO_4} \times \frac{250.00}{1.00} \times M_{H_2O_2}}{25.00} \text{(g/L)}$$

式中，c_{KMnO_4} 为 KMnO₄ 溶液的浓度，mol/L；V'_{KMnO_4} 为滴定 H_2O_2 消耗的 KMnO₄ 溶液的体积，mL；$M_{H_2O_2}$ 为 H_2O_2 的摩尔质量；5/2 为反应的物质的量之比；250.00/1.00 为 H_2O_2 试样的稀释倍数。

八、思考题

1. 还可以用什么方法测定 H_2O_2？
2. H_2O_2 有什么重要性质？使用时应注意些什么？
3. 用 KMnO₄ 法测定 H_2O_2 溶液时，能否用 HNO_3、HCl 和 HAc 控制酸度？为什么？

实验十二　$Na_2S_2O_3$ 标准溶液的配制及标定

一、实验目的

1. 掌握 $Na_2S_2O_3$ 标准溶液的配制及标定方法。

2. 掌握碘量法的原理及测定条件。

二、实验原理

硫代硫酸钠，又名大苏打、海波。为单斜晶系白色结晶粉末，易溶于水。$Na_2S_2O_3 \cdot 5H_2O$ 是硫代硫酸钠的水合物；在中性、碱性溶液中较稳定，在酸性溶液中会迅速分解，用途非常广泛。

$Na_2S_2O_3 \cdot 5H_2O$ 结晶通常含有 S、Na_2SO_3、Na_2SO_4 等杂质，易风化或潮解，其溶液不稳定，水中的 CO_2、细菌和光照都能使其分解，O_2 也能使其氧化。此外，水中微量的 Cu^{2+} 或 Fe^{3+} 等金属离子也能促进 $Na_2S_2O_3$ 溶液的分解。

因此 $Na_2S_2O_3$ 标准溶液应采用间接法配制。用新煮沸并冷却的蒸馏水，以除去 CO_2 和 O_2，并杀死细菌。加入少量 Na_2CO_3 使溶液呈弱碱性，抑制 $Na_2S_2O_3$ 的分解和细菌的生长。配制好的溶液应存放于棕色瓶中，放置几天后标定。如果长期使用，应定期标定。

实验室常用 $K_2Cr_2O_7$ 作为基准物质来标定 $Na_2S_2O_3$ 溶液，重铬酸钾为橙红色三斜晶体或针状晶体，溶于水，是强氧化剂，在实验室和工业生产中都有广泛的应用。

因为 $K_2Cr_2O_7$ 与 $Na_2S_2O_3$ 反应的产物有多种，不能按确定的反应式进行，故不能用 $K_2Cr_2O_7$ 直接滴定 $Na_2S_2O_3$，而是以淀粉为指示剂，用间接碘量法标定 $Na_2S_2O_3$ 标准溶液。先使 $K_2Cr_2O_7$ 与过量的 KI 反应，析出与 $K_2Cr_2O_7$ 计量相当的 I_2，再用 $Na_2S_2O_3$ 溶液滴定生成的 I_2，反应方程式如下：

$$Cr_2O_7^{2-} + 6I^- + 14H^+ =\!=\!= 2Cr^{3+} + 3I_2 + 7H_2O$$
$$2S_2O_3^{2-} + I_2 =\!=\!= 2I^- + S_4O_6^{2-}$$

在反应中，1mol 的 $K_2Cr_2O_7$ 生成 3mol 的 I_2，而滴定时，1mol 的 I_2 需要消耗 2mol 的 $Na_2S_2O_3$，所以，1mol $K_2Cr_2O_7 \sim$ 6mol $Na_2S_2O_3$。

$Cr_2O_7^{2-}$ 与 I^- 的反应速度较慢，为了加快反应速度，可控制溶液酸度为 0.2～0.4 mol/L，同时加入过量的 KI，并在暗处放置一定时间。但在滴定前须将溶液稀释降低酸度，以防止 $Na_2S_2O_3$ 在滴定过程中与强酸反应而分解。

三、实验试剂

$K_2Cr_2O_7$ 基准试剂（$M_r = 294.19$，将 $K_2Cr_2O_7$ 在 150～170℃ 条件下干燥 2～3h，置于干燥器中冷却备用）；

$Na_2S_2O_3 \cdot 5H_2O$（$M_r = 248.18$，分析纯）；100g/L KI 溶液，现用现配；5g/L 淀粉指示剂；Na_2CO_3（分析纯）；6mol/L HCl。

四、实验仪器

台秤，分析天平，称量瓶，烧杯，容量瓶，移液管，量筒，碱式滴定管等。

五、实验步骤

1. 配制 0.1mol/L 的 $Na_2S_2O_3$ 溶液

称取 $Na_2S_2O_3 \cdot 5H_2O$ 6.5g，溶于新煮沸并冷却的 250mL 蒸馏水中，加入 0.05～0.1g Na_2CO_3，保存于棕色试剂瓶中，贴上标签，一周后标定。

2. 标定

用递减法精确称取 0.11～0.12g $K_2Cr_2O_7$ 于锥形瓶中，加水约 15mL 溶解，加入 5.0mL 3mol/L H_2SO_4、10.0mL 10% KI 溶液，摇匀后盖上表面皿于暗处放置 5min。然后

加蒸馏水 50mL 蒸馏水稀释,立即用待标定的 $Na_2S_2O_3$ 标准溶液滴定;至溶液呈现黄绿色时,加入 2.0mL 淀粉指示剂,此时溶液变为蓝色;继续滴定至溶液蓝色消失并变为亮绿色,即为滴定终点。平行标定 3 次。

六、注意事项

① 溶液的酸度越大,反应速度越快,但酸度太大时,I^- 容易被空气中的 O_2 氧化,所以酸度一般以 0.2~0.4mol/L 为宜。

② $K_2Cr_2O_7$ 与 KI 的反应不是立刻完成的,需一定时间才能进行完全,在稀溶液中反应更慢,因此等反应完成后再稀释。在上述条件下,大约经 5min 反应即可完成。因此,滴定前,应将溶液在暗处放置约 5min,再进行滴定。

③ 因生成的 Cr^{3+} 浓度较大时为暗绿色,妨碍终点观察,故应稀释后再滴定。开始滴定时溶液中碘浓度较大,不要摇动太厉害,以免 I_2 挥发。

④ 淀粉指示剂应在临近终点前加入,不能加入的过早,否则将有较多的 I_2 与淀粉结合,这部分碘解离较慢而造成终点拖后。加淀粉指示剂后要用力振摇,慢滴。

⑤ KI 溶液中不能含有 KIO_3 或 I_2。如果 KI 溶液显黄色,则应事先用 $Na_2S_2O_3$ 溶液滴定至无色后才能使用。若滴至终点后,如果很快而又不断变蓝,表示 KI 与 $K_2Cr_2O_7$ 的反应未进行完全,应另取溶液重新标定。

⑥ 显色指示剂 有的物质本身并不具有氧化还原性,但它能与氧化剂或还原剂产生特殊的颜色,因而可以指示滴定终点。例如,可溶性淀粉与碘溶液反应,生成深蓝色的化合物,当 I_2 被还原为 I^- 时,深蓝色消失,因此,在碘量法中,可用淀粉溶液作指示剂。淀粉的组成对显色灵敏度有影响。含直链结构多的淀粉,其显色灵敏度较高,且色调更近纯蓝,红紫色成分较少。在室温下,用淀粉可检出约 10^{-5} mol/L 的碘溶液;温度高,灵敏度降低。

七、实验数据记录与处理

1. 数据记录

数据记录表

序 号	1	2	3
$K_2Cr_2O_7$ 质量/g			
滴定管初读数/mL			
滴定管终读数/mL			
消耗 $Na_2S_2O_3$ 溶液体积 V'/mL			
$Na_2S_2O_3$ 溶液浓度/(mol/L)			
$Na_2S_2O_3$ 溶液平均浓度/(mol/L)			
相对偏差/%			
平均相对偏差/%			

2. 数据处理

硫代硫酸钠标准溶液的浓度按下式计算:

$$c_{Na_2S_2O_3} = \frac{6M \times 10^3}{V \times 294.19}$$

式中，$c_{Na_2S_2O_3}$ 为硫代硫酸钠标准溶液的浓度，mol/L；M 为重铬酸钾的质量，g；V 为硫代硫酸钠标准溶液的用量，mL；6 为反应中，硫代硫酸钠与重铬酸钾的物质的量之比；10^3 为硫代硫酸钠溶液的体积单位 mL 与浓度单位 mol/L 中的 L 之间的换算；294.19 为重铬酸钾的摩尔质量。

八、思考题

1. 硫代硫酸钠溶液为什么要预先配制？为什么配制时要用刚煮沸过并已冷却的蒸馏水？为什么配制时要加少量的碳酸钠？
2. 重铬酸钾与碘化钾混合在暗处放置 5min 后，为什么要用水稀释，再用硫代硫酸钠溶液滴定？如果在放置之前稀释行不行，为什么？
3. 硫代硫酸钠溶液的标定中，用何种滴定管，为什么？
4. 为什么不能早加淀粉，何时加入为宜？

实验十三　间接碘量法测定铜盐中的铜

一、实验目的

1. 掌握间接碘量法测定铜的原理、方法和条件。
2. 了解淀粉指示剂的变色原理，并能正确使用。
3. 掌握氧化还原滴定法的原理，熟悉其滴定条件和操作。

二、实验原理

五水合硫酸铜（$CuSO_4 \cdot 5H_2O$，相对分子质量 249.68）为天蓝色晶体，水溶液呈弱酸性，俗名胆矾、蓝矾。硫酸铜是制备其他铜化合物的重要原料，同石灰乳混合可得波尔多液，用作杀菌剂，也是电解精炼铜时的电解液。

在弱酸性溶液中（pH=3.0~4.0），Cu^{2+} 与 I^- 作用生成不溶性的 CuI 沉淀并定量析出 I_2（有 I^- 存在时结合为 I_3^-）：

$$2Cu^{2+} + 5I^- = 2CuI\downarrow + I_3^-$$

生成的 I_3^- 用 $Na_2S_2O_3$ 标准溶液滴定，以淀粉为指示剂，滴定至溶液的蓝色刚好消失即为终点。滴定反应为：

$$I_3^- + 2S_2O_3^{2-} = 3I^- + S_4O_6^{2-}$$

反应中，2mol 的 Cu^{2+} 生成 1mol 的 I_3^-，而滴定时，1mol 的 I_3^- 需要消耗 2mol 的 $Na_2S_2O_3$，所以，2mol Cu^{2+} ~ 2mol $Na_2S_2O_3$，即 1mol Cu^{2+} ~ 1mol $Na_2S_2O_3$。

由于 CuI 沉淀表面容易吸附 I_2，造成分析结果偏低，为了减少 CuI 沉淀对 I_2 的吸附，可在大部分 I_2 被 $Na_2S_2O_3$ 溶液还原后，再加入 NH_4SCN 或 KSCN，使 CuI 沉淀转化为更难溶的 CuSCN 沉淀。

$$CuI + SCN^- = CuSCN\downarrow + I^-$$

CuSCN 对 I_2 的吸附较小，因而可以提高测定结果的准确度。

根据 $Na_2S_2O_3$ 标准溶液的浓度，消耗的体积及试样的质量，可计算试样中铜的百分含量。

三、实验试剂

$Na_2S_2O_3$ 标准溶液（0.1mol/L）；KI 溶液（100g/L）；KSCN 溶液（100g/L）；H_2SO_4 溶液（1mol/L）；淀粉溶液（5g/L）；硫酸铜试样。

四、实验仪器

分析天平，锥形瓶（碘量瓶），量筒，烧杯，碱式滴定管等。

五、实验步骤

1. 准确称取 3 份硫酸铜试样 0.5~0.6g，分别置于锥形瓶中，加 5.0mL 1mol/L H_2SO_4 溶液和 60mL 水使其溶解。

2. 向锥形瓶中加入 10.0mL KI 溶液，立即用 $Na_2S_2O_3$ 标准溶液滴定。溶液颜色变为浅黄色时，加入 2.0mL 淀粉指示剂；继续滴定至浅蓝色，再加入 10.0mL 的 KSCN，振荡摇匀，此时，溶液的蓝色会加深；继续滴定到蓝色刚好消失，此时溶液呈 CuSCN 沉淀的米色悬浮液，即为滴定终点。平行测定 3 次。

六、注意事项

① 实验要在碘量瓶中进行，若无碘量瓶，可用锥形瓶盖上表面皿代替。

② 为了防止铜盐水解，反应必须在酸性溶液中进行。又因大量 Cl^- 能与 Cu^{2+} 生成络盐，因此不能用 HCl，而应使用 H_2SO_4。

③ 因 CuI 沉淀表面吸附 I_2，这部分 I_2 不能被滴定，会造成结果偏低。加入 NH_4SCN 溶液，使 CuI 转化为溶解度更小的 CuSCN，而 CuSCN 不吸附 I_2 从而使被吸附的那部分 I_2 释放出来，提高了测定的准确度。但为了防止 I_2 对 SCN^- 的氧化，所以，NH_4SCN 应在临近终点时加入。

④ 淀粉溶液必须在接近终点时加入，否则易引起淀粉凝聚，而且吸附在淀粉上的 I_2 不易释放出，影响测定结果。pH<2.0，淀粉会水解为环糊精，pH>9.0，I_2 会被氧化为 IO_3^-，所以，淀粉指示剂一般在弱酸性溶液中使用，此时的灵敏度最高。

⑤ 滴定至终点的溶液放置后会变蓝色。这是由于光照可加速空气氧化溶液中的 I^- 生成少量的 I_2 所致，酸度越大此反应越快。如经过 5~10min 后才变蓝属于正常；如很快而且又不断变蓝，则说明 $K_2Cr_2O_7$ 和 KI 的作用在滴定前进行得不完全，溶液稀释得太早。遇到后者情况，实验应重做。

⑥ 若试样中含有铁，可加入 NH_4HF_2 以掩蔽 Fe^{3+}。

⑦ KI 做 1 份加 1 份，不能 3 份一起加入。

七、实验数据记录与处理

1. 数据记录

实验数据记录表

项目	1	2	3
试样质量/g			
滴定管初读数/mL			
滴定管终读数/mL			
消耗 $Na_2S_2O_3$ 溶液体积/mL			

项 目	1	2	3
Na$_2$S$_2$O$_3$ 标准溶液浓度/(mol/L)			
试样中铜的质量分数/%			
试样中铜的平均质量分数/%			
相对偏差/%			
相对平均偏差/%			

2. 数据处理

根据所消耗 Na$_2$S$_2$O$_3$ 标准溶液的体积，计算出试样中铜的百分含量。

八、思考题

1. 本实验加入 KI 的作用是什么？
2. 本实验为什么要加入 NH$_4$SCN？为什么不能过早地加入？
3. 若试样中含有铁，则加入何种试剂以消除铁对测定铜的干扰，并控制溶液 pH 值。
4. 标定 I$_2$ 溶液时，既可以用 Na$_2$S$_2$O$_3$ 滴定 I$_2$ 溶液，也可以用 I$_2$ 滴定 Na$_2$S$_2$O$_3$ 溶液，且都采用淀粉指示剂。但在两种情况下加入淀粉指示剂的时间是否相同？为什么？

实验十四 碘量法测定维生素 C 的含量

一、实验目的

1. 掌握碘标准溶液的配制与标定方法。
2. 学习测定维生素 C 的原理和方法。
3. 熟悉直接碘量法的基本原理及操作过程。

二、实验原理

维生素 C（Vitamin C），分子式：C$_6$H$_8$O$_6$，相对分子质量：176.13，又叫 L-抗坏血酸，是一种水溶性维生素，在体内的活性形式是抗坏血酸。显酸性，具有较强的还原性，加热或在溶液中易氧化分解，在碱性条件下更易被氧化。

维生素 C 是人体重要的维生素之一，它影响胶原蛋白的形成，参与人体多种氧化-还原反应，并且有解毒作用。人体不能自身制造维生素 C，所以必须不断地从食物中摄入维生素 C，通常还需储藏能维持 1 个月左右的维生素 C。缺乏时会产生坏血病，故又称抗坏血酸。

维生素 C 的主要作用是提高免疫力，预防癌症、心脏病、中风，保护牙齿和牙龈等。另外，坚持按时服用维生素 C 还可以使皮肤黑色素沉着减少，从而减少黑斑和雀斑，使皮肤白皙。富含维生素 C 的食物有花菜、青辣椒、橙子、葡萄汁、西红柿等，可以说，在所有的蔬菜、水果中，维生素 C 含量都不少。

维生素 C 片含量的测定方法很多，各种方法各有其特点，如（直接/间接）碘量法；2,6-二氯靛酚法；紫外可见分光光度法和高效液相色谱法。《中国药典》（2010 年版）采用碘量法测定含量，此法具有操作简单等优点。

维生素 C 分子中的烯二醇基具有还原性，能被 I$_2$ 定量地氧化成二酮基，所以，可用具

有氧化性的 I_2 作标准溶液直接滴定，反应如下：

$$\underset{O\ OH\ OH\ H}{C-C=C-C-C-CH_2OH} + I_2 \rightleftharpoons \underset{O\ O\ O\ H\ OH}{C-C-C-C-C-CH_2OH} + 2HI$$

简写为：$C_6H_8O_6 + I_2 \rightleftharpoons C_6H_6O_6 + 2HI$

维生素 C 的还原性很强，在碱性溶液中尤其易被空气氧化，在酸性介质中较为稳定，所以，滴定宜在酸性介质中进行，以减少副反应的发生。考虑到 I^- 在强酸性中也易被氧化，因此，一般在 pH 为 3.0～4.0 的弱酸性（如稀乙酸、稀硫酸或偏磷酸）溶液中进行滴定。并在样品溶于稀酸后，立即用碘标准溶液进行滴定。

使用淀粉作指示剂，用直接碘量法可测定药片、注射液、饮料、蔬菜、水果等物质中维生素 C 的含量。

由于碘的挥发性和腐蚀性，不宜在分析天平上直接称取，需采用间接配制法；通常用 $Na_2S_2O_3$ 标准溶液对 I_2 溶液进行标定。

三、实验试剂

单质 I_2（$M_r = 253.81$）；$Na_2S_2O_3$ 标准溶液（0.1mol/L）；HAc（2mol/L）；淀粉溶液（5g/L）；维生素 C 片剂；KI（分析纯）；盐酸（分析纯）。

四、实验仪器

分析天平，酸式滴定管（棕色），吸量管，量筒，锥形瓶等。

五、实验步骤

1. 0.05mol/L I_2 标准溶液的配制

取 18g KI 于小烧杯中，加水约 20mL，搅拌使其溶解。再取 6.6g I_2 加入上述 KI 溶液中，搅拌至 I_2 完全溶解后，加盐酸 2 滴，转移至棕色瓶中，用蒸馏水稀释至 250mL，摇匀，用玻璃漏斗过滤、贴上标签，放在暗处保存。

2. I_2 标准溶液的标定

用移液管移取 25.00mL $Na_2S_2O_3$ 标准溶液于锥形瓶中，加 40mL 蒸馏水，1.0mL 淀粉溶液，然后用 I_2 标准溶液滴定至溶液呈稳定的蓝色，0.5min 内不褪色即为终点。平行标定 3 份，计算 I_2 标准溶液的浓度。

3. 维生素 C 含量的测定

将维生素 C 药片用研钵研成粉末，用递减法准确称取 0.2g 样品 3 份。

将样品放入锥形瓶中，加入新煮沸并冷却的蒸馏水 80mL 溶解，然后再加 2.0mol/L 的 HAc 10.0mL，淀粉溶液 1mL。立即用 I_2 标准溶液滴定，滴定至溶液呈稳定的蓝色，0.5min 不褪色即为终点。记录消耗 I_2 标准溶液的体积。

六、注意事项

① 碘在水中溶解度很小（0.035g/100mL 水，25℃），且具有挥发性，故在配制碘标准溶液时常加入大量 KI，使其形成可溶性、不易挥发的 I_3^-。将 I_2 加入浓 KI 溶液后，必须搅拌至 I_2 完全溶解后，才能加水稀释。若过早稀释，碘极难完全溶解。

② I_2 标准溶液可以用升华法得到符合直接配制标准溶液的纯度，但因其具有挥发性和腐蚀性，不宜用直接称量法配制，所以通常用间接法配制。

③ I_2 标准溶液可用基准物质 As_2O_3 标定，但 As_2O_3 是剧毒试剂，因此选用 $Na_2S_2O_3$

标准溶液标定,而 $Na_2S_2O_3$ 标准溶液的准确浓度需用 $K_2Cr_2O_7$ 标定。

④ 碘有腐蚀性,应在干净的表面皿上称取。

⑤ 加入盐酸是为了使 KI 中可能存在的少量 KIO_3 与 KI 作用生成碘,避免 KIO_3 对测定产生影响。

⑥ 碘易受有机物的影响,不可与软木塞、橡皮塞等接触,应用酸式滴定管进行滴定。

⑦ 维生素 C 溶解后,易被空气氧化而引入误差。所以,应移取 1 份,滴定 1 份,不要 3 份同时移取。

⑧ $KI-I_2$ 溶液呈深棕色,在滴定管中较难分辨凹液面,但液面最高点较清楚,所以常读取液面最高点,读时应调节眼睛的位置,使之与液面最高点前后在同一水平位置上。

⑨ 使用碘量法时,应该用碘量瓶,防止 I_2、$Na_2S_2O_3$、维生素 C 被氧化,影响实验结果的准确性。

⑩ 由于实验中不能避免晃动锥形瓶,因此空气中的氧会将维生素 C 氧化,使结果偏低。

七、实验数据记录与处理

1. 数据记录

表 1 I_2 标准溶液的标定

序 号	1	2	3
$Na_2S_2O_3$ 溶液的体积/mL			
滴定管初读数/mL			
滴定管终读数/mL			
消耗 I_2 标准溶液体积/mL			
I_2 标准溶液浓度/(mol/L)			
I_2 标准溶液平均浓度/(mol/L)			
相对偏差/%			
相对平均偏差/%			

表 2 维生素 C 含量的测定

项 目	1	2	3
试样的质量/g			
滴定管初读数/mL			
滴定管终读数/mL			
消耗 I_2 标准溶液/mL			
I_2 标准溶液浓度/(mol/L)			
维生素 C 的质量分数/%			
维生素 C 的平均质量分数/%			
相对偏差/%			
相对平均偏差/%			

2. 数据处理

根据所消耗 I_2 标准溶液的体积和浓度,计算出试样中维生素 C 的百分含量。

八、思考题

1. 溶解 I_2 时,加入过量 KI 的作用是什么?

2. 如何配制和保存 I_2 溶液？配制 I_2 溶液时为什么要加入 KI？
3. 维生素 C 固体试样溶解时为何要加入新煮沸并冷却的蒸馏水？
4. 碘量法的误差来源有哪些？应采取哪些措施减少误差？

实验十五 铁矿石中全铁含量的测定（重铬酸钾无汞法）

一、实验目的

1. 学习矿石试样的酸溶法。
2. 学习并掌握重铬酸钾法测定铁含量的原理和方法。
3. 了解二苯胺磺酸钠指示剂的使用和变色原理。
4. 对无汞法有所了解，增强环保意识。

二、实验原理

凡是含有可经济利用的铁元素的矿石叫做铁矿石。铁矿石的种类很多，用于炼铁的主要有磁铁矿（Fe_3O_4）、赤铁矿（Fe_2O_3）和菱铁矿（$FeCO_3$）等。铁矿石是钢铁生产企业的重要原材料，天然矿石经过破碎、磨碎、磁选、浮选、重选等程序逐渐选出铁。

铁矿石铁含量的测定是工业上的重要测定项目，而铁矿的溶解前处理对含量测定起决定性的作用，根据铁矿石的种类不同，常用的酸分解法有盐酸分解、硫酸-氢氟酸分解、磷酸或硫磷混合酸分解等。一般用盐酸分解法。

用经典的重铬酸钾法测铁，方法成熟，准确度高，但每份试样溶液需加入 10.0mL $HgCl_2$，即有约 40mg 汞将排入下水道，造成严重的环境污染。近年来，为了避免汞盐的污染，研究了多种不用汞盐的分析方法。

本实验采用氯化亚锡-甲基橙-重铬酸钾法，即试样先用 HCl 溶解：

$$Fe_3O_4 + 8HCl \longrightarrow 2FeCl_3 + FeCl_2 + 4H_2O$$

溶解过程中温度应保持 80～90℃。温度低则 $SnCl_2$ 先还原甲基橙，终点无法指示，试样溶解速度慢、溶不完；温度高则 HCl 会挥发。

溶解后，溶液中既含有 Fe^{3+} 又含有 Fe^{2+}，为了用氧化还原法测定总铁量，必须对样品溶液进行预处理。在热的浓 HCl 溶液中，先用还原性较强的 $SnCl_2$ 将 Fe^{3+} 还原为 Fe^{2+}：

$$2Fe^{3+} + SnCl_4^{2-} + 2Cl^- \longrightarrow 2Fe^{2+} + SnCl_6^{2-}$$

过量的 Sn^{2+} 可将甲基橙还原为氢化甲基橙而褪色，不仅指示了还原的终点，Sn^{2+} 还能继续使氢化甲基橙还原成 N,N-二甲基对苯二胺和对氨基苯磺酸，过量的 Sn^{2+} 则可以消除。反应为：

$$(CH_3)_2NC_6H_4N=NC_6H_4SO_3Na \longrightarrow (CH_3)_2NC_6H_4NH-NHC_6H_4SO_3Na$$
$$\longrightarrow (CH_3)_2NC_6H_4H_2N + NH_2C_6H_4SO_3Na$$

以上反应是不可逆的，不但除去了过量的 Sn^{2+}，而且甲基橙的还原产物不消耗 $K_2Cr_2O_7$。

溶液温度应控制在 60～90℃，温度低则 $SnCl_2$ 先还原甲基橙，终点无法指示，并且还原 Fe^{3+} 的速度慢，还原不彻底；温度高则 HCl 会挥发。溶液的 HCl 浓度应控制在 4.0mol/L 左右，若大于 6.0mol/L，则 Sn^{2+} 会先将甲基橙还原为无色，无法指示 Fe^{3+} 的还原反应。

如果 HCl 溶液浓度低于 2.0mol/L，则甲基橙褪色缓慢。

试样预处理后，在硫磷混酸介质中，以二苯胺磺酸钠为指示剂，用 $K_2Cr_2O_7$ 标准溶液滴定至溶液呈现紫色，即达终点。主要反应方程式为：

$$Cr_2O_7^{2-} + 6Fe^{2+} + 14H^+ = 2Cr^{3+} + 6Fe^{3+} + 7H_2O$$

在上式中，1mol 的 $K_2Cr_2O_7$ 与 6mol 的 Fe^{2+} 反应，所以，1mol 的 $K_2Cr_2O_7 \sim 6mol$ 的 Fe^{2+}。

滴定突跃范围为 0.93～1.34V，使用二苯胺磺酸钠为指示剂时，由于它的条件电位为 0.85V，因而需加入 H_3PO_4 使滴定生成的 Fe^{3+} 生成 $Fe(HPO_4)^{2-}$ 而降低 Fe^{3+}/Fe^{2+} 电对的电位，使突跃范围变成 0.71～1.34V。这样，指示剂二苯胺磺酸钠的变色点落入突跃范围之内，提高了滴定的准确度。

二苯胺磺酸钠，分子式：$C_{12}H_{10}NNaO_3S$，相对分子质量：271.27，无色或白色小结晶性粉末，溶于水和热乙醇。二苯胺磺酸钠本身具有氧化还原性质，在氧化还原滴定反应至计量点时，指示剂被氧化或还原，从而指示滴定终点。二苯胺磺酸钠指示剂的颜色变化如下：

$$In(氧化态)(紫红色) + ze^- = In(还原态)(无色)$$

若用重铬酸钾滴定，则当重铬酸钾标准溶液滴定至化学计量点后，指示剂 In 被稍过量的 $K_2Cr_2O_7$ 氧化，溶液显紫红色，指示滴定终点。

三、实验试剂

$K_2Cr_2O_7$ (M_r=294.18)：基准试剂；含铁试样；浓 HCl（分析纯）；甲基橙（1g/L）。2g/L 二苯胺磺酸钠指示剂。

$SnCl_2$ 溶液（100g/L）：称取 12.0g $SnCl_2·2H_2O$ 溶于 40mL 浓热 HCl 中，加水稀释至 100mL，使用前一天配置。

$SnCl_2$ 溶液（30g/L）：用 100g/L 的 $SnCl_2$ 溶液稀释。

硫磷混酸溶液：150mL 浓 H_2SO_4 缓缓加入 700mL 水中，冷却后再加入 150mL 浓 H_3PO_4。

四、实验仪器

分析天平，称量瓶，容量瓶，锥形瓶，酸式滴定管等。

五、实验步骤

(1) 配制 $c_{1/6K_2Cr_2O_7}$ =0.05mol/L 的 $K_2Cr_2O_7$ 标准溶液

用固定质量称量法，在分析天平上准确称取 0.6129g $K_2Cr_2O_7$ 于烧杯中，加适量水溶解，转移到 250mL 容量瓶中，稀释至刻度并摇匀，贴上标签备用。此溶液的浓度为 8.333×10^{-3} mol/L，即 $c_{1/6K_2Cr_2O_7}$ =0.05mol/L。

(2) 铁矿石试样的酸解

准确称取粉碎后的试样 1.0～1.5g 于烧杯中，用少量水润湿，加入 20mL 浓 HCl 溶液，并滴加 8～10 滴 100g/L 的 $SnCl_2$ 溶液助溶，盖上表面皿，在近沸的水浴中加热分解试样，直至试样完全分解，此时试液呈橙黄色。剩余残渣应为白色。然后，用少量水吹洗表面皿及烧杯壁，冷却后转移至 250mL 容量瓶中，稀释至刻度并摇匀，贴标签备用。

(3) 预处理

精确移取试样溶液 25.00mL 于锥形瓶中，加 8.0mL 浓 HCl 溶液，加热近沸，加入 6 滴甲基橙，趁热边摇动边逐滴加入 100g/L 的 $SnCl_2$ 溶液，把 Fe^{3+} 还原为 Fe^{2+}。溶液由橙变红时，再慢慢滴加 30g/L 的 $SnCl_2$ 溶液，至溶液变为淡粉色。立即用流水冷却。

(4) 滴定

加 50mL 蒸馏水，20.0mL 硫磷混酸，4 滴二苯胺磺酸钠，用 $K_2Cr_2O_7$ 标准溶液滴定，滴定中颜色变化：无色→浅绿→深绿→绿→紫。溶液由绿色变为紫色，即为滴定终点，记录消耗的体积。

(5) 平行测定 3 次。

六、注意事项

① 用 $SnCl_2$ 还原 Fe^{3+} 时，溶液的温度不能太低，否则反应速度慢黄色褪去不易观察，使 $SnCl_2$ 过量太多，在下一步中不易完全除去。

② 若自然冷却，在长时间放置过程中部分 Fe^{2+} 可能被空气中的氧气氧化，故应用流水迅速冷却。

③ 由于二苯胺磺酸钠也要消耗一定量的 $K_2Cr_2O_7$，故不能多加。

④ 在硫磷混酸中铁电对的电极电位降低，Fe^{2+} 更易被氧化，故不应放置而应立即滴定。

⑤ 滴定生成的 Fe^{3+} 在溶液中呈黄色，随着滴定的进行，黄色逐渐加深，不利于终点的观察，可加入 H_3PO_4 与 Fe^{3+} 生成无色的 $[Fe(HPO_4)_2]^-$ 配离子而消除。

⑥ 滴定过程中，因生成 Cr^{3+} 而显绿色，溶液的颜色变化为：无色→浅绿→深绿→绿→紫，终点时，溶液颜色刚刚转变为紫色即为滴定终点。

七、数据记录与处理

1. 数据记录

实验数据记录表

项　目	1	2	3
$K_2Cr_2O_7$ 质量/g			
$K_2Cr_2O_7$ 标准溶液浓度/(mol/L)			
试样质量/g			
滴定管初读数/mL			
滴定管终读数/mL			
消耗 $K_2Cr_2O_7$ 标准溶液体积/mL			
Fe 的百分含量/%			
Fe 的平均百分含量/%			
相对偏差/%			
相对平均偏差/%			

2. 数据处理

计算矿石试样中铁的质量分数和相对偏差。

八、思考题

1. 怎样控制 $SnCl_2$ 不过量？

2. $K_2Cr_2O_7$ 法测定铁矿石中的铁时，滴定前为什么要加入 H_3PO_4？加入 H_3PO_4 后为何要立即滴定？

3. 写出测定硫酸亚铁中铁含量的实验步骤。

练 习 题

一、选择

1. 用重铬酸钾法测定铁矿石中铁的含量时选用下列哪种还原剂？（　　）。
   A. 二氯化锡　　　　　　B. 双氧水　　　　　　C. 铝　　　　　　D. 四氯化锡

2. 用间接碘量法测定 $BaCl_2$ 的纯度时，先将 Ba^{2+} 沉淀为 $Ba(IO_3)_2$，洗涤后溶解并酸化，加入过量的 KI，然后用 $Na_2S_2O_3$ 标准溶液滴定，此处 $BaCl_2$ 与 $Na_2S_2O_3$ 的计量关系 $[n(BaCl_2):n(Na_2S_2O_3)]$ 为（　　）。
   A. 1:2　　　　　　B. 1:3　　　　　　C. 1:6　　　　　　D. 1:12

3. 下列反应中滴定曲线在化学计量点前后对称的是（　　）。
   A. $2Fe^{3+}+Sn^{2+}=\!=\!=Sn^{4+}+2Fe^{2+}$
   B. $MnO_4^-+5Fe^{2+}+8H^+=\!=\!=Mn^{2+}+5Fe^{3+}+4H_2O$
   C. $Ce^{4+}+Fe^{2+}=\!=\!=Ce^{3+}+Fe^{3+}$
   D. $I_2+2S_2O_3^{2-}=\!=\!=2I^-+S_4O_6^{2-}$

4. 某铁矿试样含铁约 50%，现以 0.01667mol/L $K_2Cr_2O_7$ 溶液滴定，欲使滴定时，标准溶液消耗的体积在 20～30mL，应称取试样的质量范围是 $[A_r(Fe)=55.847]$（　　）。
   A. 0.22～0.34g　　　B. 0.037～0.055g　　　C. 0.074～0.11g　　　D. 0.66～0.99g

5. 在用 $K_2Cr_2O_7$ 法测定 Fe 时，加入 H_3PO_4 的主要目的是（　　）。
   A. 提高酸度，使滴定反应趋于完全
   B. 提高化学计量点前 Fe^{3+}/Fe^{2+} 电对的电位，使二苯胺磺酸钠不致提前变色
   C. 降低化学计量点前 Fe^{3+}/Fe^{2+} 电对的电位，使二苯胺磺酸钠在突跃范围内变色
   D. 有利于形成 Hg_2Cl_2 白色丝状沉淀

6. $KMnO_4$ 法常用的指示剂为（　　）。
   A. 专用指示剂　　　B. 外用指示剂　　　C. 氧化还原指示剂　　　D. 自身指示剂

7. 测定铁矿石中铁的含量时，加入磷酸的主要目的是（　　）。
   A. 加快反应进行　　　　　　　　　　B. 防止析出 $Fe(OH)_3$ 沉淀
   C. 提高溶液的酸度　　　　　　　　　D. 使 Fe^{3+} 生成无色配离子

8. 用 Fe^{3+} 滴定 Sn^{2+} 在化学计量点的电位是（　　）。
   $[\varphi^{\ominus\prime}(Fe^{3+}/Fe^{2+})=0.68V, \varphi^{\ominus\prime}(Sn^{4+}/Sn^{2+})=0.14V]$
   A. 0.75V　　　　　B. 0.68V　　　　　C. 0.41V　　　　　D. 0.32V

9. 下列物质中可以用氧化还原滴定法测定的是（　　）。
   A. 醋酸　　　　　　B. 盐酸　　　　　　C. 草酸　　　　　　D. 硫酸

10. 在酸性介质中，用 $KMnO_4$ 标准滴定溶液滴定草酸盐溶液时，滴定应（　　）。
    A. 像酸碱滴定那样快速进行
    B. 开始时缓慢，以后逐步加快，接近终点时又减慢滴定速度
    C. 始终缓慢进行
    D. 开始时快，然后加快

11. 间接碘量法中加入淀粉指示剂的适宜时间是（　　）。
    A. 滴定开始时　　　　　　　　　　　B. 用标准滴定溶液滴定近 50%时
    C. 用标准滴定溶液滴定近 50%后　　　D. 滴定至近终点时

12. 以下物质必须采用间接法配制标准溶液的是（　　）。
    A. $K_2Cr_2O_7$　　　B. $Na_2S_2O_3$　　　C. Zn　　　D. $H_2C_2O_4 \cdot 2H_2O$

第五章 氧化还原滴定

13. 下列哪些溶液在读取滴定管读数时，读液面周边的最高点（　　）。
A. $KMnO_4$ 标准溶液　　　　　　　　B. $Na_2S_2O_3$ 标准溶液
C. Ce^{3+} 标准溶液　　　　　　　　D. EDTA 标准溶液

14. 用下列哪一标准溶液滴定可以定量测定碘？（　　）。
A. Na_2S　　B. Na_2SO_3　　C. Na_2SO_4　　D. $Na_2S_2O_3$

15. 用含有微量杂质的草酸标定高锰酸钾浓度时，得到的高锰酸钾的浓度将是产生什么结果？（　　）。
A. 偏高　　　　　　　　　　　　　　B. 偏低
C. 正确　　　　　　　　　　　　　　D. 与草酸中杂质的含量成正比

16. 配制 0.1M 的 NaS_2O_3 标准液，取一定量的 $Na_2S_2O_3$ 晶体后，下列哪步正确？（　　）。
A. 溶于沸腾的蒸馏水中，加 0.1g Na_2CO_3 放入棕色瓶中保存
B. 溶于沸腾后冷却的蒸馏水中，加 0.1g Na_2CO_3 放入棕色瓶中保存
C. 溶于沸腾后冷却的蒸馏水中，加 0.1g Na_2CO_3 放入玻璃瓶中保存

17. 欲配制 0.1000mol/L $K_2Cr_2O_7$ 溶液，适宜的容器为（　　）。
A. 玻塞试剂瓶　　B. 胶塞试剂瓶　　C. 容量瓶　　D. 刻度烧杯

18. 为标定 $KMnO_4$ 溶液的浓度宜选择的基准物是（　　）
A. $Na_2S_2O_3$　　B. Na_2SO_3　　C. $FeSO_4 \cdot 7H_2O$　　D. $Na_2C_2O_4$

19. 欲以 $K_2Cr_2O_7$ 法测定赤铁矿中 Fe_2O_3 的含量，溶解试样一般宜用的溶剂是（　　）。
A. HCl　　B. H_2SO_4　　C. HNO_3　　D. $HClO_4$

20. 下列情况对结果没有影响的是（　　）。
A. 在加热条件下，用 $KMnO_4$ 法测定 Fe^{2+}
B. 在碱性条件下，用直接碘量法测定维生素 C 的含量
C. 间接碘量法测定漂白粉中有效氯时，淀粉指示剂加入过早
D. 用优级纯 $Na_2C_2O_4$ 标定 $KMnO_4$ 溶液浓度时，终点颜色在 30 后褪色

21. 间接碘量法中加入淀粉指示剂的适宜时间是（　　）。
A. 滴定开始前　　　　　　　　　　　B. 滴定开始后
C. 滴定至近终点时　　　　　　　　　D. 滴定至 I_3^- 红棕色褪尽，溶液呈无色时

22. 以 $K_2Cr_2O_7$ 法测定铁矿石中铁含量时，用 0.02mol/L $K_2Cr_2O_7$ 滴定。设试样含铁以 Fe_2O_3（其摩尔质量为 150.7g/mol）计约为 50%，则试样称取量应为（　　）。
A. 0.1g 左右　　B. 0.2g 左右　　C. 1g 左右　　D. 0.35g 左右

23. 在间接碘量法测定中，下列操作正确的是（　　）。
A. 边滴定边快速摇动
B. 加入过量 KI，并在室温和避免阳光直射的条件下滴定
C. 在 70~80℃恒温条件下滴定
D. 滴定一开始就加入淀粉指示剂

24. 为标定 EDTA 溶液的浓度宜选择的基准物是（　　）。
A. 分析纯的 $AgNO_3$　　　　　　　　B. 分析纯的 $CaCO_3$
C. 分析纯的 $FeSO_4 \cdot 7H_2O$　　　　D. 光谱纯的 CaO

25. 对高锰酸钾滴定法，下列说法错误的是（　　）。
A. 可在盐酸介质中进行滴定　　　　　B. 直接法可测定还原性物质
C. 标准滴定溶液用标定法制备　　　　D. 在硫酸介质中进行滴定

26. 碘量法测 Cu^{2+} 时，KI 最主要的作用是（　　）。
A. 氧化剂　　B. 还原剂　　C. 配位剂　　D. 沉淀剂

27. 用草酸钠作基准物标定高锰酸钾标准溶液时，开始反应速度慢，稍后，反应速度明显加快，这是（　　）起催化作用。

A. 氢离子   B. MnO_4^- C. Mn^{2+} D. CO_2

28. 为测定 Pb^{2+}，先将其沉淀为 $PbCrO_4$，沉淀洗涤后，用酸溶解，加入过量 KI，以淀粉作指示剂，用 $Na_2S_2O_3$ 标准溶液滴定，此时 $n(Pb^{2+}):n(S_2O_3^{2-})$ 是（ ）。
  A. 1:1   B. 1:2   C. 1:3   D. 1:6

29. 关于以 K_2CrO_4 为指示剂的莫尔法，下列说法正确的是（ ）。
  A. 本法可测定 Cl^- 和 Br^-，但不能测定 I^- 或 SCN^-
  B. 滴定应在弱酸性介质中进行
  C. 指示剂 K_2CrO_4 的量越少越好
  D. 莫尔法的选择性较强

30. 可以用直接法配制标准溶液的物质是（ ）。
  A. 氢氧化钠   B. 高锰酸钾   C. 重铬酸钾   D. 硫酸

31. 氧化还原滴定突跃范围的大小与两个电对的（ ）有关。
  A. 氧化态电位   B. 还原态电位   C. 条件电极电位   D. 得失电子数

32. 若两电对的电子转移数分别为 2 和 1，为使反应完全程度达到 99.9%，则两电对的条件电位差至少大于（ ）。
  A. 0.9V   B. 0.18V   C. 0.24V   D. 0.27V

33. 氧化还原滴定的主要依据是（ ）。
  A. 滴定过程中氢离子浓度发生变化   B. 滴定过程中金属离子浓度发生变化
  C. 滴定过程中电极电位发生变化   D. 滴定过程中有络合物生成

34. 电极电位对判断氧化还原反应的性质很有用，但它不能判断氧化还原反应的（ ）。
  A. 完全程度   B. 反应速率
  C. 反应的方向   D. 氧化还原能力的大小

35. 用同一 $KMnO_4$ 标准溶液分别滴定等体积的 $FeSO_4$ 和 $H_2C_2O_4$ 溶液，消耗等体积的标准溶液，则 $FeSO_4$ 和 $H_2C_2O_4$ 两种溶液的浓度之间的关系为（ ）。
  A. $2c_{FeSO_4}=c_{H_2C_2O_4}$ B. $c_{FeSO_4}=2c_{H_2C_2O_4}$ C. $c_{FeSO_4}=c_{H_2C_2O_4}$ D. $5c_{FeSO_4}=c_{H_2C_2O_4}$

36. 可以用直接法配制标准溶液的物质是（ ）。
  A. 氢氧化钠   B. 高锰酸钾   C. 重铬酸钾   D. 硫酸

37. 为了使反应 $2A^+ + 3B^{4+} \rightleftharpoons 2A^{4+} + 3B^{2+}$ 完全度达到 99.9% 时，两电对的条件电位至少大于（ ）。
  A. 0.1V   B. 0.12V   C. 0.15V   D. 0.18V

38. 用 0.2mol/L $KMnO_4$ 溶液，滴定 0.1mol/L 的 Fe^{2+} 溶液；用 0.02mol/L $KMnO_4$ 溶液滴定 0.01mol/L 的 Fe^{2+} 溶液。上述两种情况下其滴定突跃将是（ ）。
  A. 一样大   B. 前者大   C. 后者大   D. 缺电位值，无法确定

39. 在 1mol/L H_3PO_4 溶液中，用 Ce^{4+} 滴定 Fe^{2+}，已知滴定突跃的范围是 0.86~1.26V，因指示剂选择不当导致结果偏低，则所用的指示剂可能是（ ）。
  A. 硝基邻二氮菲-亚铁（$\varphi^{\ominus'}=1.25V$）   B. 邻二氮菲-亚铁（$\varphi^{\ominus'}=1.06V$）
  C. 邻苯氨苯甲酸（$\varphi^{\ominus'}=0.89V$）   D. 二苯胺磺酸钠（$\varphi^{\ominus'}=0.84V$）

40. $KMnO_4$ 滴定 Fe^{2+} 时，以电位法确定终点，引起的终点误差（ ）。
  A. 为正值   B. 为负值   C. 为 0

41. 欲配制 As_2O_3 标准溶液以标定 0.02mol/L $KMnO_4$ 溶液，如要使标定时两种溶液消耗的体积大致相等，则 As_2O_3 溶液的浓度约为（ ）。
  A. 0.016mol/L   B. 0.025mol/L   C. 0.032mol/L   D. 0.050mol/L

42. 欲使 Fe^{3+}/Fe^{2+} 电对的电位降低，宜加入的溶液是（忽略离子强度影响）（ ）。
  A. $HClO_4$ B. NH_4F C. $K_2Cr_2O_7$ D. 邻二氮菲

43. 条件电位是（　　）。
   A. 任意浓度下的电极电位
   B. 任意温度下的电极电位
   C. 标准电极电位
   D. 电对的氧化态和还原态的浓度都等于1mol/L时的电极电位
   E. 在特定条件下，氧化态和还原态的总浓度均为1mol/L时，校正了各种外界因素（酸度、络合等）影响后的实际电极电位

44. 下列关于氧化还原滴定，不正确的说法是（　　）。
   A. 无论有无不对称电对参加反应，滴定突跃范围均与反应物浓度无关
   B. 有不对称电对参加的滴定反应，计量点电位还与不对称电对的浓度有关
   C. 无论有无不对称电对参加反应，反应的平衡常数均为 $\lg K = n_1 n_2 \Delta\varphi^{\ominus\prime}/0.059$
   D. 对于 $n_1 = n_2$ 的反应，滴定曲线是对称的

45. 用 $K_2Cr_2O_7$ 滴定 Fe^{2+}，在化学计量点时，有关离子浓度的关系是（　　）。
   A. $[Fe^{3+}] = [Cr^{3+}]$，$[Fe^{2+}] = [Cr_2O_7^{2-}]$
   B. $3[Fe^{3+}] = [Cr^{3+}]$，$[Fe^{2+}] = 6[Cr_2O_7^{2-}]$
   C. $[Fe^{3+}] = 3[Cr^{3+}]$，$[Fe^{2+}] = 6[Cr_2O_7^{2-}]$
   D. $[Fe^{3+}] = 3[Cr^{3+}]$，$6[Fe^{2+}] = [Cr_2O_7^{2-}]$

二、填空

1. 碘量法用的 $Na_2S_2O_3$ 标准溶液，在保存过程中吸收了 CO_2 而发生分解作用：$S_2O_3^{2-} + H_2CO_3 \rightarrow HSO_3^- + HCO_3^- + S\downarrow$；若用此 $Na_2S_2O_3$ 滴定 I_2，消耗 $Na_2S_2O_3$ 量_____（增大或减小），从而导致测定结果_____（偏高或偏低）。若加入_____可防止以上分解作用。

2. 判断下列情况对测定结果的影响（填偏高，偏低，无影响）。
   (1) $K_2Cr_2O_7$ 法测铁，$SnCl_2$ 加入不足_____。
   (2) 草酸标定 $KMnO_4$ 时，酸度过低_____。

3. 标定 $Na_2S_2O_3$ 常用的基准物是_____，基准物先与_____试剂反应生成_____。再用 $Na_2S_2O_3$ 滴定至_____色为终点。

4. 碘量法测定铜主要误差来源是_____和_____。

5. 滴定操作时，接近终点时，改为控制半滴加入，加入半滴溶液的方法_____。

6. 为标定 $KMnO_4$ 溶液的浓度宜选择的基准物是（　　）。

7. 莫尔法以（　　）为指示剂，在（　　）条件下以（　　）为标准溶液直接滴定 Cl^- 或 Br^- 等离子。

8. $K_2Cr_2O_7$ 法测定铁矿石中全铁量时，采用（　　）还原法，滴定之前，加入 H_3PO_4 的目的有二：一是（　　），二是（　　）。

9. 作如下标定时，若消耗标液约25mL，需称取各基准物质的质量分别为：
   (1) 邻苯二甲酸氢钾标定 0.1mol/L NaOH 溶液 [$M_r = 204.2$]（　　）g
   (2) $K_2Cr_2O_7$ 标定 0.05mol/L $Na_2S_2O_3$ 溶液 [$M_r(K_2Cr_2O_7) = 294.2$]（　　）g
   (3) 草酸钠标定 0.02mol/L $KMnO_4$ 溶液 [M_r(草酸钠) = 134.0]（　　）g

10. 用间接法配制下列标准溶液，为标定其浓度，可选何种基准物和指示剂：

标准溶液	EDTA	$KMnO_4$	NaOH
基准物			
指示剂			

11. 称取铁矿石 0.2000g，经处理后，用 0.00833mol/L $K_2Cr_2O_7$ 标准溶液滴定，耗去 25.20mL，则铁

矿石中 Fe_2O_3 的质量分数为（　　）。[$M_r(Fe_2O_3)=159.7$]

12. 碘量法测定可用直接和间接两种方式。直接法以_____为标液，测定_____物质。间接法以_____和_____为标液，测定_____物质。

13. 用 $Na_2C_2O_4$ 标定 $KMnO_4$ 溶液浓度时，溶液的酸度过低，会导致测定结果_____（指偏高、偏低还是无影响）。

14. 用 $KMnO_4$ 法测定物质含量时常需在强酸性介质中进行，但一般不用盐酸或硝酸酸化试样，原因是_____，_____，_____。

15. 写出下列实验中所使用的指示剂名称。用重铬酸钾测定铁_____。间接碘量法测定铜，指示剂为_____。

16. 用基准 $K_2Cr_2O_7$ 标定 $Na_2S_2O_3$ 溶液属于_____滴定方式。

17. $KMnO_4$ 法在 HCl 介质中测定 Fe 含量，将使测定结果偏_____。

18. 对于半反应 $MnO_4^- + 5e + 8H^+ \rightleftharpoons Mn^{2+} + 4H_2O$，Nernst 方程式的表示式为_____。

19. 依据如下反应测定 Ni：
$$[C_4H_6(NO)_2]_2Ni + 3H_2SO_4 + 4H_2O \rightleftharpoons NiSO_4 + 2C_4H_6O_2 + 2(NH_2OH)_2 \cdot H_2SO_4$$
$$(NH_2OH)_2 \cdot H_2SO_4 + 4Fe^{3+} \rightleftharpoons 4Fe^{2+} + N_2O + H_2SO_4 + 4H^+ + H_2O$$
用 $K_2Cr_2O_7$ 标准溶液滴定生成的 Fe^{2+}。则 $n(Ni):n(K_2Cr_2O_7)=$_____。

20. 某同学测定铁矿中 Fe 的质量分数，在计算结果时，将铁的相对原子质量 55.85 写作 56，由此造成的相对误差是_____%。

21. 已知 $\varphi^{\ominus'}_{Fe^{3+}/Fe^{2+}}=0.68V$，$\varphi^{\ominus'}_{Sn^{4+}/Sn^{2+}}=0.14V$，0.050mol/L $SnCl_2$ 10mL 与 0.10mol/L $FeCl_3$ 20mL 相混合，平衡时体系的电位是_____V。

22. 已知 $\varphi^{\ominus'}_{Cr_2O_7^{2-}/Cr^{3+}}=1.00V$，$\varphi^{\ominus'}_{Fe^{3+}/Fe^{2+}}=0.68V$，$[H^+]=1.0mol/L$ 时，0.01667mol/L 的 $K_2Cr_2O_7$ 滴定 0.1000mol/L 的 Fe^{2+}，计量点的电位为_____。

23. 依据如下反应测定 Zn：$3Zn^{2+} + 2I^- + 2[Fe(CN)_6]^{3-} + 2K^+ \rightleftharpoons K_2Zn_3[Fe(CN)_6]_2\downarrow + I_2$，$I_2 + 2S_2O_3^{2-} \rightleftharpoons 2I^- + S_4O_6^{2-}$ 则 $n(Zn):n(Na_2S_2O_3)=$_____。

24. 在氧化还原滴定中_____是最常用的自身指示剂。

25. 用 0.01000mol/L $K_2Cr_2O_7$ 溶液滴定 25.00mL Fe^{2+} 溶液，耗去 $K_2Cr_2O_7$ 溶液 25.00mL。每毫升 Fe^{2+} 溶液中含铁_____毫克。

26. 在氧化还原滴定中，常用_____和_____确定终点。

27. 计算 0.1200mol/L $Na_2C_2O_4$ 溶液对以下物质的滴定度（g/mol）：[$M_r(KMnO_4)=158.03$，$M_r(K_2Cr_2O_7)=294.18$]（1）$T(KMnO_4/Na_2C_2O_4)=$_____；（2）$T(K_2Cr_2O_7/Na_2C_2O_4)=$_____。

28. 在硫酸-磷酸介质中，用 0.1mol/L $K_2Cr_2O_7$ 溶液滴定 0.1mol/L Fe^{2+} 溶液，其计量点电位为 0.86V，对此滴定最适宜的指示剂为_____（已知 $\varphi^{\ominus'}_{邻二氮菲-亚铁}=1.06V$，$\varphi^{\ominus'}_{二苯胺磺酸钠}=0.84V$，$\varphi^{\ominus'}_{二苯胺}=0.76V$，$\varphi^{\ominus'}_{次甲蓝}=0.36V$）

29. 已知 $\varphi^{\ominus'}_{Cu^{2+}/Cu^+}=0.159V$，$K_{sp,CuI}=1.1\times10^{-12}$，则 $\varphi^{\ominus'}_{Cu^{2+}/CuI}=$_____。

30. 氧化还原法测 KBr 纯度时，先将 Br^- 氧化成 BrO_3^-，除去过量氧化剂后加入过量 KI，以 $Na_2S_2O_3$ 滴定析出的 I_2。此处 Br^- 与 $S_2O_3^{2-}$ 的 $n(Br^-):n(S_2O_3^{2-})=$_____。

31. 已知 $\varphi^{\ominus'}_{Ce^{4+}/Ce^{3+}}=0.144V$，$\varphi^{\ominus'}_{Fe^{3+}/Fe^{2+}}=0.68V$ 用 Ce^{4+} 标准溶液滴定 Fe^{2+}，若 $[Ce^{4+}]=1.00\times10^{-5}mol/L$，$[Ce^{3+}]=0.1mol/L$，$[Fe^{3+}]=0.1000mol/L$，则 $[Fe^{2+}]=$_____。

32. 向 20.00mL 0.1000mol/L 的 Ce^{4+} 溶液中分别加入 15.00mL、25.00mL 0.1000mol/L $FeCl_2$，平衡时体系的电位分别为_____，_____。[$\varphi^{\ominus'}(Ce^{4+}/Ce^{3+})=1.44V$，$\varphi^{\ominus}(Fe^{3+}/Fe^{2+})=0.68V$]

33. 某工厂经常测定铜矿中铜的质量分数，固定称取矿样 1.000g，为使滴定管读数恰好为 $w(Cu)$，则 $Na_2S_2O_3$ 标准溶液的浓度应配制成_____mol/L。[$A_r(Cu)=63.55$]

34. 已知 $\varphi^{\ominus}_{Cl_2,Cl^-}=1.36V$，$\varphi^{\ominus}_{I_2/2I^-}=0.54V$，$\varphi^{\ominus}_{Br_2/Br^-}=1.09V$，$\varphi^{\ominus}_{I_2/2I^-}=0.54V$；若将氯水慢慢加到含有

相同浓度 Br^- 和 I^- 离子的溶液时,所产生的现象应该是_____。

35. 在含有 Fe^{3+} 和 Fe^{2+} 的溶液中,若加入邻二氮菲溶液,则 Fe^{3+}/Fe^{2+} 电对的电位将_____。

36. 已知 $\varphi^{\ominus}_{MnO_4^-/Mn^{2+}}=1.51V$,$\varphi^{\ominus}_{Br_2/Br^-}=1.09V$,忽略离子强度的影响,$MnO_4^-$ 氧化 Br^- 的最高允许 pH 值是_____。

37. 已知在 1mol/L HCl 溶液中,$\varphi^{\ominus'}_{Fe^{3+}/Fe^{2+}}=0.69V$,$\varphi^{\ominus'}_{Sn^{4+}/Sn^{2+}}=0.14V$,以 20mL 0.10mol/L Fe^{3+} 的 HCl 溶液与 40mL 0.050mol/L $SnCl_2$ 溶液相混合,平衡时体系的电位为_____。

38. 碘量法是基于____的氧化性和____的还原性进行测定的氧化还原滴定法。其基本反应式是_____。

39. 配制 $Na_2S_2O_3$ 溶液时,用的是新煮沸并冷却后的蒸馏水,其目的是_____、_____和_____等。

40. 用氧化剂滴定还原剂时,如果有关电对都是可逆电对,则滴定百分率为 50% 处的电位是_____电对的电位;滴定百分率为 200% 处的电位是_____电对的电位。

41. 在 H_2SO_4 介质中用 $KMnO_4$ 滴定 Fe^{2+},计量点电位偏向_____电对一方。

三、判断题

1. 在滴定时,$KMnO_4$ 溶液要放在碱式滴定管中。
2. 用高锰酸钾法测定 H_2O_2 时,需通过加热来加速反应。
3. 配制好的 $Na_2S_2O_3$ 标准溶液应立即用基准物质标定。
4. 由于 $K_2Cr_2O_7$ 容易提纯,干燥后可作为基准物直接配制标准液,不必标定。
5. $K_2Cr_2O_7$ 标准溶液滴定 Fe^{2+} 既能在硫酸介质中进行,又能在盐酸介质中进行。
6. 间接碘量法加入 KI 一定要过量,淀粉指示剂要在接近终点时加入。
7. 用 $Na_2C_2O_4$ 标定 $KMnO_4$,需加热到 70~80℃,在 HCl 介质中进行。
8. 由于 $KMnO_4$ 性质稳定,可作基准物直接配制成标准溶液。
9. 配好 $Na_2S_2O_3$ 标准滴定溶液后煮沸约 10min。其作用主要是除去 CO_2 和杀死微生物,促进 $Na_2S_2O_3$ 标准滴定溶液趋于稳定。
10. 氧化还原滴定中,溶液 pH 值越大越好。
11. 氧化还原滴定中,化学计量点时的电位是由氧化剂和还原剂的标准电极电位决定的。
12. 一般认为当两电对的条件电位之差在 0.4V 以上时,氧化还原反应即有可能定量地完成。
13. 只要氧化还原反应的平衡常数足够大,就能用于氧化还原滴定。
14. 氧化还原滴定前预处理所选用氧化剂或还原剂能力越强则越好。
15. $K_2Cr_2O_7$ 和 $KMnO_4$ 都可作为自身指示剂。
16. 0.00200mol/L $K_2Cr_2O_7$ 对 Fe_2O_3 的滴定度是 9.60mg/mL。
17. 已知 $\varphi^{\ominus}_{Ag^+/Ag}=0.799V$,$K_{sp,AgCl}=1.77\times10^{-10}$,AgCl/Ag 电对的标准电极电位及 Ag^+/Ag 电对在 1mol/L HCl 介质的条件电位均为 0.224V。
18. 欲测定含铜约 10% 的铜合金中铜含量,要求相对误差小于 ±0.5%,选用碘量法或 EDTA 络合滴定法。
19. 金属铜不溶于盐酸,但能溶于 HCl 与 H_2O_2 的混合液。
20. 氧化还原滴定突跃范围的大小与氧化剂和还原剂的浓度有关。
21. $KMnO_4$ 法必须在强酸性溶液中进行。
22. $KMnO_4$ 法常用 HCl 或 HNO_3 调节溶液的酸度。
23. 标定 $KMnO_4$ 溶液的浓度以前,应用滤纸过滤除去析出的 $MnO(OH)_2$ 沉淀。

四、简答题

1. 就 $K_2Cr_2O_7$ 标定 $Na_2S_2O_3$ 的实验回答以下问题。
(1) 为何不采用直接法标定,而采用间接碘量法标定?
(2) $Cr_2O_7^{2-}$ 氧化 I^- 反应为何要加酸,并加盖在暗处放置 5min,而用 $Na_2S_2O_3$ 滴定前又要加蒸馏水稀释?若到达终点后蓝色又很快出现说明什么?应如何处理?

2. 某同学拟用如下实验步骤标定 0.02mol/L $Na_2S_2O_3$，请指出其三种错误（或不妥）之处，并予改正。

称取 0.2315g 分析纯 $K_2Cr_2O_7$，加适量水溶解后，加入 1g KI，然后立即加入淀粉指示剂，用 $Na_2S_2O_3$ 滴定至蓝色褪去，记下消耗 $Na_2S_2O_3$ 的体积，计算 $Na_2S_2O_3$ 浓度。[$M_r(K_2Cr_2O_7)=294.2$]

3. 碘量法测铜的实验中为什么要加入 NH_4SCN？应在什么时候加入？实验中加入 NH_4HF_2 的作用又是什么？

4. 碘量法测铜的实验中加入 NH_4HF_2 的作用是什么？

5. $K_2Cr_2O_7$ 法测铁，在滴加前加入 H_3PO_4 的作用是什么？加入 H_3PO_4 后为什么要立即滴定？

6. 间接碘量法中，$Na_2S_2O_3$ 标准滴定溶液滴定碘时，为什么在弱酸性溶液中进行。写出相应的反应方程式。

7. 用草酸钠标定 $KMnO_4$ 溶液时，适宜的温度范围为多少？过高或过低有什么不好？为什么开始滴入的 $KMnO_4$ 紫色消失缓慢，后来却消失很快？写出该标定反应的化学方程式。

8. 配制 $KMnO_4$ 标准溶液时，为什么要将 $KMnO_4$ 溶液煮沸一定时间并放置数天？配好的 $KMnO_4$ 溶液为什么要过滤后才能保存？过滤时是否可以用滤纸？

9. 氧化还原滴定法间接测定铜含量时，为什么要加入过量 KI？加入 KSCN 的作用是什么？为什么要近终点加入 KSCN？并请写出间接测定铜含量有关的化学反应。

10. 氧化还原滴定法间接测定铜含量时，为什么要加入过量 KI？加入 KSCN 的作用是什么？为什么要近终点加入 KSCN？并请写出间接测定铜含量有关的化学反应。

11. 在测定水样的硬度时，加入三乙醇胺的目的、方式及理由？测定时加入 NH_3-NH_4Cl 的作用是什么？

12. 酸碱滴定法和氧化还原滴定法的主要区别。

五、计算题

1. 称 0.3579g 软锰矿和 0.3980g 的 $Na_2C_2O_4$ 于烧杯，加 H_2SO_4 并加热使之反应后，以 0.0200mol/L 的 $KMnO_4$ 溶液滴定剩余的 $Na_2C_2O_4$ 至终点时用去 15.70mL，计算矿中 MnO_2 的百分含量（$Na_2C_2O_4=134.0$；$MnO_2=86.94$）

2. 0.1107g 纯铜丝溶解后，加过量 KI 溶液，析出的 I_2 需 39.42mL $Na_2S_2O_3$ 滴定至终点；0.2240g 铜矿石溶解后同样处理，需上述 $Na_2S_2O_3$ 溶液 26.28ml 滴定至终点，求铜矿石中铜的百分含量。[$M_r(Cu)=63.55$]

3. 今有不纯的 KI 试样 0.3504g，在 H_2SO_4 溶液中加入纯 K_2CrO_4 0.1940g 与之反应，煮沸逐出生成的 I_2。放冷后又加入过量 KI，使之与剩余的 K_2CrO_4 作用，析出的 I_2 用 0.1020mol/L $Na_2S_2O_3$ 标准溶液滴定，用去 10.23mL。问试样中 KI 的质量分数使多少？（$M_{K_2CrO_4}:194.19$；$M_{KI}:166$）

4. 某实验室经常测定铁矿中含铁量，若固定称取试样为 0.5000g，欲使消耗 $K_2Cr_2O_7$ 溶液的体积为 Fe_2O_3 含量的一半，则应配制多大浓度的 $K_2Cr_2O_7$？[$M_r(Fe_2O_3)=159.7$]

5. 某化验室经常分析铁矿中含铁量，若使用的 $K_2Cr_2O_7$ 标液的浓度为 0.02000mol/L，为避免计算，直接从消耗的 $K_2Cr_2O_7$ 溶液的体积表示出 Fe 的质量分数，则应称取铁矿多少克？[$A_r(Fe)=55.85$]

6. 欲配制 $Na_2C_2O_4$ 溶液用于在酸性介质中标定 0.02mol/L 的 $KMnO_4$ 溶液，若要使标定时，两种溶液消耗的体积相近。问应配制多大浓度的 $Na_2C_2O_4$ 溶液？配制 100mL 这种溶液应称取 $Na_2C_2O_4$ 多少克？

7. 10.00mL 市售 H_2O_2（相对密度 1.010）需用 36.82mL 0.02400mol/L $KMnO_4$ 溶液滴定，计算试液中 H_2O_2 的质量分数。[$M(H_2O_2)=34.02$]

六、设计题

1. 今欲确定 $KMnO_4$ 溶液浓度，但实验室无草酸基准试剂，仅有未知浓度的草酸溶液，NaOH 标准液，各种酸碱溶液和指示剂，试设计分析方案并写出 c_{KMnO_4} 计算式。

2. 举出 3 种方法以测定 $CaCO_3$ 试剂纯度。[要求写出试样的溶解、滴定主要条件：酸度、主要试剂、滴定剂、指示剂等并写出计算式]。

第六章 沉淀滴定与重量法实验

实验十六 氯离子含量的测定（莫尔法）

一、实验目的

1. 学习配制和标定 $AgNO_3$ 标准溶液。
2. 掌握莫尔法测定氯离子的原理和操作要点。
3. 掌握铬酸钾指示剂的使用。

二、实验原理

沉淀滴定法是以沉淀反应为基础的一种滴定分析方法。必须满足的条件：①沉淀物要有足够小的溶解度；②反应速度大，反应完全，并且有精确的定量关系；③有适当指示剂指示终点；④吸附现象不影响终点观察。

虽然可定量进行的沉淀反应很多，但由于缺乏合适的指示剂，能用于沉淀滴定分析的却不多，目前应用最广且有实际意义的是生成难溶性银盐的沉淀反应，这类沉淀滴定法称为银量法。即利用 Ag^+ 与卤素离子的反应来测定 Cl^-、Br^-、I^-、SCN^- 和 Ag^+。银量法共分 3 种，分别以创立者的姓名来命名。

莫尔法：1902 年 M. 克努森（Mohr, Knudsen）在前人的基础上作了改进而提出此法，故得名。莫尔法是以铬酸钾为指示剂，在中性或弱碱性的试液中，用硝酸银标准液滴定含有 Cl^-（或 Br^-、I^-）试液，由于 AgCl（或 AgBr、AgI）的溶解度比 Ag_2CrO_4 小，溶液中首先析出 AgCl（或 AgBr、AgI）沉淀，试液中 Cl^-（或 Br^-、I^-）被定量沉淀后，过量一滴硝酸银溶液，即与 CrO_4^{2-} 指示剂反应生成砖红色沉淀，指示滴定终点到达。此法方便、准确，应用很广。

福尔哈德法：①直接滴定法。在含 Ag^+ 的酸性试液中，加 $NH_4Fe(SO_4)_2$ 为指示剂，以 NH_4SCN 为滴定剂，先生成 AgSCN 白色沉淀，当红色的 $[Fe(SCN)]^{2+}$ 出现时，表示 Ag^+ 已被定量沉淀，已到达终点。此法主要用于测 Ag^+。②返滴定法。在含卤素离子的酸性溶液中，先加入过量的 $AgNO_3$ 标准溶液，再加指示剂 $NH_4Fe(SO_4)_2$，以 NH_4SCN 标准溶液滴定过量的 Ag^+，直到出现红色为止。两种试剂用量之差即为卤素离子的量。此法的优点是选择性高，不受弱酸根离子的干扰。但用本法测 Cl^- 时，宜加入硝基苯，将沉淀包住，以免部分的 Cl^- 由沉淀转入溶液。

法扬斯法：在中性或弱碱性的含 Cl^- 试液中加入吸附指示剂荧光黄，当用 $AgNO_3$ 滴定时，在等当点以前，溶液中 Cl^- 过剩，AgCl 沉淀的表面吸附 Cl^- 而带负电，指示剂不变色。在等当点后，Ag^+ 过剩，沉淀的表面吸附 Ag^+ 而带正电，它会吸附荷负电的荧光黄离子，使沉淀表面显示粉红色，从而指示终点已到达。此法的优点是方便。

某些可溶性氯化物中氯含量的测定常采用莫尔法。此法是在中性或弱碱性溶液中，以

K_2CrO_4 为指示剂，用 $AgNO_3$ 标准溶液进行滴定。由于 AgCl 的溶解度比 Ag_2CrO_4 的小，因此溶液中首先析出 AgCl 沉淀，当 AgCl 定量析出后，过量一滴 $AgNO_3$ 溶液即与 CrO_4^{2-} 生成砖红色 Ag_2CrO_4 沉淀，表示达到终点。主要反应式如下：

$$Ag^+ + Cl^- \rightleftharpoons AgCl\downarrow (白色) \quad K_{sp}=1.8\times10^{-10}$$

$$2Ag^+ + CrO_4^{2-} \rightleftharpoons Ag_2CrO_4\downarrow (砖红色) \quad K_{sp}=2.0\times10^{-12}$$

滴定必须在中性或在弱碱性溶液中进行，最适宜 pH 范围为 6.5~10.5，如有铵盐存在，溶液的 pH 值范围最好控制在 6.5~7.2 之间，在此酸度下，铵盐均以 NH_4^+ 形式存在。不干扰滴定。

计量点附近终点出现的早晚与溶液中 $[CrO_4^{2-}]$ 有关，$[CrO_4^{2-}]$ 过大，则终点提前，使测定结果偏低；$[CrO_4^{2-}]$ 过小，则终点推迟，使测定结果偏高。因此为了获得较理想的准确度，必须控制指示剂 CrO_4^{2-} 的浓度，一般以 5.0×10^{-3} mol/L 为宜。

凡是能与 Ag^+ 生成难溶化合物或配合物的阴离子都干扰测定。如 AsO_4^{3-}、AsO_3^{3-}、S^{2-}、CO_3^{2-}、$C_2O_4^{2-}$ 等，其中 H_2S 可加热煮沸除去，将 SO_3^{2-} 氧化成 SO_4^{2-} 后不再干扰测定。大量 Cu^{2+}、Ni^{2+}、Co^{2+} 等有色离子将影响终点的观察，应预先分离。凡是能与 CrO_4^{2-} 指示剂生成难溶化合物的阳离子也干扰测定，如 Ba^{2+}、Pb^{2+} 能与 CrO_4^{2-} 分别生成 $BaCrO_4$ 和 $PbCrO_4$ 沉淀。Ba^{2+} 的干扰可加入过量 Na_2SO_4 消除。Al^{3+}、Fe^{3+}、Bi^{3+}、Sn^{4+} 等高价金属离子在中性或弱碱性溶液中易水解产生沉淀，也会影响测定。

三、实验试剂

NaCl 标准溶液：0.05mol/L，准确称取 0.6g 优级纯 NaCl 于小烧杯中，用蒸馏水溶解后，转入 200mL 容量瓶中，加水稀释至刻度，摇匀。使用前将 NaCl 放在马弗炉中于 500~600℃下干燥 2~3h，放在干燥器中备用。

$AgNO_3$ 溶液：0.05mol/L，溶解 4.25g $AgNO_3$ 于 500mL 蒸馏水中，将溶液转入棕色试剂瓶中，置暗处保存，以防止见光分解。

K_2CrO_4 溶液：50g/L（约 0.257mol/L）。

四、实验仪器

分析天平，称量瓶，烧杯，容量瓶，移液管，锥形瓶，棕色酸式滴定管，量筒等常规玻璃仪器。

五、实验步骤

1. 0.1mol/L $AgNO_3$ 溶液的标定

准确移取 25.00mL NaCl 标准溶液于锥形瓶中，加入 1.0mL 50g/L 的 K_2CrO_4，不断摇动，用 $AgNO_3$ 溶液滴定至呈现砖红色沉淀即为终点。

平行测定 3 次，计算 $AgNO_3$ 溶液的准确浓度。

2. 试样分析（测定水样中氯的含量）

准确量取 100.00mL 水样于锥形瓶中，加入 1.0mL 50g/L 的 K_2CrO_4 指示剂，不断摇动，用 $AgNO_3$ 标准溶液滴定至呈现砖红色即为终点，至少平行测定 3 份。

3. 空白试验

取 1mL 50g/L 的 K_2CrO_4 指示剂，加入 20mL 蒸馏水，用 $AgNO_3$ 标准溶液滴定至出现砖红色沉淀，记录消耗的体积，平行测定 3 份。

六、注意事项

① 滴定时,最适宜的 pH 范围是 6.5~10.5,若有铵盐存在,为避免生成 $Ag(NH_3)_2^+$,溶液的 pH 范围应控制在 6.5~7.2 为宜。

② $AgNO_3$ 见光易分解,故需保存在棕色瓶中,并且选用棕色酸式滴定管。

③ 实验结束后,盛装 $AgNO_3$ 溶液的滴定管应先用蒸馏水冲洗 2~3 次,再用自来水冲洗,以免产生氯化银沉淀,难以洗净。

④ 含银废液应予以回收,且不能随意倒入水槽。

七、实验数据记录和处理

1. 数据记录

表 1 硝酸银溶液的标定

项目	1	2	3
NaCl 质量/g			
容量瓶容积/mL			
NaCl 浓度/(mol/L)			
移取 NaCl 体积/mL			
滴定管终读数/mL			
滴定管初读数/mL			
消耗 $AgNO_3$ 溶液体积/mL			
$AgNO_3$ 溶液浓度/(mol/L)			
$AgNO_3$ 溶液平均浓度/(mol/L)			
平均偏差/%			
相对平均偏差/%			

表 2 水样中氯的测定

项目	1	2	3
水样体积/mL			
滴定管终读数/mL			
滴定管初读数/mL			
消耗 $AgNO_3$ 溶液体积/mL			
水样中 Cl^- 的含量/(g/L)			
水样中氯 Cl^- 的平均含量/(g/L)			
平均偏差/%			
相对平均偏差/%			

2. 数据处理

根据水样的量和滴定中消耗 $AgNO_3$ 标准溶液的体积计算水样中 Cl^- 的含量,并计算 3 次测量值的相对偏差和相对平均偏差。

八、思考题

1. 莫尔法测氯时,为什么溶液的 pH 值需控制在 6.5~10.5?

2. 以 K_2CrO_4 作指示剂时，指示剂浓度过大或过小对测定有何影响？
3. 能否用莫尔法以 NaCl 标准溶液直接滴定 $AgNO_3$？为什么？

实验十七　可溶性氯化物中氯含量的测定（佛尔哈德法）

一、实验目的

1. 学习 NH_4SCN 标准溶液的配制和标定方法。
2. 掌握用佛尔哈德法测定氯含量的原理和方法。

二、实验原理

佛尔哈德法是以铁铵矾 $[NH_4Fe(SO_4)_2]$ 为指示剂的一种银量滴定法。在酸性介质中，用硫氰酸铵（NH_4SCN）标准溶液直接滴定含 Ag^+ 的试液，硫氰酸银（AgSCN）沉淀完全后，稍过量的 SCN^- 与 Fe^{3+} 反应生成红色络离子，指示已到达滴定终点。采用返滴定法可测定 Cl^-、Br^- 和 I^-。即加入一定量过量的 Ag^+ 标准溶液，定量生成 AgCl 沉淀后，过量 Ag^+ 以铁铵矾作指示剂，用 NH_4SCN 标准溶液回滴，由 $Fe(SCN)^{2+}$ 络离子的红色来指示滴定终点。主要包括下列沉淀反应和络合反应：

$$Ag^+ + Cl^- \Longrightarrow AgCl \downarrow （白色） \qquad K_{sp} = 1.8 \times 10^{-10}$$
$$Ag^+ + SCN^- \Longrightarrow AgSCN \downarrow （白色） \qquad K_{sp} = 1.0 \times 10^{-12}$$
$$Fe^{3+} + SCN^- \Longrightarrow [Fe(SCN)]^{2+} （白色） \qquad K_1 = 138$$

指示剂用量大小对滴定有影响，一般控制 Fe^{3+} 浓度为 0.015mol/L，H^+ 浓度为 0.1～1.0mol/L。

测定时，能与 SCN^- 生成沉淀或生成络合物，或能氧化 SCN^- 的物质均有干扰。PO_4^{3-}、AsO_4^{3-}、CrO_4^{2-} 等离子，由于酸效应的作用而不影响测定。

用该法测定 Cl^- 时，由于 AgCl 的溶解度比 AgSCN 的大，近终点时 AgCl 沉淀可能转化为 AgSCN，将多消耗 NH_4SCN 而引入较大的误差。为避免此现象，可加入硝基苯（有毒）或石油醚等试剂保护 AgCl 沉淀，使其与溶液隔开，防止 AgCl 沉淀与 SCN^- 发生交换反应而消耗滴定剂。

该法较莫尔法的优点是干扰少、应用范围广，常用于直接测定银合金和矿石中的银的质量分数。

三、主要试剂

$AgNO_3$（0.1mol/L）；铁铵矾指示剂溶液（400g/L）；HNO_3（8.0mol/L）；硝基苯；NaCl 试样。

NH_4SCN（0.1mol/L）：称取 3.8g NH_4SCN，用 500mL 水溶解后转入试剂瓶中。

四、实验仪器

分析天平，称量瓶，烧杯，容量瓶，移液管，锥形瓶，酸式滴定管，量筒等常规玻璃仪器。

五、实验步骤

1. NH_4SCN 溶液的标定

用移液管移取 $AgNO_3$ 标准溶液 25.00mL 于 250mL 锥形瓶中，加入 5.0mL（8.0mol/L）HNO_3，铁铵矾指示剂 1.0mL，然后用 NH_4SCN 溶液滴定。滴定时，剧烈振荡溶液，当滴至溶液颜色为淡红色，稳定不变时即为终点。平行标定 3 份。

2. 试样分析

准确称取约 2g NaCl 试样于 50mL 烧杯中溶解，转移至 250mL 容量瓶中，稀释至刻度，摇匀，贴标签备用。

用移液管移取 25.00mL 试样溶液于 250mL 锥形瓶中，加 25mL 水，5.0mL HNO_3，用滴定管加入 $AgNO_3$ 标准溶液至过量 5.0~10.0mL。然后，加入 2.0mL 硝基苯，用橡皮塞塞住瓶口，剧烈振荡 30s，使 AgCl 沉淀进入硝基苯层而与溶液隔开。再加入铁铵矾指示剂 1.0mL，用 NH_4SCN 标准溶液滴至出现淡红色 $[Fe(SCN)^{2+}]$ 配合物，稳定不变时即为终点。平行测定 3 份。

六、注意事项

① 加入 $AgNO_3$ 溶液生成白色 AgCl 沉淀，接近计量点时，氯化银沉淀会发生凝聚，振荡溶液，再让其静置片刻，使沉淀沉降，然后加入几滴 $AgNO_3$ 到清液层，如不生成沉淀，说明 $AgNO_3$ 已过量，这时，再适当过量 5.0~10.0mL $AgNO_3$ 溶液即可。

② 硝基苯有毒，实验中应注意。

③ 本实验 $AgNO_3$ 标准溶液消耗量较大，含银沉淀及含银废液应收集处理。

④ 佛尔哈德法在返滴定 Br^- 和 I^- 时，不会发生 AgBr 和 AgI 沉淀的转化。但由于生成物 AgSCN 强烈吸附 Ag^+，所以应剧烈摇动溶液。在测定 I^- 时，应先加过量 $AgNO_3$，使 I^- 生成 AgI，然后再加指示剂，否则 I^- 将还原 Fe^{3+}，从而影响滴定结果的准确性。

七、实验数据记录和处理

参考前一实验。

八、思考题

1. 本实验溶液为什么用 HNO_3 酸化？可否用 HCl 溶液或 H_2SO_4 酸化？为什么？
2. 试讨论酸度过低对佛尔哈德法测定卤素离子含量的影响。

实验十八　钡盐中钡含量的测定

一、实验目的

1. 熟悉生成晶形沉淀的条件及方法。
2. 掌握沉淀的过滤、洗涤和灼烧等基本操作。
3. 掌握重量分析方法测钡的原理和方法。

二、实验原理

重量分析是指以质量为测量值的分析方法，它与容量分析合称为经典化学分析方法。可精确到 0.1%~0.2%，对低含量组分测定误差较大，尽量避免用，又称重量法。优点是准确度和精密度都很高，并且比较经济；缺点是分析时间较长。

Ba^{2+} 能生成一系列的难溶化合物，其中 $BaSO_4$ 的溶解度最小，其组成与化学式相符合，摩尔质量较大,性质稳定,符合重量分析对沉淀的要求。因此通常以 $BaSO_4$ 为沉淀形式和称量形式测定 Ba^{2+}。$BaSO_4$ 是典型的晶形沉淀,因此应完全按照晶形沉淀的处理方法,将所得沉淀经陈化后、过滤、洗涤、干燥和灼烧,最后以硫酸钡沉淀形式称量,求得试样中 Ba^{2+} 的含量。

为了获得颗粒较大和纯净的 $BaSO_4$ 晶形沉淀,试样溶于水后加盐酸酸化,使部分 SO_4^{2-} 转化为 HSO_4^-,以降低溶液的相对过饱和度,同时可防止其他弱酸盐,如 $BaCO_3$ 沉淀生成。加热近沸,在不断搅动下缓慢滴加适当过量的沉淀剂稀 H_2SO_4,形成 $BaSO_4$ 沉淀。

实验过程如下:称样溶解→生成沉淀→检验沉淀是否完全→陈化→过滤→洗涤(沉淀烧杯的洗涤和漏斗的洗涤)→检验沉淀是否洗涤干净→滤纸包裹沉淀→炭化→灰化→灼烧→称量→计算。

三、实验试剂

$BaCl_2$ 试样;HCl 2.0mol/L;H_2SO_4 1.0mol/L;$AgNO_3$ 溶液 0.1mol/L。

四、实验仪器

分析天平,水浴锅,表面皿,长颈漏斗,玻璃棒,烧杯,滴管,电炉,坩埚,马弗炉,干燥器;定量滤纸等。

五、实验步骤

1. 试样的溶解

在分析天平上准确称取 $BaCl_2$ 试样 0.4~0.5g,置于 250mL 烧杯中,加 100mL 蒸馏水搅拌溶解(注意:玻璃棒直至过滤、洗涤完毕才能取出)。加入 2.0mol/L HCl 溶液 4.0mL,加热至 75~85℃(勿使溶液沸腾,以免溶液溅出造成损失)。

2. 沉淀的制备

取 4mL 1mol/L H_2SO_4,置于小烧杯中,加水 25.0mL,加热近沸,趁热将稀 H_2SO_4 用滴管逐滴加入至试样溶液中(注意滴加速度不要太快),同时不断搅拌(沉淀析出较多时,搅拌速度可适当加快,但注意不要使溶液或沉淀溅出)。搅拌时,玻璃棒避免碰到烧杯内壁,以免划伤烧杯,使沉淀黏附在烧杯壁划痕内难以洗下。H_2SO_4 溶液滴加完毕,停止搅拌,使 $BaSO_4$ 沉淀自然沉降,再向上层清液中加入 1~2 滴 H_2SO_4 溶液,仔细观察是否还有沉淀生成。

试样中的 Ba^{2+} 完全沉淀后,盖上表面皿,置于水浴锅中,保温陈化 0.5h,其间搅动 5~8 次,然后取出,冷却后过滤。

3. 沉淀的过滤和洗涤

将上步得到的沉淀用倾析法过滤。首先,将慢速定量滤纸按漏斗角度大小折叠好,使其与漏斗贴合好,将漏斗置于漏斗架上,下面放一只清洁的烧杯。然后将沉淀上层清液沿玻璃棒倾入漏斗中,沉淀留在烧杯中,用洗涤液(1mL 1mol/L H_2SO_4 加 80mL 水配成)洗涤沉淀 3~4 次,每次用 10~15mL,均采用倾析法过滤。最后,将沉淀小心转移到滤纸上,并用小片滤纸擦净烧杯内壁,将滤纸片放在漏斗内的滤纸上,再用水洗沉淀至无 Cl^- 为止(用 $AgNO_3$ 溶液检验)。

4. 空坩埚的恒重

取洁净坩埚,用 $FeCl_3$ 溶液分别在坩埚和盖子上写上编号。在 800~850℃ 灼烧,恒温

40min（第二次及以后每次恒温时间可缩短为20min）。取出，稍冷，将坩埚移入干燥器中，冷却至室温，然后用分析天平精确称量，记录坩埚的质量。重复上述操作，直至前后两次质量之差不超过0.4mg，即为恒重。记录坩埚的最后质量。

5. 沉淀的灼烧和恒重

将包好沉淀的滤纸放入已恒重的坩埚中，在电炉或酒精灯上烘干、炭化、灰化后，放入马弗炉中，在800~850℃条件下灼烧至恒重。平行做3次实验。

6. 沉淀的称重

根据沉淀和坩埚的总质量与空坩埚的质量之差，求出$BaSO_4$沉淀的质量，算出试样中Ba的百分含量。

六、注意事项

① 加入稀HCl酸化，可使部分SO_4^{2-}转化为HSO_4^-，稍微增大沉淀的溶解度，而降低溶液的过饱和度，同时可防止溶胶作用。

② 在热溶液中进行沉淀过程中，沉淀剂不能加入太快，同时要及时搅拌，以降低过饱和度，避免局部浓度过高，同时也减少杂质的吸附。

③ 所有用具一定要保证洁净，因沉淀易穿透滤纸，遇此情况须重新过滤。

④ Cl^-是沉淀中的主要杂质，当其完全除去时，可认为其他杂质已完全除去。检验方法：用试管收集滤液约2mL，加入1滴2mol/L HNO_3和2滴$AgNO_3$溶液，不出现浑浊则说明无Cl^-。

⑤ 炭化时要不断转动坩埚，不要使滤纸着火燃烧；一旦滤纸着火，切勿用嘴吹，应立即移去热源，盖上坩埚盖使其熄灭。

⑥ 炭化时出现明火，会导致坩埚壁上出现大量炭黑，灰化时间拖长。

七、实验数据记录与处理

1. 数据记录

实验数据记录表

序号	1	2	3
$BaCl_2$试样质量/g			
空坩埚质量/g			
空坩埚+$BaSO_4$质量/g			
$BaSO_4$质量/g			
Ba的百分含量/%			
Ba的平均含量/%			

2. 数据处理

根据$BaSO_4$沉淀的质量，计算出试样中Ba的百分含量。

八、思考题

1. 沉淀$BaSO_4$时为什么要在稀溶液中进行？不断搅拌的目的是什么？
2. 洗涤沉淀时，为什么用洗涤液要少量、多次？
3. 为什么沉淀$BaSO_4$时要在热溶液中进行，而在自然冷却后进行过滤？趁热过滤或强制冷却好不好？

练 习 题

一、选择题

1. 采用 $BaSO_4$ 重量法测定 Ba^{2+} 时，洗涤沉淀用的适宜洗涤剂是（   ）。
   A. 稀 H_2SO_4 B. 稀 NH_4Cl C. 冷水   D. 乙醇

2. 用莫尔法测定 Cl^- 时，若 pH＝4.0 则滴定终点将（   ）。
   A. 不受影响   B. 提前   C. 推迟   D. 等于计量点

3. 下列做法错误的是（   ）。
   A. $AgNO_3$ 标准溶液装入棕色磨口瓶中保存   B. $K_2Cr_2O_7$ 标准溶液装入酸式滴定管中
   C. 测定水的硬度时用自来水冲洗锥形瓶   D. NaOH 标准溶液保存在具有橡皮塞的瓶中

4. 用重量法以 AgCl 形式测定 Cl^- 是在 120℃ 干燥称重，这时应当采用的洗涤液是（   ）。
   A. 稀 NH_4NO_3 溶液   B. 稀 HCl 溶液   C. 纯水   D. 稀 HNO_3 溶液

5. 下列说法中违背非晶形沉淀条件的是（   ）。
   A. 沉淀应在热溶液中进行   B. 沉淀应在浓的溶液中进行
   C. 沉淀应在不断搅拌下迅速加入沉淀剂   D. 沉淀应放置过夜使沉淀陈化

6. 用重量法测定氯化物中氯的质量分数，欲使 10.0mg AgCl 沉淀相当于 1.00％的氯，应称取试样的质量（g）（   ）。[A_r(Cl)＝35.5，M_r(AgCl)＝143.3]
   A. 0.1237   B. 0.2477   C. 0.3711   D. 0.4948

7. 用 SO_4^{2-} 沉淀 Ba^{2+} 时，加入过量的 SO_4^{2-} 可使 Ba^{2+} 沉淀更加完全，这是利用（   ）。
   A. 盐效应   B. 同离子效应   C. 络合效应   D. 溶剂化效应

8. 在沉淀分析中，无定形沉淀的洗涤液应是（   ）。
   A. 冷水   B. 含沉淀剂的稀溶液   C. 热的电解质   D. 热水

9. 下列有关沉淀吸附的一般规律中，错误的是（   ）。
   A. 离子价数高的比低的容易吸附
   B. 离子浓度越大越容易被吸附
   C. 能与构晶离子生成难溶化合物的离子，优先被吸附
   D. 温度越高，越不利于吸附

10. 下列测定中，需要加热的有（   ）。
    A. $KMnO_4$ 溶液滴定 H_2O_2 B. $KMnO_4$ 溶液滴定 $H_2C_2O_4$
    C. 银量法测定水中氯   D. 碘量法测定 $CuSO_4$

11. 晶形沉淀的沉淀条件是（   ）
    A. 稀、热、快、搅、陈   B. 浓、热、快、搅、陈
    C. 稀、冷、慢、搅、陈   D. 稀、热、慢、搅、陈

12. 莫尔法测定 Cl^- 含量时，若在强酸性溶液中进行，则（   ）。
    A. 氯化银沉淀不完全   B. 氯化银沉淀易溶于酸
    C. 氯化银沉淀吸附 Cl^- 增强   D. Ag_2CrO_4 沉淀不易形成

13. 用莫尔法测定 NH_4Cl 中的氯离子时，pH 应控制在（   ）。
    A. 6.5～10.0   B. 6.5～7.2   C. 7.2～10.0   D. 小于 6.5

14. 测定 $NaCl＋Na_3PO_4$ 中 Cl 含量时，选用哪种标准溶液作滴定剂（   ）。
    A NaCl   B. $AgNO_3$ C. NH_4SCN D. Na_2SO_4

15. 下列情况引起仪器误差的是（   ）。
    A. 沉淀剂的选择性差   B. 沉淀剂的用量过多，产生盐效应
    C. 洗涤过程中，每次残留的洗涤液过多   D. 定量滤纸灰分过多

16. $Sr_3(PO_4)_2$ 的溶解度为 $1.0×10^{-6}$ mol/L，则其 K_{sp} 值为（   ）。

A. $1.0×10^{-30}$　　　B. $5.0×10^{-29}$　　　C. $1.1×10^{-28}$　　　D. $1.0×10^{-12}$

17. 用 $BaSO_4$ 重量法测定 Ba^{2+} 的含量，较好的介质是（　　）。
   A. 稀 HNO_3　　　B. 稀 HCl　　　C. 稀 H_2SO_4　　　D. 稀 HAc

18. 均匀沉淀法沉淀 Ca^{2+}，最理想的沉淀剂是（　　）。
   A. H_2SO_4　　　B. H_2CO_3　　　C. $CO(NH_2)_2+(NH_4)_2C_2O_4$　　　D. H_3PO_4

19. 下列叙述正确的是（　　）。
   A. 难溶电解质的溶度积越大，溶解度也越大
   B. 加入过量沉淀剂，沉淀的溶解度将减小
   C. 酸效应使沉淀的溶解度增大
   D. 盐效应使沉淀的溶解度减小

20. 重量分析测定 Ba^+ 时，以硫酸作为沉淀剂，硫酸应过量（　　）
   A. 100%～150%　　　B. 50%～100%　　　C. 20%～30%　　　D. 1%～10%

21. 下列有关沉淀溶解度的叙述，错误的是（　　）。
   A. 一般来说，物质的溶解度随温度增加而增大
   B. 同一沉淀物，其小颗粒的溶解度小于大颗粒的溶解度
   C. 同一沉淀物，其表面积越大溶解度越大
   D. 沉淀反应中的陈化作用，对一样大小的沉淀颗粒不起作用

22. 沉淀形成过程中，与待测离子的半径相近的杂质离子常与构晶离子形成（　　）。
   A. 吸留　　　B. 混晶　　　C. 包藏　　　D. 后沉淀

23. 在经过加热放置后，后沉淀现象将（　　）。
   A. 不变　　　B. 减小　　　C. 严重

24. 摩尔法测 Cl^-，当 pH=3.5 时，测定结果（　　）。
   A. 偏低　　　B. 基本无影响　　　C. 偏高

25. 下列说法正确的是（　　）。
   A. 用摩尔法直接测 Ag^+
   B. 佛尔哈德法控制的酸度条件是 pH=6.5～10.5
   C. 由于同离子效应 AgCl 在 NaCl 中的溶解度总是比在纯水中的小
   D. 水中溶解的 CO_2 将使 CaC_2O_4 的溶解度增大

26. 摩尔法测定 Cl^- 含量时，要求 pH 在 6.5～10.5 范围内，若酸度过高，则（　　）。
   A. AgCl 沉淀不完全　　　B. AgCl 沉淀易胶溶
   C. AgCl 沉淀吸附 Cl^- 增强　　　D. Ag_2CrO_4 沉淀不易形成

27. 下列何种效应可使沉淀溶解度降低？（　　）。
   A. 同离子效应　　　B. 盐效应　　　C. 酸效应　　　D. 配合效应

28. 欲将 $BaSO_4$ 与 $PbSO_4$ 分离，宜选用（　　）。
   A. HCl　　　B. HAc　　　C. NaOH　　　D. NH_3

29. 用佛尔哈德法直接测定银盐时，应在下列哪种条件下进行？（　　）。
   A. 强酸性　　　B. 弱酸性　　　C. 中性到弱碱性　　　D. 碱性

30. 已知 $HgCl_2$ 的 $K_{sp}=2×10^{-14}$，则 $HgCl_2$ 在纯水中的溶解度（mol/L）为（　　）。
   A. $1.35×10^{-5}$　　　B. 0.25
   C. $1.4×10^{-7}$　　　D. $1.41×10^{-7}$～$1.35×10^{-5}$

31. 法扬司法测定氯化物时，应选用的指示剂是（　　）。
   A. 铁铵矾　　　B. 曙红　　　C. 荧光黄　　　D. 铬酸钾

32. 莫尔法测定 Cl^- 采用滴定剂及滴定方式是（　　）。
   A. 用 Hg^{2+} 盐直接滴定　　　B. 用 $AgNO_3$ 直接滴定
   C. 用 $AgNO_3$ 沉淀后，返滴定　　　D. 用 Pb^{2+} 盐沉淀后，返滴定

33. 水中痕量 Pb^{2+}，不能用一般的方法直接测定，若水中加入 Na_2CO_3，使水中 Pb^{2+} 生成 $PbCO_3$

和 $CaCO_3$ 一起沉淀下来，则 $CaCO_3$ 的作用是（　　）。
   A. 萃取剂　　　　B. 共沉淀剂　　　　C. 滴定剂　　　　D. 吸附剂

34. 以下说法错误的是（　　）。
   A. 重量分析中，由于后沉淀引起的误差属于方法误差。
   B. 沉淀颗粒越大，表面积越大，吸附杂质越多。
   C. 所谓陈化，就是将沉淀和母液在一起放置一段时间，使细小晶粒逐渐溶解，使大晶体不断长大的过程。
   D. 干燥器中的氯化钴变色硅胶变为红色时，表示硅胶已失效。

35. 佛尔哈德法测定下列哪种物质时，需要加入二氯乙烷防止沉淀转化？（　　）。
   A. I^-　　　　B. Cl^-　　　　C. Br^-　　　　D. SCN^-

36. 为了获得纯净而易过滤的晶形沉淀，下列措施错误的是（　　）。
   A. 针对不同类型的沉淀，选用适当的沉淀剂　　　B. 采用适当的分析程序和沉淀方法
   C. 加热以适当增大沉淀的溶解度　　　　　　　　D. 在较浓的溶液中进行沉淀

37. 如果被吸附的杂质和沉淀具有相同的晶格，易形成（　　）。
   A. 后沉淀　　　　B. 表面吸附　　　　C. 吸留　　　　D. 混晶

38. 在重量分析中，下列情况对结果产生正误差的是（　　）。
   A. 晶形沉淀过程中，沉淀剂加入过快　　　　B. 空坩埚没有恒重
   C. 取样稍多　　　　　　　　　　　　　　　D. 使用的易挥发沉淀剂过量了10%

39. 摩尔法测定 Cl^- 或 Br^- 使用的指示剂是（　　）。
   A. $K_2Cr_2O_7$ 溶液　　B. 荧光黄溶液　　C. 铁铵矾溶液　　D. K_2CrO_4 溶液

40. 在重量分析中，下列情况对结果产生负误差的是（　　）。
   A. 生成无定型沉淀后，进行了陈化　　　　B. 用定性滤纸过滤沉淀
   C. 生成晶形沉淀后，放置时间过长　　　　D. 试样置于潮湿空气中，未制成干试样

二、填空题

1. 以下滴定应采用的滴定方式分别是（填 A，B，C，D）
   (1) 佛尔哈德法测定 Cl^- ____　　(2) 甲醛法测定 NH_4^+ ____
   (3) $KMnO_4$ 法测定 Ca^{2+} ____　　(4) 莫尔法测定 Cl^- ____
   A. 直接法　　　　B. 回滴法　　　　C. 置换法　　　　D. 间接法

2. 沉淀类型主要分为：晶型沉淀和_____。对于晶型沉淀使用重量分析法时，一般过程为：试样溶解、_____、_____、过滤和洗涤、_____、炭化、_____、灼烧至恒重、结果计算。

3. 沉淀滴定法中，铁铵矾指示剂法测定 Cl^- 时，为了防止 $AgCl$ 沉淀的形成，需加入_____。

4. $AgCl$ 的 $K_{sp}=1.8\times 10^{-10}$，$Ag_2CrO_4$ 的 $K_{sp}=2.0\times 10^{-12}$，则这两个银盐的溶解度 s（单位为 mol/L）的关系是 $S_{Ag_2CrO_4}$ _____ S_{AgCl}。（比较大小）

5. $AgCl$ 在 0.01mol/L HCl 溶液中的溶解度比在纯水中的溶解度小，这时_____效应是主要的。若 Cl^- 浓度增大到 0.5mol/L，则 $AgCl$ 的溶解度超过纯水中的溶解度，此时_____效应起主要作用。

6. 沉淀重量法，在进行沉淀反应时，某些可溶性杂质同时沉淀下来的现象叫_____现象，其产生的原因有表面吸附、吸留和_____。

7. 影响沉淀纯度的主要因素是_____和_____。

8. 共沉淀现象是重量分析中误差的主要来源之一。在测定 SO_4^{2-} 时，灼烧后 $BaSO_4$ 的颜色正常应为_____，而有铁盐共沉淀时，则呈_____色。

9. 莫尔法以_____为指示剂，在_____条件下以_____为标准溶液直接滴定 Cl^- 或 Br^- 等离子。

10. 金属水合氧化物沉淀的定向速度与金属离子的_____有关。

11. 某重量法测定 Se 的溶解损失为 1.8mg Se，如果用此法分析约含 18% Se 的试样，当称样量为 0.400g 时，测定的相对误差是_____。

第六章 沉淀滴定与重量法实验

12. $Fe(OH)_3$ 重量法测得 Fe^{3+} 时,宜用_____为洗涤液。
13. 化合物的分子中,OH 基被 SH 基取代后,其在水中的溶解度会_____。
14. 烧碱中 NaOH 和 Na_2CO_3 含量的两种测定方法是_____,_____。
15. 在不断搅拌下缓慢加入沉淀剂,可以减少_____现象。
16. 以 $BaSO_4$ 为载体使 $RaSO_4$ 与之生成的共沉淀是_____共沉淀。
17. $BaSO_4$ 重量法测 Ba^{2+},若沉淀灼烧温度过高,则使测定结果偏_____。
18. 溶液的相对过饱和度越大,越易发生_____成核作用。
19. 当晶核的聚集速度大于定向速度时,易生成_____沉淀。
20. CuS 的 K_{sp} 为 6×10^{-36},则其在纯水中的溶解度为(忽略 Cu^{2+} 的羟基配合物)_____。
21. 分析硅酸盐中 P 含量时,为使称量形式 $Mg_2P_2O_7$ 的质量乘以 100 即为试样中 P 的百分含量,则应称取试样_____g。$[M(Mg_2P_2O_7)=222.6,M(P)=30.97]$
22. 含有 Ca,Mg 的试样溶解后,加不含 CO_3^{2-} 的 NaOH 使溶液的 pH 为 13,则_____生成沉淀使两者得到分离。
23. 一定量的 Pb^{2+} 试液采用 $PbCrO_4$ 形式沉淀,沉淀经洗涤后溶解,用碘量法测定,耗去 0.05000mol/L $Na_2S_2O_3$ 标准溶液 10.00mL,同量 Pb^{2+} 试液若采用 $Pb(IO_3)_2$ 形式沉淀应耗去此标准溶液_____mL。
24. 一含 Pb^{2+} 的试液,使 Pb^{2+} 生成 $PbCrO_4\downarrow$,沉淀经过滤洗涤后用酸溶解,加入过量 KI,以淀粉作指示剂,用 $Na_2S_2O_3$ 标准溶液滴定,则 $n(Pb^{2+}):n(S_2O_3^{2-})$ 为_____。
25. 摩尔法测定 NH_4Cl 中 Cl^- 含量时,若 pH>7.5 会引起的_____形成,使测定结果偏_____。
26. 佛尔哈德法既可直接用于测定_____离子,又可间接用于测定_____离子。
27. 佛尔哈德法测定 Cl^- 的滴定终点,理论上应在化学计量点_____到达,但因为沉淀吸附 Ag^+,在实际操作中常常在化学计量点_____到达。
28. 佛尔哈德法中消除沉淀吸附影响的方法有两种,一种是_____以除去沉淀,另一种是加入_____包围住沉淀。
29. 法扬司法测定 Cl^- 时,在荧光黄指示剂溶液中常加入淀粉,其目的是保护_____,减少凝聚,增加_____。
30. 荧光黄指示剂测定 Cl^- 时的颜色变化是因为它的_____离子被_____沉淀颗粒吸附而产生的。

三、判断题

1. 用洗涤液洗涤沉淀时,要少量、多次,为保证 $BaSO_4$ 沉淀的溶解损失不超过 0.1%,洗涤沉淀每次用 15~20mL 洗涤液。(　　)
2. 可以将 $AgNO_3$ 溶液放入在碱式滴定管进行滴定操作。(　　)
3. 摩尔法测定氯会产生负误差(　　)。
4. 摩尔法可用于样品中 I^- 的测定(　　)。
5. 沉淀的沉淀形式和称量形式既可相同,也可不同。(　　)
6. 金属硫化物通常是无定形沉淀。(　　)
7. 陈化作用总能使沉淀变得更加纯净。(　　)
8. 稀 H_2SO_4 作沉淀剂重量分析测 Ba^{2+},适当过量的 H_2SO_4 也影响测定结果。(　　)
9. 温度升高,所有沉淀的溶解度都增大。(　　)
10. 共沉淀分离根据共沉淀剂性质可分为混晶共沉淀分离和胶体凝聚共沉淀分离。(　　)
11. 在沉淀的过程中,异相成核作用和均相成核作用总是同时存在的。(　　)
12. 重量分析中,沉淀剂总是过量越多越好。(　　)
13. 对晶型沉淀,沉淀作用应当在热溶液中进行,并且应该趁热过滤。(　　)
14. 摩尔法只适用于 Cl^- 和 Br^- 的测定,而不适宜测定 I^- 和 SCN^-。(　　)
15. 测定 NaCl 和 Na_3PO_4 混合液中 Cl^- 时,不能采用摩尔法。(　　)

16. 沉淀的溶解度越大，沉淀滴定曲线的突跃范围就越大。（ ）
17. 胶体颗粒对指示剂的吸附力应略大于对被测离子的吸附力。（ ）

四、简答题

1. 重量分析法对沉淀形式的要求。
2. 在重量分析中，形成晶形沉淀的条件是什么？
3. 莫尔法测氯时，为什么溶液的 pH 值须控制在 6.5～10.5？配制好的 $AgNO_3$ 溶液要贮于棕色瓶中，并置于暗处，为什么？

五、计算题

1. 应用佛尔哈德法分析碘化物试样。在 2.310g 试样制备的溶液中加入 46.55mL 0.2000mol/L $AgNO_3$ 溶液，过量的 Ag^+ 用 KSCN 溶液滴定，共耗用 0.1000mol/L KSCN 溶液 12.30mL。计算试样中碘的百分含量。(Ar I：126.90447)

2. 计算 CaC_2O_4 在 pH＝5.0 的 0.010mol/L 草酸溶液中的溶解度（$H_2C_2O_4$：$K_{a1}=5.9\times10^{-2}$；$K_{a1}=6.4\times10^{-5}$；CaC_2O_4：$K_{sp}=2.0\times10^{-9}$）。

六、设计题

设计测定 $HCl\text{-}NH_4Cl$ 混合液中两组分浓度的分析方案（指出滴定剂、必要条件、指示剂）。

第七章 吸光光度法实验

实验十九 分光光度法测定微量铁

一、实验目的
1. 掌握邻二氮菲分光光度法测定微量铁的原理和方法。
2. 掌握物质显色反应的原理。
3. 学会绘制吸收曲线，能正确选择测定波长。
4. 会用计算机软件做标准曲线。
5. 熟悉分光光度计的使用方法和操作步骤。

二、方法原理

分光光度法主要用于微量成分的定量分析，它在工业生产和科研中都占有十分重要的地位。该方法是利用测量有色物质对某一单色光（可见光范围）的吸收程度来进行测定的定量分析方法。而许多物质本身无色或色很浅，对可见光不产生吸收或吸收不大，这就必须事先通过适当的化学处理，使该物质转变为能对可见光产生较强吸收的有色化合物，然后再进行光度分析。

可见分光光度法测定无机离子，通常要经过两个过程，一是显色过程，二是测量过程。为了使测定结果有较高的灵敏度和准确度，必须选择合适的显色条件和测量条件。这些条件包括入射波长，显色剂种类和用量，有色溶液稳定时间，溶液的酸碱度，其他离子干扰的排除等。

与待测组分形成有色化合物的试剂称为显色剂，常用的显色剂可分为无机显色剂和有机显色剂两大类。

邻二氮菲，即"1,10-邻二氮杂菲"，也称邻菲罗啉、邻菲啰啉、邻菲咯啉，分子式$C_{12}H_8N_2·H_2O$，相对分子质量198.22，是一种常用的氧化还原指示剂。固体是浅黄色粉末，吸水形成结晶水后颜色略有加深，溶于水形成浅黄或黄色溶液。

邻二氮菲结构示意

在pH为2.0～9.0时，会与Fe^{2+}形成稳定的橙红色邻二氮菲亚铁离子（$[Fe(phen)_3]^{2+}$），利用此显色反应，可以用可见光分光光度法测定微量铁。$\lg K_{稳}=21.3$（20℃），摩尔吸收系数为1.4×10^4，最大吸收峰在505～515nm范围内，该法选择性高。反应方程式如下：

$$Fe^{2+}+3C_{12}H_8N_2 \Longrightarrow [Fe(C_{12}H_8N_2)_3]^{2+}（橙红色）$$

氧化型 [Fe(phen)$_3$]$^{3+}$ 显浅蓝色，半反应为：
$$[Fe(C_{12}H_8N_2)_3]^{3+}(浅蓝色) + e^- \rightleftharpoons [Fe(C_{12}H_8N_2)_3]^{2+}(橙红色)$$
因此，在显色前，首先需要用盐酸羟胺把 Fe^{3+} 还原成 Fe^{2+}。其反应式如下：
$$2Fe^{3+} + 2NH_2OH \cdot HCl \rightleftharpoons 2Fe^{2+} + N_2\uparrow + 2H_2O + 4H^+ + 2Cl^-$$

虽然显色反应的适宜 pH 值范围很宽（pH＝2.0～9.0），但通常用 HAc-NaAc 缓冲溶液来控制溶液酸度在 pH＝5.0 左右。酸度过高时，反应进行较慢；酸度太低，则 Fe^{2+} 水解，影响显色反应。

如果样品是单组分的，并且遵守朗伯-比尔定律，这时只要测出被测吸光物质的最大吸收波长（A_{max}），就可在此波长下，选用适当的参比溶液测量试液的吸光度，然后再用工作曲线法求出结果。

采用工作曲线法测定样品时，应按相同方法制备待测试液（为了保证显色条件一致，操作时一般是试样与标样同时显色），在相同测量条件下测量试液的吸光度，然后在工作曲线上查出待测试液的浓度。为了保证测定准确度，要求标样与试样溶液的组成保持一致，待测试液的浓度应在工作曲线线性范围内，最好在工作曲线中部。

由于受到各种因素的影响，实验测出的各点可能不完全在一条直线上，这时就造成工作曲线的误差较大，可改用最小二乘法求出线性回归方程，再根据线性方程计算出待测试液的浓度，这样可以有效提高准确性。工作曲线一般用一元线性方程表示，线性的好坏可以用相关系数来表示，一般要求相关系数要大于 0.999。

三、实验试剂

硫酸铁铵 [$NH_4Fe(SO_4)_2 \cdot 12H_2O$，$M_r$＝482.18]，分析纯；邻二氮菲 0.15％（$10^{-3}$ mol/L）新配制的水溶液；盐酸羟胺 10％水溶液（现用现配）；醋酸钠溶液 1.0mol/L；NaOH 1.0mol/L；HCl（1+1）6.0mol/L；试样（如：工业盐酸）。

四、实验仪器

分光光度计，10mL 吸量管，50mL 比色管 8 支，1cm 比色皿。

五、测定步骤

1. 100mg/L 铁标准溶液的配制

准确称取 0.8634g 的 $NH_4Fe(SO_4)_2 \cdot 12H_2O$，置于烧杯中，加入 20mL HCl 和 10mL 水，溶解后，定量地转移至 1000mL 容量瓶中，以水稀释至刻度，摇匀，贴标签备用。

2. 吸收曲线的制作和测量波长的选择

用吸量管吸取 0.0mL、1.00mL 100mg/L 铁标准溶液，分别注入两个 50.00mL 比色管中，各加入 1.0mL 盐酸羟胺溶液，摇匀，再加入 2.0mL 邻二氮菲，5.0mL NaAc，用水稀释至刻度，摇匀。放置 10min 后，用 1cm 比色皿，以试剂空白（即 0.0mL 铁标准溶液）为参比溶液，在 450～550nm 之间，每隔 10nm 测一次吸光度，在最大吸收峰附近，每隔 1.0nm 测定一次吸光度。记下波长对应的吸光值，数据记录格式参考表 1，并绘制吸收曲线。选用最大吸光值时的波长为以后测定 Fe 的波长。

3. 标准曲线的制作

用移液管吸取 100mg/L 铁标准溶液 10.00mL 于 100mL 容量瓶中，加入 2.0mL 2.0mol/L 的 HCl，用水稀释至刻度，摇匀，贴标签备用。溶液浓度为 10mg/L。

在 6 支 50.00mL 比色管中，用吸量管分别加入 0.00、2.00mL、4.00mL、6.00mL、8.00mL、10.00mL 10mg/L 铁标准溶液，然后依次加入 1.0mL 盐酸羟胺，2.0mL 邻二氮菲，5.0mL NaAc 溶液，每次均摇匀后再加另一种试剂。最后，用水稀释至刻度，摇匀，写上标号。放置 10min 后。用 1cm 比色皿，以试剂空白（即 0.0mL 铁标准溶液）为参比溶液，在所选择的波长下条件下，测定各溶液的吸光度。记录各溶液吸光度，数据记录格式参考表 2。以含铁量为横坐标、吸光度 A 为纵坐标，绘制标准曲线。

4. 试样中铁的测定

移取试样溶液 1.00mL，按上述操作条件和步骤，测定其吸光度（如果吸光度超出标准曲线的测量范围，需对试样进行稀释），记录各试样稀释后溶液吸光度，记录格式参考表 3。

六、实验数据记录与处理

1. 数据记录

表 1　吸收曲线数据记录表

波长/nm	450	460	470	480	490	500	505	506	507	508	509
吸光度											
波长/nm	510	511	512	515	520	530	540	550			
吸光度											

表 2　标准曲线数据记录表

项目	1	2	3	4	5	6
铁标液体积/mL	0.00	2.0	4.0	6.0	8.0	10.0
铁浓度/(mg/L)	0.00	0.40	0.80	1.20	1.60	2.00
吸光度						

表 3　试样溶液测定数据记录表

项目	1	2	3	4	5	6
未知样/mL	1.00	1.00	1.00			
吸光度						
稀释后试样溶液铁含量/(mg/L)						

2. 数据处理

（1）在计算机上，用 Excel 或 Origin 等软件，以波长 λ 为横坐标，吸光度 A 为纵坐标，绘制吸收曲线。找出最大吸光值时的波长。

（2）以含铁量为横坐标，吸光度 A 为纵坐标，用 Excel 或 Origin 等软件，绘制标准曲线，并求出标准曲线对应的线性方程，求出摩尔吸光系数并与文献中的数值进行比较。

（3）把测定的吸光度带入线性方程，计算稀释后溶液中铁的含量，然后根据稀释倍数，计算原试样中铁的含量（mg/L）。

七、注意事项

① 在吸收曲线的制作实验中，最后得出的 λ_{mix} 可能在 508～510nm 之间，理论值是 508nm，可能原因是溶液没有充分摇匀，静置显色时间短。

② 选择好测定波长后，不要再随意改变仪器的工作参数。

③ 标准曲线绘制时，如果求出的线性方程的相关系数低，最主要的原因是用吸量管移取溶液时，因操作不规范而引起的误差。因此，要多次、反复练习，达到熟练使用吸量管的程度，才能有效减少误差。

④ 标准曲线绘制时，注意溶液的序号不要颠倒。

⑤ 比色皿在换装不同浓度的溶液时，必须用待测的溶液润洗至少 3 次。

⑥ 注意分光光度计的正确操作。

⑦ pH 值影响配合物的解离程度，故要加入适量的缓冲液。

⑧ 比色皿放入样品室时，必须用吸水纸将比色皿表面擦拭干净，以免影响光的吸收。

八、思考题

1. 吸收曲线与标准曲线有何区别？在实际应用中有何意义？
2. 参比溶液的作用是什么？在本实验中可否用蒸馏水作参比？
3. 加各种试剂的顺序能否颠倒？

练 习 题

一、选择题

1. 在可见分光光度法中，使用参比溶液的作用是（   ）。
   A. 调节仪器透光率的零点   B. 吸收入射光中测定所需要的波长
   C. 调节入射光的强度   D. 消除试剂等非测定物质对入射光的影响

2. 双波长分光光度计与单波长分光光度计的主要区别为（   ）。
   A. 光源的种类及个数   B. 单色器的个数   C. 吸收池的个数   D. 检测器的个数

3. 物质对光的吸收为（   ）。
   A. 波长越大，吸收程度越大   B. 与吸收波长无关
   C. 与物质的浓度无关   D. 选择性吸收

4. 分光光度计检测器直接测定的是（   ）。
   A. 入射光的强度   B. 吸收光的强度   C. 透过光的强度   D. 散射光的强度

5. 某有色溶液吸收白光中的红色，则该溶液呈（   ）。
   A. 红色   B. 青色   C. 黄色   D. 紫色

6. 在光度分析中选择参比溶液的原则是（   ）。
   A. 一般选蒸馏水   B. 一般选试剂溶液
   C. 根据加入试剂颜色和被测试液的颜色   D. 一般选择褪色溶液

7. 质量相同的 A、B 两物质，其摩尔质量 $M_{(A)} > M_{(B)}$，经相同方式显色测定后，测得的吸光度相等，则它们摩尔吸光系数的关系是（   ）。
   A. $\varepsilon^A > \varepsilon^B$ B. $\varepsilon^A < \varepsilon^B$ C. $\varepsilon^A = \varepsilon^B$ D. $\varepsilon^A = 1/(2\varepsilon^B)$

8. 吸光光度分析中比较适宜的吸光度范围是（   ）。
   A. 0.1~1.2   B. 0.2~0.8   C. 0.05~0.6   D. 0.2~1.5

9. 某一黄色溶液，用光电比色法测定，应选择的滤光片颜色为（   ）。
   A. 蓝色   B. 红色   C. 绿色   D. 紫色

10. 下述说法错误的是（   ）。
    A. 有色液体的最大吸收波长不随其浓度的变化而变化
    B. 有色物质 ε 越大，显色反应越灵敏
    C. 红色滤光片透过红色光，所以适合于蓝绿色溶液的光度测定
    D. 不符合朗伯-比耳定律的有色溶液，不能用目视比色法测定

11. 某金属离子 M 与试剂 R 形成一有色络合物 MR，若 M 的浓度为 1.0×10^{-4} mol/L，用 1cm 比色皿于波长 525nm 处测得吸光度 A 为 0.400，此配合物在 525nm 处的摩尔吸光系数为（　　）。
   A. 4.0×10^{-3}　　　B. 4.0×10^{3}　　　C. 4.0×10^{-4}　　　D. 4.0×10^{5}

12. 以下说法错误的是（　　）。
   A. 摩尔吸光系数与有色溶液的浓度有关
   B. 分光光度计检测器，直接测定的是透射光的强度
   C. 比色分析中比较适宜的吸光度范围是 0.2～0.8
   D. 比色分析中用空白溶液作参比可消除系统误差

13. 分光光度测定时，下列有关的几个步骤：①旋转光量调节器，②将参比溶液置于光路中，③调节至 $A=\infty$，④将被测溶液置于光路中，⑤调节零点调节器，⑥测量 A 值，⑦调节至 $A=0$。其合理顺序是（　　）。
   A. ②①③⑤⑦④⑥　　　　　　　　　　　B. ②①⑦⑤③④⑥
   C. ⑤③②①⑦④⑥　　　　　　　　　　　D. ⑤⑦②①③④⑥

二、填空题

1. 一有色溶液在某波长下遵守比尔定律，浓度为 x mol/L 时吸收入射光的 15.0%，在相同条件下，浓度为 $2x$ 的该有色溶液的 T 是 _____ %。

2. 某有色物质的溶液，每 50mL 中含有该物质 0.1mg，今用 1cm 比色皿在某光波下测得透光度为 10%，则吸光系数为 _____ L/(g·cm)。

3. 某显色剂 R 与金属离子 M 和 N 分别形成有色络合物 MR 和 NR，在某一波长测得 MR 和 NR 的总吸光度 A 为 0.630。已知在此波长下 MR 的透射比为 30%，则 NR 的吸光度为 _____。

4. 在光度法中，透过光强度与入射光强度之比 I/I_0 称为透射比或透光率，它的负对数称为 _____。

5. Zn^{2+}-双硫腙-$CHCl_3$ 萃取液为紫红色，其吸收最多的光的颜色为 _____。

6. 平均值的标准偏差与测定次数的平方根成 _____。

7. 吸光光度法是基于 _____ 而建立起来的分析方法，它适用于 _____ 组分含量的测定。

8. 符合朗伯-比尔定律的一有色溶液，当浓度为 c 时，透射比为 T，在液层不变的情况下，透射比为 $T^{1/2}$ 和 $T^{3/2}$ 时，其溶液的浓度分别为 _____ 和 _____。

9. 吸光度和透光率之间的关系是 _____。

10. 获得单色光的方法有多种，其中光电比色法采用 _____；分光光度法采用 _____。

11. 物质对光的吸收是有 _____。

12. ε 的单位为 _____。

13. 在朗伯比尔定律中，吸收系数在一定条件下是一个常数，它与 _____、_____ 和 _____ 无关。

14. 人们所观察到的溶液颜色是其所吸收光的 _____。

15. _____ 可避免试液与参比液或两吸收池之间的差异引起的误差。

第二部分　仪器分析实验

实验二十　ICP-AES 测定饮用水中铬、铅

一、实验目的
1. 了解电感耦合离子体光源的工作原理。
2. 学习 ICP-AES 分析的基本原理及操作技术。
3. 学习利用 ICP-AES 测定饮用水中重金属含量的方法。

二、实验原理
ICP-AES 是一种以电感耦合高频等离子体为光源的原子发射光谱装置，将试样在等离子体中激发，使待测元素发射出特有波长的光，经分光后测量其强度而进行定量测定。具有准确度高、精密度高、检出限低、测定快速、线性范围宽、可同时测定多种元素等优点，已广泛用于环境样品及岩石、矿物、金属等样品中数十种元素的测定。

水是生命之源，人们的健康生活离不开安全干净的饮用水。近年来，由于环境污染加剧，自来水的重金属污染问题受到了人们的极大关注，尤其像砷、镉、汞等有毒重金属元素，它们能够通过食物链在人体内积累进而对人类健康造成严重威胁。本实验以正丙醇作为添加剂，定量分析了自来水中 Cr、Pb 重金属元素。

三、实验试剂
无水乙醇、正丙醇均为分析纯，浓硝酸为优级纯；Cr、Pb 标准储备液（国家标准物质研究中心），2 种元素的浓度均为 1000mg/L，使用前稀释成所需浓度。实验用水为超纯水。

四、实验仪器
电感耦合等离子体-原子发射光谱仪。

五、实验步骤
1. 仪器工作条件

中阶梯光栅，刻线 97.4 线/mm，波长范围 175～785nm；40.68MHz 高频发生器，水平等离子炬，冷却气流量 15L/min；辅助气流量 1.5L/min；雾化器压力 230kPa；玻璃同心雾化器；分析泵速 15r/min；分析谱线的波长分别是 Cr 267.7nm、Pb 220.4nm。

2. 样品制备

用洁净的塑料桶取所需体积的饮用自来水，并立即加入 2%（体积）HNO_3 进行酸化处理，以保持其稳定性。

3. 样品测定

利用标准加入法，用 4 个盛有等量自来水试样的容量瓶，前 3 个分别加入浓度不相同的待测元素的标准溶液，第 4 个不加待测元素，作为试剂空白，然后用 2% 的 HNO_3 定容至刻

度线，配制成标准系列溶液。经过预备实验之后，选定了合适的标样浓度范围，元素 Cd 和 Pb 的浓度均分别为 1μg/L、2μg/L、3μg/L。取一定量的正丙醇分别加入到每个样品中，使正丙醇的浓度为 6%，均匀混合之后上机检测元素谱线强度。

六、实验数据记录与处理

（1）记录仪器型号。

（2）绘制标准曲线：在选定的分析条件下分别测定，以分析线的响应值为纵坐标，待测元素加入量为横坐标，绘制标准曲线，将标准曲线延长交于横坐标，交点与原点的距离所相应的含量。

（3）将各元素进行 5 次平行测量，求出平均值和相对标准偏差（RSD）。

精密度数据

元素	测定值(μg/L,n=5)					平均值/(μg/L)	RSD/%
	1	2	3	4	5		
Cr							
Pb							

七、注意事项

① 仪器在正常工作状态下不可打开等离子体观察窗的门。

② 实验中经常观察等离子体各项工作参数是否有变化。

③ 测试完毕后，进样系统要用去离子水冲洗 5min 后再关机，以免试样沉积在雾化器口及石英炬管口。

八、思考题

1. ICP-AES 分析法的优点？
2. 如何分析线？

实验二十一　电感耦合等离子体原子发射光谱法测定塑料及其制品中铅、镉、汞

一、实验目的

1. 掌握原子发射光谱法的基本原理。
2. 掌握电感耦合等离子体发射光谱法的基本原理。
3. 熟悉电感耦合等离子体发射光谱仪的基本构造。
4. 掌握塑料及其制品的消化及分析方法。

二、实验原理

电感耦合等离子体发射光谱法可以实现同时测定样品中多元素的含量。样品由载气（氩气）引入雾化系统进行雾化后，以气溶胶形式进入等离子体的轴向通道，在高温和惰性气氛中被蒸发、原子化、激发和电离，可发射出所含不同元素的特征谱线。根据特征谱线的存在与否，可用来定性分析样品中存在的元素；根据特征谱线强度可定量测定样品中各元素的含量。

塑料具有多种优良性能,在工农业生产和日常生活中具有广泛用途。塑料在技术进步和广泛应用的同时,塑料及其制品中某些元素和各种添加剂等对人体健康的影响越来越引起人们的重视。并已逐步成为许多出口塑料及其制品必须检测的项目之一。本实验选用硝酸-过氧化氢-氟硼酸高压密闭微波消解技术对样品进行消化,消解后的溶液用电感耦合等离子体原子发射光谱仪(ICP-AES)进行元素检测。

三、实验试剂

锡、铅混合标准储备溶液:100mg/L,使用时用硝酸(5+95)溶液或硝酸-氟硼酸(5+2+93)溶液稀释至所需质量浓度。硝酸、过氧化氢为优级纯,氟硼酸为分析纯;实验用水为超纯水;聚氯乙烯。

四、实验仪器

电感耦合等离子体原子发射光谱仪;微波消解仪;冷冻碾磨仪;超纯水仪。

五、实验步骤

1. 仪器工作条件

ICP-AES条件:发射功率1.20kW;等离子气流15L/min;辅助气流量1.5L/min;雾化气流0.55L/min;观察高度10mm;进样延时25s,稳定延时15s,读数时间8s,读数次数3次;清洗时间10s;蠕动泵转速15r/min;锡、铅的分析谱线依次为189.927nm、220.353nm。

微波消解程序:第一步,5min内,温度升至120℃,保温5min;第二步,10min内,温度升至215℃,保温50min。

2. 标准曲线绘制

按仪器工作条件对0,0.10mg/L,0.50mg/L,1.0mg/L,2.0mg/L和5.0mg/L混合标准溶液进行测定,绘制锡、铅的标准曲线。

3. 样品处理及测定

将样品剪碎或冷冻后粉碎,称取试样0.2000g置于100mL微波消解罐中,加入硝酸5mL、过氧化氢2mL和氟硼酸1mL,加盖,放入微波消解仪中。按设定的程序进行微波消解。消解结束后,取出消解罐,冷却至室温,将溶液转移至50mL容量瓶中,用水洗涤消解罐及盖子3次,洗涤液并入容量瓶中,用水稀释至刻度,摇匀(若溶液不澄清或有沉淀,需过滤)。按仪器工作条件进行测定。

六、实验数据记录与处理

(1)绘制标准曲线:在选定的分析条件下分别测定,以分析线的响应值为纵坐标,以各标准溶液的质量浓度为横坐标,绘制工作曲线。

(2)将各元素进行5次平行测量,求出平均值和相对标准偏差(RSD)。

精密度数据

元素	测定值(mg/L,$n=5$)					平均值/(mg/L)	RSD/%
	1	2	3	4	5		
锡							
铅							

七、注意事项

① 在测量过程中，应打开通风设施，防止有毒、有害化学药品中毒事件的发生。

② 在打开检测器冷却开关之前，应先检查是否已通氩气，防止检测器出现结霜现象，造成检测器的损坏。

八、思考题

1. 酸试剂对所测元素的发射谱线强度有何影响？
2. 为什么可以采用硝酸-四氟硼酸溶液稀释配制标准溶液？

实验二十二　原子吸收光谱法测定硫酸锌中铅、镉的含量

一、实验目的

1. 掌握原子吸收分光光度法的基本原理。
2. 了解原子吸收分光光度计的主要结构及操作方法。
3. 掌握原子吸收光谱法定量分析结果的评价方法。

二、实验原理

原子吸收光谱法是基于待测基态原子对特定的谱线（通常是待测元素的特征谱线）的吸收作用的一种定量分析方法。

溶液中的离子在火焰温度下转变为基态原子蒸气，当测定元素空心阴极灯发射出特征谱线通过基态原子蒸气时，被基态原子吸收，在一定浓度范围和一定火焰宽度的情况下，其吸光度与溶液中离子浓度成正比，遵守比尔定律：

$$A = k'c$$

式中，c 为待测元素的含量或浓度；k' 在一定实验条件下为一常数；A 为吸光度。

这是原子吸收分光光度法的定量基础。

配制一系列待测元素的标准溶液，由低到高浓度，依次喷入火焰，分别测定吸光度。以待测元素的含量或浓度为横坐标、吸光度为纵坐标、绘制 A-c 标准曲线。在相同条件下，测定待测试样溶液，根据测得的吸光度，由标准曲线求出试样中待测元素的含量，这种定量方法称为标准曲线法。标准曲线法定量时，要求所配制的标准溶液的浓度应在吸光度与浓度呈线性关系的范围内，标准溶液与待测溶液都用相同的试剂处理，分析过程中操作条件保持不变，并且扣除空白值。标准曲线法简便、快速，适用于组成简单的试样分析。

在稀硝酸介质中，于原子吸收分光光度计波长 283.3nm 和 228.8nm 处，使用空气-乙炔火焰，采用标准曲线法测定铅、镉。

三、实验仪器与试剂

1. 仪器

原子吸收分光光度计：附有空气-乙炔燃烧器和铅、镉空心阴极灯。

2. 试剂

硝酸溶液（1∶1）。

铅标准溶液（$\rho_{Pb}=0.1\text{mg/mL}$）：称取 0.160g 硝酸铅 [$Pb(NO_3)_2$]，加 10mL 硝酸溶

液（1∶9）溶解，移入 1L 容量瓶中，稀释至刻度，混匀。

镉标准贮备溶液（$\rho=1\text{mg/mL}$）：称取 2.03g 氯化镉 $[(CdCl_2\cdot 5/2H_2O)]$，溶于水，移入 1L 容量瓶中，稀释至刻度，混匀。

镉标准溶液（$\rho=10\text{mg/L}$）：使用时，取一定量镉标准贮备溶液（1mg/mL），用水准确稀释 100 倍。

四、实验步骤

1. 铅的测定

（1）工作曲线的绘制

移取铅标准溶液分别置于 6 个 100mL 量瓶中，加入 5mL 硝酸溶液，用水稀释至刻度，摇匀。铅工作曲线中吸取的标准溶液体积为 0mL、0.5mL、1.0mL、2.0mL、5.0mL、10.0mL，标准溶液的配制，可根据样品中铅含量的多少和仪器灵敏度的高低适当调整。根据待测元素性质，对测量所用光谱带宽、灯电流、燃烧器高度、空气-乙炔气流量比进行最佳工作条件选择。然后，于波长 283.3nm 处，用水调零，测定各标准溶液的吸光度。以各标准溶液中铅的质量为横坐标，相应的吸光度为纵坐标，绘制工作曲线。

（2）试样溶液的制备

称取 5~25g 硫酸锌试样（精确至 0.001g），溶于 30mL 水中，加 5mL 硝酸溶液，溶解后移入 100mL 容量瓶中，用水稀释至刻度，摇匀，干过滤，弃去最初几毫升，滤液供测定用。

（3）吸光度的测定

将试液在与标准溶液测定相同条件下测定吸光度，在工作曲线上查出相应的铅质量。如有必要，用水稀释一定倍数后再测定。随同试样测定进行空白试验。

2. 镉的测定

（1）工作曲线的绘制

分别移取 0mL、1.0mL、2.0mL、5.0mL、10.0mL、15.0mL、20.0mL 镉标准溶液（10mg/L）置于 7 个 100mL 量瓶中，加入 5mL 硝酸溶液，稀释至刻度，摇匀。于波长 228.8nm 处，用水调零，测定各标准溶液的吸光度。以各标准溶液镉的质量为横坐标、相应的吸光度为纵坐标，绘制工作曲线。

（2）试样溶液的制备

称取 1~5g 硫酸锌试样（精确至 0.001g），溶于 30mL 水中，加 5mL 硝酸溶液，溶解后移入 100mL 量瓶中，用水稀释至刻度，摇匀，干过滤，弃去最初几毫升，滤液供测定用。

（3）吸光度的测定

将试液在与标准溶液测定相同条件下测定吸光度，在工作曲线上查出相应的镉质量。如有必要，用水稀释一定倍数后再测定。随同试样测定进行空白试验。

五、数据处理

（1）记录实验条件：仪器型号、乙炔流量、空气流量、灯电流、吸收线波长、狭缝宽度。

（2）分别绘制铅、镉标准曲线，并用标准曲线法计算样品溶液中铅、镉的含量（μg/mL），再根据样品溶液取样量及测定溶液体积计算硫酸锌中铅、镉含量（mg/L）。

六、注意事项

① 乙炔为易燃气体，容易爆炸，使用时必须遵守操作规程。

② 雾化器和燃烧器是仪器的主要部件，应正确使用、及时保养。测定溶液应经过过滤或彻底澄清，防止堵塞雾化器。浓度过大的溶液不能直接吸收。

七、思考题
1. 在实验过程中采用标准曲线法应注意什么？
2. 采用标准加入法时应注意什么？

实验二十三　火焰原子吸收光谱法测定废水中的重金属离子

一、实验目的
1. 掌握原子吸收分光光度法的基本原理。
2. 熟悉原子吸收分光光度计的结构及操作方法。
3. 掌握标准加入法测定废水中铬、镉及铅含量的方法。

二、实验原理
水是生物赖以生存的必要条件之一，水质好坏直接影响到生物的生存和发展。自来水的水质与人类健康有密切联系，生活饮用水的卫生尤为重要。现代化经济迅猛发展，引起一系列的环境污染问题，其中废水污染尤其不可忽视。

环境污染研究中所说的重金属主要是指汞、镉、铅、铬以及类金属砷等生物毒性显著的元素，也指具有一定毒性的重金属，如锌、铜、镍、钴、锡等。其中最引起人们重视的是汞、镉、铅、铬等。重金属离子对生物体的危害是不容忽视的，人体摄入过多或过少都会导致生理机能的紊乱，所以研究水中这些痕量金属离子的分析是很有意义的。火焰原子吸收法是测定水中重金属离子的一种有效方法，此法速度快，准确度高，能满足微量元素测定的要求。

三、实验试剂
1g/L 的铬、镉及铅标准储备液；硝酸（分析纯）。去离子水。

四、实验仪器
原子吸收光谱仪、铬、镉及铅的空心阴极灯。

五、实验步骤
1. 仪器工作条件选择

Pb、Cd、Cr 的波长分别为：283.3nm、228.8nm、357.9nm。

灯电流分别为：2.0mA、2.0mA、3.0mA。

光谱通带分别为：0.7nm、0.7nm、0.7nm。

燃烧头高度分别为：7.0nm、7.0nm、9.0mm。

乙炔流量分别为：2.0L/min、1.8L/min、2.8L/min。

空气流量均为 15L/min。

乙炔压力为 0.09MPa。

2. 将铅、镉和铬标准储备液分别稀释制成标准溶液系列。

铅：8.00mg/L、16.00mg/L、24.00mg/L、32.00mg/L、40.00mg/L；镉：3.5mg/L、4.00mg/L、4.50mg/L、5.00mg/L、5.50mg/L；铬：2.00mg/L、3.50mg/L、5.00mg/L、6.50mg/L、8.00mg/L。

3. 测定上述标准溶液的吸光度，并绘制标准曲线。

4. 测定样品的吸光度。

对不同离子分别进行水样预处理，并蒸发浓缩若干倍：铅浓缩10倍，镉和铬各浓缩100倍，在相同条件下，测量废水中被测元素的吸光度。

六、实验数据记录与处理

（1）记录实验条件。

（2）分别绘制铬、镉及铅标准曲线，并用标准曲线法计算废水中铬、镉及铅的含量(mg/L)。

七、注意事项

① 在实验过程中，应注意仪器的开、关顺序，以免损坏仪器，发生安全事故。

② 仪器工作条件的选择将影响测定结果，为了得到最佳分析结果，仪器的工作参数可以通过相应的实验来确定。

八、思考题

1. 原子吸收光谱法的准确度一般优于原子发射光谱法的主要原因何在？
2. 在原子吸收光谱仪中对光源如何进行调制？为什么要进行光源调制？

实验二十四 维生素 B_{12} 片剂含量的测定——紫外可见分光光度法

一、实验目的

1. 学习紫外-可见分光光度计的使用方法。
2. 掌握维生素 B_{12} 片剂含量的测定和计算方法。

二、实验原理

维生素 B_{12} 是含 Co 的有机化合物，其片剂为深红色结晶，又称为红色维生素 B_{12} 或氰钴胺。要测定 B_{12} 注射液的含量，可以用紫外-可见分光光度法测定，用此法进行含量测定，必须知道 B_{12} 的 λ_{max}，λ_{max} 可以通过绘制吸收曲线来得到。B_{12} 在 278nm、361nm、550nm 处有最大吸收，在 λ_{max} 处测得 A，根据吸光系数法可以求出 B_{12} 的含量。

三、仪器与试剂

752 型紫外-可见分光光度计，10mL 容量瓶，5mL 吸量管，维生素 B_{12} 对照品（中国药品生物制品检定所），维生素 B_{12} 片剂（市售品）。

四、实验步骤

1. 学习 752 型分光光度计的使用方法
2. 测定波长的选择

维生素 B_{12} 吸收光谱上有 278nm、361nm、550nm 三个吸收峰，在 361nm 处的吸收峰干扰因素少，吸收又最强，中国药典规定 361nm 处吸收峰的比吸光系数 $E_{1cm}^{1\%}$ 值（207）为定量分析的依据。在实验过程中，以 361nm 为测定波长，采用标准曲线法计算含量。

3. 标准曲线的绘制

精密称量维生素 B_{12} 对照品 0.0025g，置于 25mL 容量瓶中，加水至刻度，摇匀，放置冰箱中冷藏备用。精确量取标准储备液，用水分别按 2、4、6、8、10、15、20 倍稀释，摇匀。在 361nm 波长处测定吸光度。以吸光度 A 为纵坐标、质量浓度 c 为横坐标，绘制标准曲线。

4. 维生素 B_{12} 片剂含量的测定

取维生素 B_{12} 50 片，除去糖衣，研细，精密称定研磨样品，约相当于维生素 B_{12} 1.25mg（每片的标示量为 25.0μg），置 50mL 容量瓶中，加水，充分振摇使其溶解，稀释至刻度，静置，取上清液，用 0.8μm 的微孔滤膜滤过，滤液放置冰箱中冷藏备用。以水为空白，取滤液，摇匀，设定吸收波长为 361nm 测定吸光度，计算含量。

五、注意事项

① 在每次测定前，首先应做吸收池配套性试验。
② 仪器在不测定时，应随时打开暗箱盖，以保护光电管。
③ 比色皿内所盛溶液以超过皿高的 2/3 为宜。

六、思考题

1. 如何选择测定波长？
2. 单色光不纯对于测得的吸收曲线有什么影响？

实验二十五　紫外分光光度法测定塑料制品中双酚 A

一、实验目的

1. 掌握紫外-可见分光光度计的使用方法。
2. 掌握塑料制品中双酚 A 的测定和计算方法。
3. 熟悉测绘吸收曲线的一般方法。

二、实验原理

双酚 A 是一种内分泌干扰化学物质，这类物质在环境中难于降解，易于在生物体内蓄积，即使含量极低也能使生物内分泌失调，导致生殖器官异常、男性不育、乳腺癌发病率上升、雄性雌性化等病症出现。双酚 A 是生产 PC 树脂及环氧（EP）树脂的重要化工原料，PC 用于制造耐热的茶具、饮用水桶等，EP 用于罐装饮料与肉类罐头的内层涂料等食品包装材料。由于食品行业广泛使用 PC 和 PE 树脂作为各种食品的包装材料，因此双酚 A 对食品的污染是不容忽视的。测定塑料制品中双酚 A 的含量，可采用紫外-可见分光光度法，用此法进行含量测定，必须知道双酚 A 的 λ_{max}，λ_{max} 可以通过绘制吸收曲线来得到。吸收曲线是将不同波长的单色光依次通过被分析的物质，分别测得不同波长下的吸光度，以波长为横坐标、以吸光度为纵坐标所描绘的曲线。吸光度最大时对应的波长为 λ_{max}，在 λ_{max} 处测吸光度。

三、实验试剂

饮用水瓶塑料包装瓶样品，双酚A（化学纯），盐酸（分析纯），氢氧化钠（分析纯），无水乙醇（分析纯），实验用水为二次去离子水。

四、实验仪器

752型紫外分光光度计（上海精密科学仪器有限公司）。

五、实验步骤

1. 溶液配制

（1）1∶1盐酸溶液：取25.0mL盐酸，用蒸馏水稀释至50.0mL。

（2）1.0mol/L NaOH：称取4.0g NaOH配成100mL溶液，用时稀释至所需浓度。

（3）双酚A标准储备溶液：称取重结晶后的双酚A 0.0250g于250mL棕色容量瓶，用无水乙醇溶解并定容至刻度，配成摩尔浓度为$4.4×10^{-4}$mol/L溶液，使用时稀释至所需浓度。

2. 最大吸收波长的选择

用752型紫外分光光度计扫描双酚A溶液，在波长200~450nm范围内绘制的双酚A紫外可见吸收光谱图，确定其最大吸收波长。

3. pH对吸光度值的影响

按照实验方法，使用0.1mol/L氢氧化钠溶液和1∶1盐酸溶液分别调节双酚A标准溶液的pH为4、5、6、7、8、9、10、11、12，在不同pH的介质中，根据双酚A的吸光度值测定结果，确定双酚A的吸收强度最大的pH。

4. 放置时间的影响

在双酚A摩尔浓度为$4.4×10^{-4}$mol/L，溶液最佳pH值的条件下，每隔10min测定1次紫外吸收强度，选择最佳放置时间进行测定。

5. 样品处理及测定

取饮用水瓶、塑料包装瓶，用蒸馏水洗涤冲洗3次，晾干后切碎。样品1：称量3g碎片，放入锥形瓶中，加入100mL蒸馏水，放入水浴锅中，保持水温70℃浸泡90min，取出冷却至室温，补水至一定体积，继续浸泡48h后测定。样品2处理方法同样品1，准确吸取20mL样品浸取液于25mL容量瓶中，用0.1mol/L氢氧化钠溶液调节至最佳pH，用蒸馏水定容至刻度，摇匀后放置一定时间后。以蒸馏水为空白参比，于最大波长处测定样液的吸光度值。

六、实验数据记录与处理

（1）在波长200~450nm范围内绘制的双酚A紫外-可见吸收光谱图。

（2）绘制双酚A的pH吸光度图。

（3）最佳pH值条件下，绘制放置时间t-A（吸光度）图。

七、注意事项

① 比色皿一般用水洗，如被有机物污染，宜用HCl-乙醇（1+2）浸泡片刻，再用水冲洗，不能用碱液或强氧化性洗液清洗。切忌用毛刷刷洗，以免损伤比色皿。

② $\lambda<350$nm时使用氢灯，$\lambda>350$nm时使用钨灯。

八、思考题

1. 吸收曲线有何意义？

2. 在本实验中，如何选择测定介质的 pH？

实验二十六　苯甲酸的红外吸收光谱测定

一、实验目的
1. 学习利用红外吸收光谱法进行化合物定性分析的方法。
2. 掌握用 KBr 压片法制作固体试样的方法。
3. 学习傅立叶变换红外光谱仪的工作原理及其使用方法。

二、实验原理
红外吸收光谱是依据物质对红外辐射的特征吸收建立的一种光谱分析方法。分子吸收红外辐射后发生振动能级和转动能级的跃迁，故又称为分子振动-转动光谱。红外吸收光谱法是通过研究物质结构与红外吸收光谱间的关系，来对物质进行分析的。根据红外光谱图的特征吸收带的频率、强度和形状，鉴别分子中所含有的特征官能团和化学键的类型，并推断分子的结构。红外光谱法是有机化合物结构分析的重要手段，与紫外吸收光谱法、核磁共振波谱法及质谱法被称为四大谱学方法。有机化合物红外吸收光谱与分子结构之间的关系如下所示：

1. 基团频率区 $4000\sim1300\mathrm{cm}^{-1}$
(1) $4000\sim2500\mathrm{cm}^{-1}$ 是 X—H 伸缩振动区
(2) $2500\sim1900\mathrm{cm}^{-1}$ 为三键和累积双键区
(3) $1900\sim1200\mathrm{cm}^{-1}$ 是双键伸缩振动区

2. 指纹区 $1300\sim600\mathrm{cm}^{-1}$
(1) $1300\sim900\mathrm{cm}^{-1}$ 区域是 C—O、C—N 等单键的伸缩振动和 C=S、S=O 等双键的伸缩振动。
(2) $900\sim650\mathrm{cm}^{-1}$ 区域可用来确认化合物的顺反异构。

三、实验试剂
苯甲酸（分析纯）；KBr 粉末（光谱纯）；无水乙醇（分析纯）。

四、实验仪器
NEXUS 型傅立叶变换红外光谱仪，压片机，玛瑙研钵，红外灯，模具和样品架，不锈钢镊子。

五、实验步骤
1. 试样的制备
(1) 样品干燥

将苯甲酸于 80℃下干燥 24h，存于干燥器中；溴化钾于 130℃下干燥 24h，存于干燥器中。

(2) 清洗干燥实验器材

用无水乙醇清洗玛瑙研钵，用擦镜纸擦干后，再用红外灯烘干。

(3) 苯甲酸试样的制作

取保存在干燥器内的溴化钾 10mg 左右和 0.1mg 苯甲酸，置于洁净的玛瑙研钵中，研磨成细小的颗粒至完全混合均匀，并将其在红外灯下烘 10min 左右，然后转移到压片模具上压片，在 8MPa 压力下制成透明薄片。

2. 样品测试

（1）扫描空气本底

红外光谱仪中不放任何物品，进行波数扫描。

（2）扫描固体样品

苯甲酸晶片装于样品架上，插入红外光谱仪的试样安放处，进行波数扫描，得到吸收光谱。

六、实验数据记录与处理

（1）对苯甲酸的特征吸收带进行归属。

（2）与傅里叶红外光谱仪自带的谱图库检索结果进行比对。

七、注意事项

① 制得的晶片，如同玻璃般完全透明，须无裂痕，晶片局部无发白现象。

② 实验完成后，用无水乙醇清洗玛瑙研钵、不锈钢镊子及药匙。

八、思考题

1. 为什么制得的晶片局部不能有发白现象？
2. 什么样的固体样品可以利用溴化钾压片的方法来制样？

实验二十七 红外光谱吸收法测定液体有机化合物的结构

一、实验目的

1. 进一步学习傅立叶变换红外光谱仪的工作原理及其使用方法。
2. 掌握用液膜法测定液体有机化合物的红外光谱图。

二、实验原理

利用红外光谱吸收法测定液体试样可采用的方法有液膜法、溶液法。液膜法是将试样直接滴放在可拆式液池的一块盐片上，放上适当厚度的间隔片，再盖上另一块盐片，借助液池架上的固紧螺丝拧紧两盐片。若试样吸收很强，在两盐片间可以不放间隔片。这种槽子不适于进行定量分析和测试低沸点试样。溶液法是将液体（或固体）试样溶在合适的红外溶剂中，然后注入固定池中进行测定。在使用溶液法时，要求溶剂不损伤盐片；也不与试样起反应；各溶剂在较大范围内无吸收。在测定过程中，常用的非极性溶剂有四氯化碳和二硫化碳，极性较强的有氯仿。四氯化碳在 $1300cm^{-1}$ 以上吸收较小而二硫化碳在 $1300cm^{-1}$ 以下几乎没有吸收，因此要使用这两种溶剂，以得到完整的红外光谱图。

三、实验试剂

乙酰乙酸乙酯；乙醇。

四、实验仪器

NEXUS 型傅立叶变换红外光谱仪；液体池。

五、实验步骤

1. 扫描空气本底

红外光谱仪中不放任何物品,进行波数扫描。

2. 样品扫描

取出装有 KBr 盐片的液体试样池,将 1 滴乙醇试样滴在 KBr 盐片上形成液膜,将其插入傅立叶变换红外光谱仪光路中,按仪器操作方法从 4000cm^{-1} 扫描至 400cm^{-1},标峰后打印出谱图。重复以上步骤,得到乙酰乙酸乙酯的红外吸收光谱。

3. 清理仪器。

六、实验数据记录与处理

(1) 根据红外特征基团频率,指出已知试样谱图上的基团频率。

(2) 与标准红外谱图对比,确定其结构。

(3) 解释乙酰乙酸乙酯红外吸收光谱图上 1700cm^{-1} 处出现双峰的原因。

七、注意事项

① 溴化钾盐片易吸水,取盐片时需戴上指套。使用完毕,应用四氯化碳清洗盐片,并立即将盐片放回干燥器内保存。

② 盐片装入可拆液池架后,金属盖不能拧得过紧,否则会将盐片压碎。

八、思考题

1. 在使用溶液法时,选择红外溶剂需要注意什么?
2. 测定红外光谱时,试样容器的材质常采用氯化钠和溴化钾,它们适用的波长范围各为多少?

实验二十八 氟离子选择性电极测定牙膏中氟的含量

一、实验目的

1. 掌握用标准曲线法测定牙膏中氟含量实验方法。
2. 学会正确使用氟离子选择性电极和酸度计。

二、实验原理

氟为人体必需元素,微量氟有促进儿童生长发育和防龋齿的作用,如果人体缺氟,会出现龋齿(也叫蛀牙)与骨质疏松的症状。但是氟含量过高对人体不利,氟中毒后牙齿会变黄、变黑、腿呈 X 型或 O 型、躬腰驼背。我国强制性国家标准《牙膏》GB 8372—2008 中规定,成人牙膏总氟量在 $0.05\%\sim0.15\%$。测定牙膏中氟的含量具有重要的实际意义。测定氟离子含量的方法中应用最广泛的当属氟离子选择性电极法。

氟离子选择性电极的敏感膜为 LaF_3 单晶膜(掺有微量 EuF_2,利于导电),电极管内放入 NaF+NaCl 混合溶液作为内参比溶液,以 Ag-AgCl 做内参比电极。当将氟电极浸入含 F^- 溶液时,在其敏感膜内外两侧产生膜电位 $\Delta\varphi_M$:

$$\Delta\varphi_M = K - 0.059 \lg a_{F^-} \quad (25℃)$$

以氟电极作指示电极,饱和甘汞电极为参比电极,浸入试液组成工作电极:

$$Hg, Hg_2Cl_2 | (饱和) \| F^- 试液 | LaF_3 | NaF, NaCl (均\ 0.1mol/L) | AgCl, Ag$$

工作电池的电动势

$$E = K' - 0.059 \lg \alpha_{F^-} \quad (25℃)$$

在测量时加入以 HAc-NaAc，柠檬酸钠和大量 NaCl 配制成的总离子强度调节缓冲液 (TISAB)，由于加入了高离子强度的溶液（本试验所用 TISAB 离子强度 $I > 1.2$），可以在测量过程中维持离子强度恒定，因此工作电池电动势与 F^- 浓度的对数呈线性关系：

$$E = K - 0.059 \lg c_{F^-}$$

三、实验试剂

氟离子标准溶液，0.100mol/L；TISAB 缓冲液；牙膏。

四、实验仪器

pHS-2 型酸度计或其他类型的酸度计；氟离子选择性电极；饱和甘汞电极；电磁搅拌器；容量瓶；吸量管；烧杯。

五、实验步骤

1. 溶液的配置

(1) F^- 标准溶液（0.1000mol/L）制备

准确称取 4.20g NaF，用去离子水溶解，移入 1000mL 容量瓶中，加入去离子水定容，再移入广口瓶，待用。

(2) TISAB（总离子强度调节缓冲液）制备

在 500mL 水中，加入 57mL 冰醋酸，58g 的氯化钠和 12g 的二水柠檬酸钠，用水稀释至 1L，以 NaOH 调 pH 值为 5.0~5.5（NaOH 溶液配制：称取 6.0g 固体 NaOH 溶解后，250mL 容量瓶定容）。

(3) 氟的标准溶液系列的配置

取 50mL 的容量瓶，加入 5mL 0.1000mol/L 氟标准溶液，加入 5mL TISAB，用水稀释至刻度得 pF=2 的溶液。取 50mL 容量瓶，加入 5mL pF=2 的溶液，加入 4.5mL TISAB 得 pF=3 的溶液，照此法，配置 1.000×10^{-5} ~ 1.000×10^{-2} 的氟标准溶液，浓度差为 10 倍。

2. 标准曲线法测牙膏中氟含量

电子天平准确称取 1.1404g 牙膏样品于两小烧杯中，用 25mL TISAB 稀释转移到 50mL 容量瓶，定容，超声波震荡几分钟。取待测液用酸度计测量两溶液的电位值。根据标准氟工作曲线以及样品的电位值求出牙膏中所含有的氟的浓度，并与国家标准进行比对。

六、实验数据记录与处理

(1) 以 F^- 浓度的对数为横坐标、电位（mV）为纵坐标，绘制 E-pF 标准曲线。

(2) 在标准曲线上找出与 E_x 值相应的 pF 值，求得原始试液中 F^- 的含量。

七、注意事项

① 测定时，应按溶液从稀到浓的次序进行。在浓溶液中测定后应立即用去离子水将电极清洗到空白电位值，再测定稀溶液，否则将严重影响电极寿命和测量准确度（有迟滞效应）。电极也不宜在浓溶液中长时间浸泡，以免影响检出下限。

② 电极使用后，应清洗至其电位为空白电位值，擦干，按要求保存。

③ 氟电极的准备：氟电极在使用前，宜在纯水中浸泡数小时或过夜，或在 10^{-3} mol/L NaF 溶液中浸泡 1~2h，再用去离子水洗到空白电位为 370mV 左右。

八、思考题

1. 测定 F^- 时，为什么要控制酸度，pH 值过高或过低有何影响？
2. 测定 F^- 时，加入的 TISAB 由哪些成分组成？各起什么作用？

实验二十九　电位滴定法测定食用醋中醋酸的含量

一、实验目的

1. 掌握电位滴定的基本操作和滴定终点的计算方法。
2. 掌握测定醋酸浓度的方法。
3. 学会电位滴定曲线的绘制，熟练使用 pH 计。

二、实验原理

食用醋的主要酸性物质是醋酸（HAc），此外还含有少量其他的弱酸。醋酸的解离常数 $K_a = 1.8 \times 10^{-5}$，用 NaOH 溶液滴定醋酸，化学计量点的 pH 为 8.7，可选用酚酞作指示剂，滴定终点时溶液由无色变为微红色。在本实验滴定过程中，由于食用醋的棕色无法使用合适的指示剂来观察滴定终点，所以它的滴定终点用酸度计来测量。

NaOH 易吸收水分及空气中的 CO_2，不能用直接法配制标准溶液。需要先配成近似浓度的溶液（通常为 0.1mol/L），然后用基准物质标定。邻苯二甲酸氢钾易制得纯品，在空气中不吸水，容易保存，摩尔质量大，是一种较好的基准物质。$KHC_8H_4O_4 + NaOH \Longrightarrow KNaC_8H_4O_4 + H_2O$

电位分析法是通过测定在零电流条件下的电极电位和浓度间的关系进行分析测定的一种电化学分析法。它包括直接电位法和电位滴定法。

电位滴定法是向试液中滴加能与被测物质发生化学反应的已知浓度的试剂，观察滴定过程中指示电极电位的突跃，以确定滴定的终点。根据所需滴定试剂的量，可计算出被测物的含量。

电位滴定终点确定方法如下。

（1）绘 pH-V 曲线法

以滴定剂用量 V 为横坐标，以 pH 值为纵坐标，绘制 pH-V 曲线。作两条与滴定曲线相切的 45°倾斜的直线，等份线与直线的交点即为滴定终点。

（2）绘 $\Delta pH/\Delta V$-V 曲线法

由 pH 改变量与滴定剂体积增量之比计算之。$\Delta pH/\Delta V$-V 曲线上存在着极值点，该点对应着 pH-V 曲线中的拐点。

（3）二级微商法-绘制 $\Delta^2 pH/\Delta V^2$-V 曲线法

$(\Delta pH/\Delta V)$-V 曲线上一个最高点，这个最高点下即是 $\Delta^2 pH/\Delta V^2$ 等于零的时候，这就是滴定终点法。该法也可不绘图而直接由内插法确定滴定终点。

内插法确定滴定终点的方法：

——计算 $(\Delta^2 pH/\Delta V^2)$ 的值

若 $(\Delta^2 pH/\Delta V^2)$ 的值由正值变为负值，设前者为 $(\Delta^2 pH/\Delta V^2)_1$，消耗的 V_{NaOH} 为 V_1，后者为 $(\Delta^2 pH/\Delta V^2)_2$，消耗的 V_{NaOH} 为 V_2，则滴定终点 $V(\Delta^2 pH/\Delta V^2=0)$ 的体积 V_e 值必在 V_1 和 V_2 之间，由内插法可得：

$$\frac{V_e-V_1}{V_2-V_1}=\frac{0-(\Delta^2 pH/\Delta V^2)_1}{(\Delta^2 pH/\Delta V^2)_2-(\Delta^2 pH/\Delta V^2)_1} \quad V_e=V_1+\frac{(V_2-V_1)(\Delta^2 pH/\Delta V^2)_1}{(\Delta^2 pH/\Delta V^2)_1-(\Delta^2 pH/\Delta V^2)_2}$$

三、实验仪器及药品

1. 仪器

pHS-3c 型酸度计，电磁搅拌器，pH 复合电极，25mL 碱式滴定管；100mL、250mL 容量瓶；10mL、25mL 移液管；500mL 试剂瓶；100mL 小烧杯；250mL 锥形瓶；10mL、100mL 量筒；洗瓶；玻璃棒；吸耳球；托盘天平；电子分析天平。

2. 试剂

pH=4.00(25℃) 和 pH=6.86(25℃) 的标准缓冲溶液；氢氧化钠（分析纯）；邻苯二甲酸氢钾（分析纯）；食醋。

四、实验步骤

1. 开机

打开酸度计电源开关，预热 30min，接好复合电极。

2. 仪器标定

用 pH=4.00 和 pH=6.86 的标准缓冲溶液进行定位。

3. 粗配氢氧化钠溶液

用天平称量 2.00g 氢氧化钠于 100mL 烧杯中，加蒸馏水溶解，搅拌，等冷至室温后转移到带胶塞的试剂瓶中，共加 500mL 蒸馏水稀释。

4. 氢氧化钠的标定

准确称取邻苯二甲酸氢钾 0.4~0.45g，溶解在锥形瓶中，用氢氧化钠溶液滴定。记录滴定过程中 NaOH 体积和对应的 pH 值，以这些数据绘制滴定曲线。

5. 食醋样品的测定。

(1) 粗测

准确移取 10.00mL 稀释后的食醋于小烧杯中，加入 0.1mol/L KCl 5mL，加水 35mL，加入搅拌磁子，浸入 pH 复合电极。开启电磁搅拌器（注意磁子不能碰到电极），用 NaOH 溶液进行滴定，每间隔 1.00mL 读数一次。记录相应的 pH 值，初步确定 pH 的突跃范围。

(2) 细测

同上，滴定开始时每加 1.00mL NaOH 读数一次，在突跃范围内，每加 0.10mL NaOH 读数一次，pH 突跃后，再恢复到每加 1.00mL NaOH 读数一次，记录每个点对应的体积和 pH。

五、实验数据记录及处理

根据实验的数据，绘制 pH-V、$\Delta pH/\Delta V$-V 曲线图，并用内插法确定滴定终点。

六、注意事项

① pH 电极在使用前必须在 KCl 溶液中浸泡活化 24h，电极膜很薄易碎，使用时应小心，以免损坏，使用后应洗净。

② pH 测量前标定校准 pH 计，标定好后，不能再调节定位和斜率旋钮，否则必须重新标定。

七、实验思考题

1. 当食醋中醋酸完全被氢氧化钠中和时，反应终点的 pH 值是否等于 7？为什么？
2. 在实验过程中，为什么要加入 1mol/L KCl 5.0mL？

实验三十　循环伏安法测定染发剂中的对苯二胺

一、实验目的

1. 学习固体电极表面的处理方法。
2. 掌握循环伏安法测定电极反应参数的基本原理及方法。
3. 学习使用电化学工作站的循环伏安法操作技术。

二、实验原理

循环伏安法是将循环变化的电压施加于工作电极和参比电极之间，记录工作电极上得到的电流与施加电压的关系曲线。这种方法也称为三角波线性电位扫描方法。循环伏安法是最重要的电分析化学研究方法之一。在电化学、无机化学、有机化学、生物化学的研究领域广泛应用。由于其仪器简单、操作方便、图谱解析直观，常常是首选的实验方法。

对苯二胺是有机合成染发剂中常用的氧化染料，在染发过程中，对苯二胺经氧化剂氧化成为染料中间体，该中间体又在偶合剂的作用下产生颜色而染发。对苯二胺有毒，它可经皮肤吸收，长期接触会引起变应性疾病，主要是呼吸系统、胃肠道和肝脏受损，还可发生贫血。在染发剂标准中规定，对苯二胺的最大允许含量为 6%，因此，它属于化妆品组分中的限用物质。

三、实验试剂

对苯二胺标准溶液，某品牌染发剂，硝酸钾，氯化钾，磷酸二氢钾，磷酸氢二钾，醋酸，醋酸钠，石墨粉，液体石蜡。

四、实验仪器

CHI615C 电化学工作站（上海辰华仪器有限公司），三电极系统：自制碳糊电极为工作电极，饱和甘汞电极（SCE）作参比电极，铂电极为对比电极。

五、实验步骤

1. 碳糊电极的准备

将石墨粉与液体石蜡以 1:1.2 的质量比在研钵内调成糊状，同时将需要涂抹的石墨电极棒先用超声波清洗器清洗 5~10min，然后将调匀的碳糊均匀地涂抹在石墨电极棒上，均匀抹平。

2. 扫描电位范围的影响

取 10mL 0.1mol/L HAc-NaAc（pH=5.0）的缓冲溶液于 25mL 的电解池中，在 0~0.8V 的电位范围用 CV 法对对苯二胺进行扫描，记录伏安曲线。

3. 峰电流与浓度关系

在对苯二胺 $2.0 \times 10^{-6} \sim 5.0 \times 10^{-4}$ mol/L 范围内扫描，记录伏安曲线，做浓度与峰电流关系图。

4. 染发剂样品中对苯二胺含量的测定

对市售染发剂进行测定，称取 1g 染发剂样品，用蒸馏水超声溶解，定容至 50mL。准确移取 0.10mL 和 0.20mL 上层清液于 10mL 的 HAc-NaAc 缓冲溶液中，用标准加入法测定对苯二胺含量的平均值。

六、实验数据记录与处理

(1) 从循环伏安图，测量 i_{pa}、i_{pc}、φ_{pa} 和 φ_{pc} 值。
(2) 计算对苯二胺含量。

七、注意事项

① 实验前电极表面进行处理。
② 扫描过程保持溶液静止。

八、思考题

1. 扫描速度对峰电流有何影响？
2. 本实验中工作电极是如何制备的？

实验三十一　葡萄酒中乙醇含量的气相色谱法测定

一、实验目的

1. 掌握气相色谱分离的基本原理。
2. 了解气相色谱法最常用的定性定量方法及其应用。

二、实验原理

气相色谱根据组分与固定相和流动相的亲和力不同而实现分离。组分在固定相与流动相之间不断进行溶解、挥发（气液色谱），或吸附、解吸过程而相互分离，然后进入检测器进行检测。气相色谱仪的基本设备包括气路系统、进样系统、分离系统、温控系统以及检测和记录系统。气相色谱仪具有一个让载气连续运行管路密闭的气路系统。进样系统包括进样装置和气化室，其作用是将液体或固体试样，在进入色谱柱前瞬间气化，然后快速定量地转入到色谱柱中。

葡萄酒中的乙醇是葡萄浆果中的糖进行发酵的主要产物。酒精度是葡萄酒的重要指标，酒精度（酒精含量）是指 20℃时 100mL 葡萄酒中所含乙醇的毫升数。如果经过测定，葡萄酒的酒度很低，则表明此酒为劣质酒或非全汁酒。

国家标准提供了 3 种常用的酒精度检测法，气相色谱法、密度瓶法、酒精计法。酒精计法由于需将样品溶液蒸馏后再测定，较为繁琐；密度瓶法相对于气相色谱法来说设备简单、操作方便，投资少，一般企业均采用密度瓶法即国标第二种方法检测酒精度，但会有一定的误差。色谱仪虽然价格昂贵，但因其灵敏度高，能准确、快速地测定酒精度，而被国标采纳，并将气相色谱法作为测定酒精度的第一仲裁法。本实验用甲醇做内标物，采用毛细管柱，其柱效高，分析速度快，重现性好。

三、实验试剂
无水乙醇，无水甲醇，红葡萄酒。

四、实验仪器
GC9790 型气相色谱仪，氢火焰检测器（FID）。

五、实验步骤
1. 标准溶液的制备

精密量取无水乙醇 0.6mL 于样品瓶中（称重），精密量取 1.0mL 无水甲醇于同一样品瓶中（称重），混匀备用。

2. 试样溶液的制备 0.6mL

定量移取适量葡萄酒于烧杯中，用 0.45mL 微孔滤膜过滤 3~4 次，精确量取 0.6mL 于样品瓶中（称重）并精密量取 1.0mL 无水甲醇于同一样品瓶中（称重），混匀备用。

3. 开机

打开气相色谱仪。

色谱条件：SE30 型毛细管柱

载气：氮气流量：5.0mL/min 纯度：>99.9%

空气流量：300mL/min 纯度：>99.9%

氢气流量：30mL/min 纯度：>99.9%

柱温：80℃ 注样器：210℃ 检测器：120℃

尾吹气：氮气流量：30mL/min

分流进样（分流比 25∶1）进样量：0.2μL。

4. FID 点火

当检测器温度升到 100℃左右方可点火。

5. 标准溶液的分析

打开色谱工作站，将进样针用标准溶液洗 10~20 次，吸取标样 0.2μL 注入色谱仪中，进行 3 次平行实验。

6. 试样的分析

将进样针用试样溶液洗 10~20 次，吸取标样 0.2μL 注入色谱仪中，进行 3 次平行实验。

六、实验数据记录与处理
（1）相对校正因子计算。
（2）样品中乙醇含量的计算。

七、注意事项
① 进样器在使用前应用甲醇、乙醚、或丙酮清洗 5~10 次。
② 氢气的使用应严格按照要求操作，实验室应保持良好的通风状况。
③ 开气时，先开总阀，再开减压阀。关气时，先关总阀，再关减压阀。
④ 关机前先降柱温，柱温在 50℃时，关氢气、空气，最后关氮气。

八、思考题
1. 如何选择内标物？
2. 内标物的加入量如何确定？

实验三十二 液相色谱法检测土壤中的尿素含量

一、实验目的

1. 了解高效液相色谱仪基本结构和工作原理，初步掌握其操作技能。
2. 学习高效液相色谱外标法定量分析方法。

二、实验原理

高效液相色谱成为最为常用的分离和检测手段，在有机化学、生物化学、医学、药物开发与检测、化工、食品科学、环境监测、商检和法检等方面都有广泛的应用。尿素是全球农业中使用量最大、使用范围最广的一种化学肥料。另外大量尿素施入土壤，必然对土壤的理化性质、生产性能、环境指标等产生影响，从而影响农作物的生长，因而人们越来越重视尿素对土壤的影响。

三、实验试剂

甲醇（色谱纯），尿素（分析纯），超纯水等。

四、实验仪器

高效液相色谱仪，可变波长紫外/可见分光检测器，UV3000 型高压输液泵。

五、实验步骤

1. 色谱分析条件

色谱分析：20L 定量环，流动相：纯水，流速：1mL/min，检测波长：190nm，柱温：室温。

2. 土壤样品待测液的制备

准确称取土壤样品 10.00g，置于 200mL 的锥形瓶中，加入 60mL 的纯水，加塞，振荡 30min 后，全部转移到离心管中，离心后用滤纸过滤，滤液经砂芯过滤装置抽滤后，所获滤液即为待测液。

3. 分别配制 4 种尿素 2g/mL、4g/mL、8g/mL、16g/mL 的标准溶液，重复测定 6 次。

4. 土壤样品分析

在检测波长 190nm，流速 1mL/min，室温的情况下，测定待测液的尿素含量。

六、实验数据记录与处理

（1）记录色谱分析条件。

（2）各标准溶液的实验结果，绘制峰面积-浓度标准曲线，再根据步骤 4 测得的值，从曲线上查出尿素实际浓度，计算尿素含量。

七、注意事项

① 进样器要充分洗涤。
② 待仪器稳定后，再进样。
③ 流动相应充足。

八、思考题

1. 常用的 HPLC 定量分析方法是什么？哪些方法需要用校正因子校正峰面积？哪些方法可以不用校正因子？

2. 影响 HPLC 分离度的各种因素有哪些？

实验三十三　离子色谱法测定高纯氯化锂中的五种微量阴离子

一、实验目的

1. 了解离子色谱仪的特点和用途。
2. 掌握用离子色谱仪测定阴离子的方法。

二、实验原理

高纯氯化锂广泛应用于电解生产金属锂、冶金、电池、玻璃、陶瓷、生物医药、新材料、原子能等领域。高纯氯化锂中杂质离子的含量对氯化锂的品质有着重要的影响，对杂质阳离子分析方法研究较多且比较深入，有重量法、容量法、火焰原子吸收法、离子色谱法和ICP-AES法等。目前，在用离子色谱法分析阴离子时排除 Cl^- 干扰的有效方法是银柱法，但银柱价格较贵，成本较高，使得银柱法的使用在国内受到限制。本实验以固体为沉淀剂，采用氧化银沉淀法排除 Cl^- 的干扰。用此方法对氯化锂处理后，再用离子色谱法检测，不仅选择性较好，操作简便、快速，结果令人满意，检测费用也大大低于银柱法。

三、实验试剂

氯化锂，Ag_2O，Na_2CO_3，$NaHCO_3$。

四、实验仪器

ICS 90 型离子色谱仪（美国戴安公司）；分离柱为 IonPacAS14 阴离子分离柱。

五、实验步骤

1. 色谱条件

淋洗液：3.5×10^{-3} mol/L Na_2CO_3 和 1.0×10^{-3} mol/L $NaHCO_3$；淋洗流速：1.2 mL/min；温度：20℃；检测器：抑制型电导检测器；进样量：10L。开机并预热0.5h，待系统稳定后用高纯水反复淋洗分离柱数次，即可进样测定。

2. 标准曲线的绘制

取 10mL 稀释后的上述溶液分别置于 6 支 100mL 的容量瓶中，将其中一支容量瓶直接用高纯水定容到刻度。其他 5 支容量瓶中分别加入 2mL 浓度为 300mg/L 的 SO_4^{2-}，250 mg/L 的 NO_3^-，400mg/L 的 PO_4^{3-}，50mg/L 的 F^-，150mg/L 的 NO_2^-。

精确配制一系列不同浓度的 F^-、NO_3^-、SO_4^{2-} 和 NO_2^- 和 PO_4^{3-} 的标准溶液。以浓度为横坐标，峰面积为纵坐标分别绘制各种离子的工作曲线。依各自的 $y=bx+c$ 计算出各离子的含量（mg/L）。

六、实验数据记录与处理

(1) 标准曲线的绘制。
(2) 计算出各离子的含量（mg/L）。

七、注意事项

① 开机前检查流动相的配制和过滤、电路、气路和柱子等。

② 分析完毕后先关掉抑制电流（SRS）、泵（Pump），再关掉气路，后关仪器电源、电脑。

八、思考题

1. 离子色谱主要检测方法是什么？
2. 本实验阴离子分析的淋洗液是什么？

仪器分析实验练习题

1. 绪论

一、判断题

1. 分析方法的检出限是指该分析方法在给定的置信度可以检出待测组分的最高浓度。（ ）
2. 现代分析仪器通常都是由信号发生器，信号处理器，信号检测系统，信号显示及处理系统等部件组成。（ ）
3. 仪器分析方法的主要不足是绝对误差大。（ ）
4. 待测组分能被检出的最小信号大于噪声信号 1 倍，才能保证分析检测时不发生误判。（ ）
5. 分析仪器的灵敏度就是待测组分能被仪器检出的最低量。（ ）
6. 提高仪器的信噪比，就是不但要提高仪器的灵敏度，还要设法降低噪声。（ ）
7. 标准曲线就是用标准溶液体积绘制的曲线。（ ）
8. 分析方法的精密度通常用测定结果的标准偏差 S 或相对标准偏差 S_r 表示。（ ）
9. 分析方法的线性范围就是该方法的标准曲线的直线部分所对应的待测物质浓度（或含量）的范围。（ ）
10. 分析方法的选择性是指该分析方法不受样品中基体共存物质干扰的程度。（ ）

二、选择题

1. 提高分析仪器性能的关键是（ ）。
    A. 提高仪器的自动化程度　　　　B. 降低仪器的噪声
    C. 提高仪器灵敏度　　　　　　　D. 提高仪器信噪比
2. 仪器分析方法的主要不足是（ ）。
    A. 样品用量太少　B. 选择性差　C. 相对误差大　D. 重现性低
3. 同一人员在相同条件下，测定结果的精密度称为（ ）。
    A. 准确性　　　　B. 选择性　　　C. 重复性　　　D. 再现性
4. 仪器分析方法的主要特点是（ ）。
    A. 分析速度快但重现性低，样品用量少但选择性不高
    B. 灵敏度高但重现性低，选择性高但样品用量大
    C. 分析速度快，灵敏度高，重现性好，样品用量少，选择性高
    D. 分析速度快，灵敏度高，重现性好，样品用量少，准确度高
5. 不同人员在不同实验室测定结果的精密度称为（ ）。
    A. 准确性　　　　B. 选择性　　　C. 重复性　　　D. 再现性
6. 分析方法的灵敏度和精密度的综合指标是（ ）。
    A. 检出限　　　　B. 标准曲线和斜率　C. 重复性　　D. 再现性
7. 分析测量中系统误差和随机误差的综合量度是（ ）。
    A. 精密度　　　　B. 准确度　　　C. 检出限　　　D. 灵敏度
8. 对仪器灵敏度和检出限之间关系描述不正确的是（ ）。
    A. 灵敏度高则检出限必然低
    B. 由于噪声的存在，单纯灵敏度高并不能保证有低的检出限

C. 消除仪器噪声是提高仪器灵敏度和降低检出限的前提
D. 灵敏度和检出限之间不存在必然联系

9. 空白信号（当样品中无待测组分时仪器所产生的信号）与本底信号（没有样品时仪器所产生的信号）的不同主要是由于（　　）。
A. 仪器周围磁场的干扰所致
B. 样品中除待测组分外的其他组分的干扰所引起的
C. 仪器随机噪声的存在
D. 溶剂的干扰所引起的

三、填空题

1. 分析仪器的主要性能指标是_____、_____、_____。
2. 通常将没有样品时仪器产生的信号称为_____，主要是由随机噪声产生的信号。当样品中无待测组分时，仪器所产生的信号称为_____。
3. 仪器分析采集样品的原则是_____。
4. 分析样品在分析测定之前，_____操作称为纯化。通常主要采用_____、_____和_____。
5. 分析样品在测定之前，除去过多的溶剂提高待测组分浓度的过程，称为_____。常用的方法有_____、_____、_____、_____。
6. 当用某种仪器分析方法无法测定样品中待测组分时，有时可以使用化学反应将其定量的转化为另一种可以分析测量的化合物_____的过程称为_____。
7. 根据分析原理，仪器分析方法通常可以分为：_____、_____、_____及其他分析法等几大类。
8. 分析样品的湿法消解近年来采用的最新技术是_____和_____。

四、简答题

微波压力釜溶样消解法如何进行？有什么突出优点？

五、计算题

1. 对原有的热导池检测器进行改进后，新产生的热导池检测器灵敏度提高了1倍，噪声水平是原来检测器的1/2倍，这些改进对化合物的检出限有何影响？

2. 用原子吸收分光光度法测定样品中铁的含量时，为制作标准曲线，配制一系列 Fe^{3+} 的标准溶液，测得相应的吸光度，记录如下表。试写出该标准曲线的一元线性回归方程，求出相关系数，并绘制出标准曲线。

c/(mol/L)	0.0	1.0×10^{-4}	2.0×10^{-4}	3.0×10^{-4}
A	0.201	0.414	0.622	0.835

3. 某分析方法测得空白信号值为 4.5、4.9、5.1、4.7、5.5、4.3、5.3；以此方法测得 $5\mu g/mL$ 磷标准溶液信号为 9.8、9.6、9.9、9.5（已扣除空白值）。试计算此分析方法测定磷的检出限。

2. 光学分析法导论

一、判断题

1. 分子的转动能量比分子的振动能量高，因此，当外界能量引起分子的振动能级发生跃迁时，必然同时伴随转动能级之间的跃迁。（　　）
2. 不同的物质由于组成及结构不同，获得的特征光谱也就不同，因而根据样品的光谱就可以研究该样品的组成和结构。（　　）
3. 单色光的单色性通常用光谱线的宽度来表示，谱线的宽度越窄，光谱线所包含的频率范围越窄，表示光的单色性越好。（　　）
4. 物质的分子处于稳定的基态时，其能量为零，故称为"零点能"。（　　）

5. 核磁共振分析属于波谱分析是因为自旋原子核的核磁跃迁时吸收的电磁辐射能量较高。（　　）
6. 分子光谱负载了分子能级信息，而分子能级包括转动能级和振动能级，这些能级都是量子化的。（　　）
7. 普通氦氖激光器能发射波长为 632.8nm 的红光，其宽度仅为 10^{-6} nm，可见，激光是一种理想的单色光源。（　　）
8. 太阳光是复合光，而各种灯（如电灯、酒精灯、煤气灯）光是单色光。（　　）
9. 原子光谱是一条条彼此分立的线光谱，分子光谱是一定频率范围的电磁辐射组成的带状光谱。（　　）
10. 不同物质，在产生能级跃迁时，吸收的光的频率是相同的。（　　）

二、选择题
1. 光谱分析通常由以下（　　）四个基本部分组成。
　A. 光源、样品池、检测器、计算机
　B. 信息发生系统、色散系统、检测系统、信息处理系统
　C. 激发源、样品池、光电二极管、显示装置
　D. 光源、棱镜、光栅、光电池
2. 按照产生光谱的物质类型不同，光谱可以分为（　　）。
　A. 发射光谱、吸收光谱、散射光谱
　B. 原子光谱、分子光谱、固体光谱
　C. 线光谱、带光谱和连续光谱
　D. X射线发射光谱、X射线吸收光谱、X射线荧光光谱、X射线衍射光谱
3. 棱镜是利用其（　　）作用进行分光的。
　A. 散射　　　　　B. 衍射　　　　　C. 折射　　　　　D. 旋光
4. 频率、波长、波数及能量的关系是（　　）。
　A. 频率越低，波长越短，波数越高，能量越低
　B. 频率越低，波长越长，波数越低，能量越高
　C. 频率越高，波长越短，波数越高，能量越高
　D. 频率越高，波长越长，波数越低，能量越高
5. 光谱分析法是一种利用（　　）来确定物质的组成和结构的仪器分析方法。
　A. 物质与光相互作用的信息　　　B. 光的波动性
　C. 光的粒子性
6. 每一种分子都具有特征的能级结构，因此，光辐射与物质作用时，可以获得特征的分子光谱。根据样品的光谱，可以研究（　　）。
　A. 样品中化合物的分子式　　　　B. 样品中各组分的分配及相互干扰
　C. 样品的组成和结构　　　　　　D. 样品中化合物的相对分子量
7. 波长短（小于10nm）、能量大（大于100eV）（如X射线、γ射线）的电磁波谱，粒子性比较明显，称为（　　），由此建立的分析方法称为（　　）。
　A. 波谱；波谱分析法　　　　　　B. 能谱；能谱分析法
　C. 光学光谱；光谱分析法　　　　D. 高能粒子；高能分析法
8. 光谱分析法与其他仪器分析法的不同点在于光谱分析法研究涉及的是（　　）。
　A. 样品中各组分间的相互干扰及其消除　　B. 光与电的转换及应用
　C. 光辐射与样品间的相互作用与能级跃迁　D. 样品中各组分的分离
9. 利用光栅的（　　）作用，可以进行色散分光。
　A. 散射　　　　　B. 衍射和干涉　　　C. 折射　　　　　D. 发射
10. 光学分析法中，使用到电磁波谱，其中可见光的波长范围为（　　）。
　A. 10～400nm；　　B. 400～750nm；　　C. 0.75～2.5m；　　D. 0.1～100cm

11. 棱镜或光栅可作为（　　）。
   A. 滤光元件　　　B. 聚焦元件　　　C. 分光元件　　　D. 感光元件
12. 受激物质从高能态回到低能态时，如果以光辐射形式释放多余能量，这种现象称为（　　）。
   A. 光的吸收　　　B. 光的发射　　　C. 光的散射　　　D. 光的衍射
13. 溶剂对电子光谱的影响较为复杂，改变溶剂的极性（　　）。
   A. 不会引起吸收带形状的变化　　　B. 会使吸收带的最大吸收波长发生变化
   C. 精细结构并不消失　　　D. 对测定影响不大
14. 电磁辐射的微粒性表现在哪种性质上（　　）。
   A. 能量　　　B. 频率　　　C. 波长　　　D. 波数
15. 在酸性条件下，苯酚的最大吸波长将发生何种变化？（　　）。
   A. 红移　　　B. 蓝移　　　C. 不变　　　D. 不能确定

三、填空题

1. 在光谱分析中，常常采用色散元件获得_____来作为分析手段。
2. 通过折射率可以测定出_____、_____以及_____等。
3. 光谱分析法通常可以获得其他分析方法不能获得的_____的信息。
4. 当光与物质作用时，某些频率的光被物质选择性的吸收时使其强度减弱的现象，称为_____。此时，物质中的分子或原子由_____的状态跃迁到_____的状态。
5. 根据起因，散射通常可以分为：_____、_____、_____。
6. 由于原子没有振动和转动能级，因此原子光谱的产生主要是_____所致。
7. 吸收光谱按其产生的本质分为_____、_____及_____等。
8. 物质对光的折射率随着光的频率变化而变化，这种现象称为_____，在光谱分析中，广泛利用这种现象来获得_____。
9. 发射光谱按其产生的本质，通常分为_____、_____和_____。

四、简答题

1. 吸收光谱与发射光谱有什么不同？
2. 原子光谱与分子光谱有什么不同？
3. 什么是复合光？什么是单色光？光谱分析中如何获得单色光？

3. 原子发射光谱法

一、判断题

1. 物质吸收或发射的能量是连续的，其能量的最小单位是光子。（　　）
2. 原子荧光光谱法中常用烃类火焰代替氢-氧火焰。（　　）
3. 原子发射光谱定性分析时，一般使用较宽的狭缝，以得到较大的光强。（　　）
4. 原子由激发态向基态或较低能级跃迁发射的谱线强度与激发态能量成正比。（　　）
5. 荧光的猝灭使荧光量子产率增大。（　　）
6. 原子发射光谱分析的灵敏度与光源的性质无关。（　　）
7. 等离子炬管的内层以切线方向引入 Ar 气流作为冷却气，以保护石英管不被烧毁。（　　）
8. 原子荧光的激发光源必须是高强度的线光源。（　　）
9. 由于原子荧光的光谱组成简单，所以不需要使用高色散的单色器。（　　）
10. 光电倍增管的输出电流随外加电压的增加而减小。（　　）

二、选择题

1. 原子发射光谱是由于（　　）而产生的。
   A. 原子的内层电子在不同能级间的跃迁　　B. 原子的次外层电子在不同能级间的跃迁
   C. 原子的外层电子在不同能级间的跃迁　　D. 原子的外层电子从基态向激发态跃迁
2. 根据待测元素的原子在光激发下所辐射的特征光谱研究物质含量的方法称为（　　）。

A. 原子吸收法　　　B. 原子发射法　　　C. 原子荧光法　　　D. 均不是

3. 无法用原子发射光谱分析的物质是(　　)。

A. 碱金属和碱土金属　　　　　　　B. 稀土元素

C. 过渡金属　　　　　　　　　　　D. 有机物和大部分非金属元素

4. 利用原子发射光谱进行定性分析时，要判断某元素是否存在，应该(　　)。

A. 将该元素的所有谱线全部检出

B. 只需检出该元素的两条以上的灵敏线和最后线

C. 只需检出该元素的一条灵敏线和最后线

D. 需要检出该元素的五条以上的谱线

5. Zn原子在火焰温度下激发跃迁到亚稳态，再吸收334.5nm的光进一步激发，激发态原子辐射出334.5nm的光，此种原子荧光称为(　　)。

A. 直跃线荧光　　　B. 阶跃线荧光　　　C. 共振荧光　　　D. 敏化荧光

6. 原子发射法利用标准光谱比较法定性时，通常采用(　　)作标准。

A. 氢谱　　　B. 碳谱　　　C. 铁谱　　　D. 铜谱

7. 在原子谱线表中，Mg(Ⅱ)280.27nm表示镁的(　　)谱线。

A. 原子线　　　B. 一级电离线　　　C. 二级电离线　　　D. 三级电离线

8. 样品的气溶胶在等离子体的焰心区(　　)。

A. 电离　　　B. 蒸发　　　C. 原子化　　　D. 激发

9. 在原子光谱仪器中，能将光信号转变为电信号的装置是(　　)。

A. 光栅　　　B. 狭缝　　　C. 光电倍增管　　　D. 放大器

10. 摄谱检测系统中感光板上进行的反应是将(　　)。

A. 光能转换为电能　　　　　　　　B. 电能转换为光能

C. 光能转换为化学能　　　　　　　D. 电能转换为化学能

三、填空题

1. 根据原子或离子在一定条件受到激发后发射的特征光谱来研究物质的化学组成和含量的方法称为_____。

2. 由于原子荧光强度很弱，所以，要求光学系统有较高的_____。

3. 原子发射光谱仪由_____、_____和_____三部分组成。

4. Na原子线的波长为588.995nm，相应的能量为_____ eV。

5. 光子的能量与它的_____、_____成正比，与_____成反比，与_____无关。

6. 光具有波粒二象性，光的粒子性可用光量子的_____来描述。

7. 在光电直读光谱仪中，由一个_____和一个_____构成一个光通道。

8. 在一定温度下，体系处于热力学平衡状态，单位体积中基态和激发态的原子数之间符合_____规律。

9. 处于第一激发态的电子直接跃迁到基态能级时所发射的谱线称为_____。

10. 原子发射光谱中激发光源的作用是提供足够的能量使样品_____、_____、_____。

四、简答题

简述铁光谱比较法进行多元素定性分析的原理。

五、计算题

用火焰光度法在404.3nm测量土壤试液中钾的发射光谱强度，钾标准溶液和试液的数据如下，求试液中钾的质量浓度。

钾浓度/(μg/mL)	0	2.50	5.00	10.00	15.00	试液
相对发射光谱强度	0	12.4	24.3	50.0	72.8	44.0

4. 原子吸收光谱法

一、判断题

1. 原子吸收中消除电离干扰的方法就是在试液中加入大量难电离的其他元素。（ ）
2. 在 AAS 分析中，如果采用连续光源，即使有分辨能力足够高的光栅，也不能准确测得积分吸收值。（ ）
3. 原子化器的功能是将样品中的待测组分变成能够吸收特征原子谱线的气态原子。（ ）
4. 原子吸收光谱法中，背景吸收通常使吸光度降低而产生误差。（ ）
5. 每台仪器的色散元件的色散率是固定的，狭缝宽度越大，光谱通带越宽。（ ）
6. 原子吸收光谱法中，如果待测组分与共存物质生成难挥发性化合物，则产生正误差。（ ）
7. 当空心阴极灯的灯电流增加时，发射强度增加，分析灵敏度亦将提高，因此增加灯电流是提高灵敏度的最有效途径。（ ）
8. 用峰值吸收代替测量积分吸收其主要条件是发射线与吸收线中心频率一致，同时发射线的半宽度大大小于吸收线的半宽度。（ ）
9. 原子线有一定宽度，主要是由于热变宽、压力变宽及自然变宽引起的。（ ）
10. 原子吸收分光光度法中，测定的灵敏度越高，检出限也越高。（ ）

二、选择题

1. 用原子吸收光谱法测定钙时，加入 1% 的钾盐溶液，其作用是（ ）。
   A. 减小背景   B. 作释放剂   C. 作消电离剂   D. 提高火焰温度
2. 通常空心阴极灯是（ ）。
   A. 用碳棒作阳极，待测元素作阴极，灯内充低压惰性气体
   B. 用钨棒作阳极，待测元素作阴极，灯内抽真空
   C. 用钨棒作阳极，待测元素作阴极，灯内充低压惰性气体
   D. 用钨棒作阴极，待测元素作阳极，灯内充惰性气体
3. 原子吸收光谱法中的物理干扰可用下述哪种方法消除（ ）。
   A. 释放剂   B. 保护剂   C. 标准加入法   D. 扣除背景
4. 原子吸收光谱法中，背景吸收产生大的干扰主要表现为（ ）。
   A. 火焰中产生的分子吸收及固体微粒的光散射
   B. 共存干扰元素发射的谱线
   C. 火焰中待测元素产生的自吸现象
   D. 基体元素产生的吸收
5. 与火焰原子化吸收法相比，石墨炉原子化吸收法有以下特点（ ）。
   A. 灵敏度高且重现性好   B. 基体效应大但重现性好
   C. 样品量大但检出限低   D. 原子化效率高，因而绝对检出限低
6. 原子吸收光谱分析中，塞曼效应法是用来消除（ ）。
   A. 化学干扰   B. 物理干扰   C. 电离干扰   D. 背景干扰
7. 原子吸收分光光度计中的单色器的位置和作用是（ ）。
   A. 放在原子化器之前，并将激发光源发出的光变为单色光
   B. 放在原子化器之前，并将待测元素的共振线与邻近线分开
   C. 放在原子化器之后，并将待测元素的共振线与邻近线分开
   D. 放在原子化器之后，并将激发光源发出的连续光变为单色光
8. 原子吸收光谱法中，产生多普勒效应的原因和影响是（ ）。
   A. 待测原子与同类原子的碰撞引起谱线中心频率发生位移
   B. 待测原子与其他原子的碰撞引起谱线变宽

C. 待测原子的热运动引起谱线变宽
D. 待测原子受到同位素原子的影响引起谱线中心频率发生位移

9. 原子吸收法测定钙时,加入 EDTA 是为了消除( )的干扰。
A. 镁　　　　　B. 锶　　　　　C. H_3PO_4　　　　D. H_2SO_4

10. 原子吸收测定中,以下叙述和做法正确的是( )。
A. 一定要选择待测元素的共振线作分析线,绝不可采用其他谱线作分析线
B. 在维持稳定和适宜的光强条件下,应尽量选用较低的灯电流
C. 对于碱金属元素,一定要选用富燃火焰进行测定
D. 消除物理干扰,可选用高温火焰

11. 在原子吸收分析中,测定元素的灵敏度、准确度及干扰等,在很大程度上取决于( )。
A. 空心阴极灯　　B. 火焰　　　　C. 原子化系统
D. 分光系统　　　E. 监测系统

12. 原子吸收分光光度计由光源、( )、单色器、检测器等主要部件组成。
A. 电感耦合等离子体　B. 空心阴极灯　C. 原子化器　D. 辐射源

13. 贫燃是助燃气量( )化学计算量时的火焰。
A. 大于　　　　　B. 小于　　　　　C. 等于

14. 富燃是助燃气量( )化学计算量时的火焰。
A. 大于　　　　　B. 小于　　　　　C. 等于

15. 原子发射光谱法是一种成分分析方法,可对约 70 种元素(包括金属及非金属元素)进行分析,这种方法常用于( )。
A. 定性　　　　　B. 半定量　　　　C. 定量　　　　D. 定性、半定量及定量

16. 原子发射光谱与原子吸收光谱产生的共同点在于( )。
A. 激发态原子产生的辐射　　　　B. 辐射能使气态原子内层电子产生跃迁
C. 基态原子对共振线的吸收　　　D. 能量使气态原子外层电子产生跃迁
E. 电能、热能使气态原子内层电子产生越迁

17. 在 AES 中,设 I 为某分析元素的谱线强度,c 为该元素的含量,在大多数的情况下,I 与 c 具有( )的函数关系(以下各式中 a、b 在一定条件下为常数)。
A. $c=abI$　　　B. $c=bI^a$　　　C. $I=ac/b$　　　D. $I=ac^b$

18. 原子吸收光谱法是基于光的吸收符合( ),即吸光度与待测元素的含量成正比而进行分析检测的。
A. 多普勒效应　　B. 朗伯-比尔定律　C. 光电效应　　D. 乳剂特性曲线

19. 空心阴极等的主要操作参数是( )。
A. 灯电流　　　　B. 灯电压　　　　C. 阴极温度
D. 内充气体压力　E. 阴极溅射强度

三、填空题

1. 采用原子吸收法测量 3mg/mL 的钙溶液,测得透射率为 48%,则钙的灵敏度为_____。

2. 原子吸收分光光度法与分子吸收分光光度法都是利用吸收原理进行测定的,但两者本质的区别是前者产生吸收的是_____,后者产生吸收的是_____,前者使用的是_____光源,后者使用的是_____光源。前者的单色器放在产生吸收之_____,后者的单色器放在吸收之_____。

3. 分子吸收光谱和原子吸收光谱的相同点是:都是_____,都有核外层电子跃迁产生的_____,波长范围_____。二者的区别是前者的吸光物质是_____,后者是_____。

4. 原子吸收光谱法中,吸收系数 K_v 随频率变化的关系图称为_____,图中,曲线的峰值处的吸收系数称为_____,对应的频率称为,在此频率处的吸收称为_____。

5. 原子吸收的火焰原子化时,火焰中既有_____也有_____原子,在一定温度下,两种状态原子的比值一定,可用_____分布来表示。

6. 标准加入法可以消除原子吸收分析法中_____产生的干扰，但不能消除_____吸收产生的干扰。

7. 空心阴极灯发射的共振线被灯内同种基态原子吸收的现象称为_____现象。灯电流越大，这种现象越_____，造成谱线_____。

8. 火焰原子化器主要由将样品溶液变成_____状态的_____和使样品_____的_____两部分组成。

9. 原子吸收光谱法中常采用_____原子化法测定汞元素，用_____原子化法测定 As、Sb、Bi、Pb 等元素。

10. 在使用石墨炉原子化器时，为防止样品及石墨管氧化应不断的加入_____气；测定时通常分为_____，_____，_____，_____四个阶段。

11. 电子从基态跃迁到激发态时所产生的吸收谱线称为_____，在从激发态跃迁回基态时，则发射出一定频率的光，这种谱线称为_____，二者均称为_____。各种元素都有其特有的_____，称为_____。

12. 空心阴极灯是原子吸收光谱仪的_____。其主要部分是_____，它是由_____或其合金制成。灯内充以_____成为一种特殊形式的_____。

13. 原子吸收光谱仪和紫外可见分光光度计的不同处在于_____，前者是_____，后者是_____。

14. 原子吸收光谱仪中的火焰原子化器是由_____、_____及_____三部分组成。

15. 原子吸收法中，当待测元素与共存物质反应产生难解离或难挥发化合物时，将使参与吸收的基态原子数_____，从而产生_____误差。

16. 在单色器的线色散率为 0.5mm/nm 的条件下用原子吸收分析法测定铁时，要求通带宽度为 0.1nm，狭缝宽度要调到_____。

17. 一台原子吸收分光光度计单色器的色散率的倒数是 15nm/mm，若出射狭缝宽度为 0.020mm，则其理论光谱通带是_____。

四、简答题

1. 试简述发射线和吸收线的轮廓对原子吸收光谱分析的影响。
2. 影响原子吸收谱线宽度主要有哪些因素，而火焰原子吸收及石墨炉原子吸收分别主要由哪种变宽为主？
3. 原子吸收中为什么以空心阴极灯为光源？
4. 原子吸收的背景有哪几种方法可以校正？（至少写出两种方法）

五、计算题

1. 浓度为 2.50mg/L 的钙标准溶液，在原子分光光度计上测得其透射率为 42%，计算钙的灵敏度。
2. 用一色散率为 1.25mm/nm 的光栅分辨钠双线：589.0nm 和 589.6nm。理论上应需多大的？
3. 用倒线色散率为 1nm/mm 的原子分光光度计分析 404.7nm 和 404.7nm 两谱线，狭缝宽度应是多少？
4. 测定植株中锌的含量时，将三份 1.00g 植株样品处理后分别加入 0.00mL、1.00mL、2.00mL、0.0500mol/L 的 $ZnCl_2$ 标准溶液后稀释定容至 25.0mL，在原子吸收分光光度计上测定吸光度分别为 0.230、0.453、0.680，求植株样品中锌的含量。
5. 原子吸收光谱仪三挡狭缝调节，以光谱带 0.19nm、0.38nm 和 1.9nm 为标度，对应的狭缝宽度分别为 0.1mm、0.2mm 和 1.0mm，求该仪器色散元件的倒线色散率；若单色仪焦面上波长差为 2.0nm/mm，狭缝宽度分别为 0.05mm、0.10mm、0.20mm 及 2.0mm 四档，求所对应的光谱通带各为多少？

5. 紫外-可见吸收光谱法

一、判断题

1. 人眼能感觉到的光称为可见光，其波长范围是 200~400nm。（   ）
2. 紫外-可见吸收光谱主要是由分子中价电子跃迁产生的。（   ）
3. 分光光度法中所用的参比溶液总是采用不含待测物质和显色剂的空白溶液。（   ）

4. 紫外-可见吸收光谱适合于所有有机化合物的分析。（　　）
5. 摩尔吸收系数的值随着入射光波长的增加而减小。（　　）
6. 分光光度法的测量误差随透射率变化而存在极大值。（　　）
7. 符合朗伯-比尔定律的有色溶液稀释时，其最大吸收峰的波长位置向长波方向移动。（　　）
8. 有色物质的最大吸收波长仅与溶液本身的性质有关。（　　）
9. 紫外吸收光谱主要用于有色物质的定性和定量分析。（　　）
10. 引起偏离朗伯-比尔定律的因素主要有化学因素和物理因素，当测量样品的浓度较大时，偏离朗伯-比尔定律的现象较明显。（　　）

二、选择题
1. 符合吸收定律的溶液稀释时，其最大吸收峰波长位置（　　）。
   A. 向长波移动　　　　　　　　B. 向短波移动
   C. 不移动　　　　　　　　　　D. 不移动，吸收峰值降低
2. 下列化合物中，吸收光波长最长的是（　　）。
   A. $CH_3(CH_2)_5CH_3$　　　　　　B. $CH_2\!=\!CHCH\!=\!CHCH\!=\!CHCH_3$
   C. $(CH_3)_2C\!=\!C(CH_3)\!-\!CH\!=\!CHCHO$　　D. $CH_2\!=\!CHCH\!=\!CHCH_3$
3. 有人用一个样品，分别配置四种不同浓度的溶液，分别测得的吸光度如下。测量误差较小的是（　　）。
   A. 0.022　　　B. 0.097　　　C. 0.434　　　D. 0.809
4. 不需要选择的吸光度测量条件为（　　）。
   A. 入射光波长　　B. 参比溶液　　C. 吸光度读数范围　　D. 测定温度
5. 用分光光度计检测时，若增大溶液浓度，则该物质的吸光度 A 和摩尔吸光系数 ε 的变化为（　　）。
   A. 都不变；　　B. A 增大，ε 不变；　　C. A 不变，ε 增大；　　D. 都增大
6. 显色反应中，显色剂的选择原则是（　　）。
   A. 显色剂的摩尔吸收系数越大越好　　B. 显色反应产物的摩尔吸收系数越大越好
   C. 显色剂必须是无机物　　　　　　　D. 显色剂必须无色
7. 测量某样品，如果测量时吸收池透光面有污渍没有擦净，对测量结果有何影响（　　）。
   A. 影响不确定　　B. 对测量值无影响　　C. 测量值偏低　　D. 测量值偏高
8. 在分光光度法定量分析中，标准曲线偏离朗伯-比尔定律的原因是（　　）。
   A. 浓度太小　　B. 入射光太强　　C. 入射光太弱　　D. 使用了复合光
9. 某溶液的透射率 T 为 30%，则其吸光度 A 为（　　）。
   A. $-\lg 0.3$　　B. $-\lg 70$　　C. $3-\lg 30$　　D. $-\lg 0.7$
10. 测铁时，样品甲使用 1cm 吸收池，样品乙使用 2cm 吸收池，在其他条件相同时，测得的吸光度值相同，两者的浓度关系为（　　）。
    A. 样品甲是样品乙的 1/2　　　　B. 样品甲等于样品乙
    C. 样品乙是样品甲的两倍　　　　D. 样品乙是样品甲的 1/2

三、填空题
1. 紫外-可见吸收光谱法测定的是_____nm 波段的电磁波。
2. 用分光光度法测定配合物组成的两种常用方法是_____和_____。
3. 朗伯-比尔定律适用于_____对_____溶液的测定。
4. 某单色器的线色散率为 0.5mm/nm，当出射狭缝宽度为 0.1mm 时，则单色仪的光谱通带宽度为_____。
5. 饱和碳氢化合物分子中只有_____键，只在_____产生吸收，在 200～1000nm 范围内不产生吸收峰，故此类化合物在紫外吸收光谱中常用来做_____。
6. 对于紫外及可见分光光度计，在可见光区可以用玻璃吸收池，而紫外光区则用_____吸收池进

行测量。

7. 分子吸收分光光度法包括_____、_____、_____等。它们是基于物质对光的选择性吸收而建立起来的分析方法。

8. 紫外吸收光谱分析可用来进行在紫外区范围有吸收峰的物质的_____及_____分析。

9. 把无色的待测物质转变成为有色物质所发生的化学反应称为_____。

10. 在朗伯—比尔定律 $I/I_0 = 10^{-abc}$ 中，I_0 是入射光的强度，I 是透射光的强度，a 是吸光系数，b 是光通过透明物的距离，即吸收池的厚度，c 是被测物的浓度，则透射比 $T=$_____，百分透过率 $T\%=$_____，吸光度 A 与透射比 T 的关系为_____。

四、简答题

1. 什么是吸收曲线？它有哪些特点？
2. 用什么方法可以区别 $n \rightarrow \pi^*$ 和 $\pi \rightarrow \pi^*$ 跃迁类型？
3. 为什么随着溶剂极性增大，$n \rightarrow \pi^*$ 跃迁产生的吸收带发生紫移，而 $\pi \rightarrow \pi^*$ 跃迁则发生红移？
4. 分光光度法中参比溶液的作用是什么？如何选择适宜的参比溶液？
5. 什么是溶剂效应？它有哪些影响？

五、计算题

1. $K_2Cr_2O_4$ 的碱性溶液在 372nm 处有最大吸收，若碱性 $K_2Cr_2O_4$ 溶液的浓度为 3.00×10^{-5} mol/L，吸收池厚度为 1cm，在此波长下测得透射率是 71.6%，计算：(1) 该溶液的吸光度；(2) 摩尔吸收系数；(3) 若吸收池厚度为 3cm，则透射率多大？

2. NO_2^- 在 355nm $\kappa_{355}=23.3$L/(mol·cm)，$\kappa_{355}/\kappa_{302}=2.50$；$NO_3^-$ 在 355nm 处的吸收可忽略，在 302 处的 $\kappa_{302}=7.24$L/(mol·cm)。今有一含有 NO_2^- 和 NO_3^- 的试液，用 1.0cm 的吸收池测得 $A_{302}=0.861$，$A_{355}=0.678$。计算试液中 NO_2^- 和 NO_3^- 的浓度。

3. 有一种标准 Pb^{2+} 溶液，浓度为 16.0μg/L，显色后测得吸光度为 0.250；另有含 Pb^{2+} 试液，在同样条件下显色，测得吸光度为 0.320，求 (1) 试液中 Pb^{2+} 的浓度；(2) 若 $L=1.0$cm，求摩尔吸收系数。

6. 红外吸收光谱法

一、判断题

1. 分子吸收红外光发生振动能级跃迁时，化学键越强的吸收的光子数目越少。（　　）
2. 红外吸收光谱就是物质分子被红外光激发，由振动激发态跃迁到振动基态所产生的光谱。（　　）
3. H_2O 是不对称结构分子，所以是红外活性分子。（　　）
4. 傅里叶变换型红外光谱仪与色散型红外光谱仪的主要差别在于它有干涉仪和计算机部件。（　　）
5. 红外吸收光谱中，1380cm^{-1} 附近有没有吸收峰是判断有没有—CH_2—的重要依据。（　　）
6. 醛、酮、羧酸、酯的羰基的伸缩振动在红外光谱上所产生的吸收峰频率是不同的。（　　）
7. 分子中必须具有红外活性振动是分子产生红外吸收的必要条件之一。（　　）
8. 红外光谱中，2720cm^{-1} 峰是醛类化合物的唯一特征峰，它是区别醛酮的唯一依据。（　　）
9. 不产生红外吸收的分子，一定也不产生拉曼散射。（　　）
10. 测试某样品红外吸收光谱最主要的目的是定量测定样品中某痕量组分的含量。（　　）

二、选择题

1. 物质吸收红外光谱可产生的能级跃迁是（　　）。

A. 分子的外层电子层价电子能级跃迁同时伴随着振动能级跃迁
B. 分子转动能级跃迁
C. 分子的振动能级跃迁同时伴随着转动能级的跃迁
D. 分子的内层电子能级跃迁

2. 某化合物在紫外光区 204nm 处有一弱吸收带，在红外特征区有如下吸收峰：2400～3400cm^{-1} 宽而强的吸收，1710cm^{-1}。则该化合物可能是（　　）。

A. 醛　　　　B. 酮　　　　C. 酯　　　　D. 羧酸

3. 以下化合物中，C=O 伸缩振动频率最高的是（　　）。

A. RC=O 　B. RC=O 　C. RC=O 　D. RC=O
　　 |H　　　 　 |R　　　　 |F　　　　 |Cl

4. 以下分子中不能产生红外吸收的是（　　）。

A. CO_2^-　　B. O_2　　C. CO_2　　D. H_2O

5. HCl 在红外光谱中出现吸收峰的数目（　　）。

A. 1 个　　B. 2 个　　C. 3 个　　D. 4 个

6. 醇类化合物中由于分子间氢键增强，O—H 伸缩振动频率随溶液浓度的增大而（　　）。

A. 向高波数移动　　　　　　　　　B. 向低波数移动
C. 无变化　　　　　　　　　　　　D. A、B 两种情况都可能发生

7. 将时间域函数转化为频率域函数，采用的方法是（　　）。

A. 使用高级光栅　　　　　　　　　B. 使用干涉仪
C. 傅里叶变换　　　　　　　　　　D. 将测量强度改为测量信号频率

8. 一化合物在紫外-可见光谱上未见吸收峰，而在红外光谱上 $3200\sim 3600cm^{-1}$ 有强吸收峰，该化合物可能是下列化合物中的（　　）。

A. 酚　　　B. 酯　　　C. 醚　　　D. 醇

9. 某种化合物，其红外光谱上 $2800\sim 3200cm^{-1}$、$1460cm^{-1}$、$1375cm^{-1}$ 和 $720cm^{-1}$ 等处有主要吸收带，该化合物可能是（　　）。

A. 烷烃　　　B. 烯烃　　　C. 炔烃
D. 芳烃　　　E. 羟基化合物

10. 红外吸收光谱中，芳烃的 C=C 骨架振动吸收峰出现的波数范围是（　　）。

A. $200\sim 2400cm^{-1}$　B. $1650\sim 1900cm^{-1}$　C. $1450\sim 1650cm^{-1}$　D. $650\sim 1000cm^{-1}$

三、填空题

1. 诱导效应使 C=C 伸缩振动频率向 _____ 移动，共轭效应使其向 _____ 移动。

2. —OH 伸缩振动频率随溶液浓度增大，_____ 效应使得谱带向低波数方向移动。

3. 在中红外光区中，一般把 $1350\sim 4000cm^{-1}$ 区域叫做 _____，而把 $650\sim 1350cm^{-1}$ 区域叫做 _____。

4. 在有机化合物中，常常因取代基的变更或溶剂的改变，使其吸收带的最大吸收波长发生移动，向长波方向移动称为 _____，向短波方向移动称为 _____。

5. 利用红外吸收光谱上二甲苯在 _____ 波数范围内的吸收峰的数目和位置即可判断二甲苯的三种异构体。

6. 红外吸收光谱是直接的反映分子中的 _____ 特性，而拉曼散射光谱是间接的反映分子中的 _____ 特性。

7. 化学键或基团的振动频率与键力常数的平方根成 _____ 关系，与折合相对原子质量的平方根成 _____ 关系。

8. 红外光谱中确定苯环取代基类型的两个谱带是 _____ 和 _____。

四、简答题

1. 制备固体试样时，为何采用 KBr 作为基体？

2. 羟基的红外吸收峰在乙醇和苯甲酸中有何不同，不同的原因是什么？

3. 以下两化合物的红外光谱主要区别是什么？
(a) $CH_3—CH_2—CH=CH_2$　(b) $CH_3—CH=CH—CH_3$

4. 将下列化合物按 $\nu_{C=O}$ 频率由大到小的顺序排列并指明理由。
(a) $C_6H_5COCH_3$　(b) CH_3COCH_3　(c) CH_3COOCH_3

5. 解释实际上红外吸收谱带（吸收峰）数目与理论计算的振动数目少的原因。

7. 电化学分析导论

一、判断题

1. 条件电极电位是指在特定的条件下，氧化态和还原态总浓度均为 1mol/L 或它们的浓度比例为 1 时的实际电极电位。（　　）
2. 参比电极的一个重要特性是其电极电位不随温度而变化。（　　）
3. 电池的电动势主要由电极与溶液间的相界电位、电极与导线间的接触电位、液体与液体间的液接电位三部分组成。（　　）
4. Ag-AgCl 电极只能做参比电极使用。（　　）
5. 原电池中的反应是非自发进行的。（　　）
6. 在原电池中，发生还原反应的电极为负极，发生氧化反应的电极为正极。（　　）
7. 电极电位的大小，取决于电对本性，而与反应温度、氧化态物质浓度和还原态物质浓度、压力等无关。（　　）
8. 标准氢电极的电极电位等于 0.000V 的条件是：温度 25℃。（　　）
9. 电极电位值偏离平衡电位的现象称为电极的极化，超电位值是评价电极极化程度的参数。（　　）
10. 参比电极的电极电位随溶液中离子活度的改变而变化。（　　）

二、选择题

1. 在电位分析法中，指示电极的电极电位与待测离子的浓度关系（　　）。
   A. 成正比　　　　　　　　　　B. 符合能斯特方程
   C. 符合扩散电流公式　　　　　D. 与浓度的对数成正比
2. 盐桥导电是由于（　　）。
   A. 水分子迁移　　B. 离子对迁移　　C. 离子迁移　　D. 自由电子运动
3. 以下叙述正确的是（　　）。
   A. 分解电压是引起电解质电解所需是外加电压
   B. 分解电压是引起电解质电解所需是最大外加电压
   C. 分解电压是引起电解质电解所需的最小外加电压
   D. 外加电压就是分解电压
4. Cu-Zn 原电池的电池反应为 $Zn+Cu^{2+} \rightleftharpoons Zn^{2+}+Cu$，电池符号为（　　）。
   A. $(-)Zn(s)|CuSO_4(c_1)||ZnSO_4(c_2)|Cu(s)(+)$
   B. $(-)ZnSO_4(c_1)|Zn(s)||Cu(s)|CuSO_4(c_2)(+)$
   C. $(-)Cu(s)|CuSO_4(c_1)||ZnSO_4(c_2)|Zn(s)(+)$
   D. $(-)Zn(s)|ZnSO_4(c_2)||CuSO_4(c_1)|Cu(s)(+)$
5. 以下叙述正确的是（　　）。
   A. 电极极化就是电极的电极电位偏离了由能斯特方程计算出来的平衡电位
   B. 原电池就是原始的 Cu-Zn 电极组成的丹尼尔电池
   C. 电池的电动势为负值时才是原电池，否则就是电解池
   D. 可逆电极就是可以进行逆向电化学反应的电极
6. 电解池是（　　）。
   A. 将化学能转化为电能的装置　　　B. 将电能转化为化学能的装置
   C. 是自发进行电化学反应的场所　　D. 利用电化学反应产生电流的装置
7. 盐桥的作用是（　　）。
   A. 消除不对称电位　　　　　　　　B. 连接参比溶液和待测试液
   C. 传导电流，消除液接电位　　　　D. 加速离子的扩散速率，提高电极反应速率
8. 超电位的产生是由于（　　）。

A. 外加电压过高　　　　　　　　　B. 外加电压过低
　　C. 电化学极化和浓差极化　　　　　D. 整个电路回路中产生的电压降
9. 甘汞电极属于（　　）。
　　A. 第一类电极　　B. 第二类电极　　C. 零类电极　　D. 薄膜电极
10. pH 玻璃电极属于（　　）。
　　A. 第一类电极　　B. 第二类电极　　C. 薄膜电极　　D. 零类电极

三、填空题
1. 在消除了液接电位、接触电位、不对称电位的情况下，电池的电动势 $E=$ _____，当 E 为正值时，化学电池为_____，E 为负值时，化学电池为_____。
2. 超电压是_____的差值。
3. 原电池通常由_____、_____、_____组成。
4. 参比电极通常包括_____、_____、_____、_____。
5. 化学电池通常可分为_____、_____、_____三类。
6. 电池电动势是由_____、_____、_____三部分组成。

四、简答题
1. 为什么不能直接测量绝对电极电位？
2. 升高温度对标准电极电位是否有影响？对标准氢电极电位是否有影响？

五、计算题
将下列反应组成原电池（温度为 298.15K）：$2Fe^{3+} \rightleftharpoons 2Fe^{2+} + Cu^{2+}$，$\varphi^{\ominus}(Cu^{2+}/Cu) = 0.342V$，$\varphi^{\ominus}(Fe^{3+}/Fe^{2+}) = 0.771V$。(1) 计算原电池的标准电动势；(2) 写出其电池符号；(3) 指出正极、负极，并写出电极反应；(4) 当 Cu^{2+} 的浓度为 10mol/L 时，原电池的电动势是多少？

8. 电位分析法

一、判断题
1. 用 pH 玻璃电极测定溶液的 pH 时，采用的方法是直接比较法。（　　）
2. Ca^{2+} 选择电极一定是玻璃膜电极。（　　）
3. 指示电极的电极电位是随溶液中离子活度的改变而变化的。（　　）
4. 电位法中的标准曲线法适用于组成简单的大批样品的同时分析。（　　）
5. Cl^- 选择性电极的膜电位随试液中 Cl^- 活度的增加而增加。（　　）
6. 电位法中的标准曲线法要求样品溶液与标准系列溶液的离子强度一致。（　　）
7. 酶电极是基于界面上发生酶催化反应而进行测定的。（　　）
8. 电位分析法包括直接电位法和间接电位法。（　　）
9. 参比电极的电极电位是不随溶液中离子的活度的改变而变化的。（　　）
10. 原电池中的电化学反应是自发进行的。（　　）

二、选择题
1. 电位测定 pH 时，常用的指示电极是（　　）。
　　A. 甘汞电极　　B. pH 玻璃膜电极　　C. 氯电极　　D. 银电极
2. 下列有关 pH 值玻璃电极电位的说法正确的是（　　）。
　　A. 与试液中的 OH^- 浓度无关　　B. 与试液的 pH 值成正比
　　C. 与试液的 pH 值成反比　　　　D. 以上三种说法都不对
3. 下列电极常用来作为参比电极的是（　　）。
　　A. pH 玻璃膜电极　　B. 银电极　　C. 氯电极　　D. 甘汞电极
4. pH 玻璃膜电极使用的适宜 pH 为（　　）。
　　A. 1<pH<9　　B. pH<1 或 pH>9　　C. pH<1　　D. pH>9
5. 横跨敏感膜两侧产生的电位差称（　　）。

A. 电极电位　　　B. 液体接界电位　　C. 不对称电位　　D. 膜电位

6. pH 玻璃电极在使用前一定要在蒸馏水中浸泡 24h，目的在于（　　）。

A. 清洗电极　　　B. 校正电极　　　　C. 活化电极　　　D. 检查电极好坏

7. 在恒定组成和温度的溶液中，离子选择性电极的电极电位随时间缓慢而有秩序的改变程度称为（　　）。

A. 漂移　　　　　B. 响应时间性　　　C. 稳定　　　　　D. 重现性

8. 离子选择性电极的内参比电极常用（　　）。

A. 甘汞电极　　　B. pH 玻璃电极　　 C. Ag-AgCl 电极　 D. KCl 电极

9. 离子选择性电极的电化学活性元件是（　　）。

A. 电极杆　　　　B. 敏感膜　　　　　C. 内参比电极　　D. 导线

10. 用氟离子选择性电极测 F^- 时往往须在溶液中加入柠檬酸盐缓冲溶液，其作用主要有（　　）。

A. 控制离子强度　　　　　　　　　　B. 消除 Al^{3+}，Fe^{3+} 的干扰

C. 控制溶液的 pH 值　　　　　　　　D. 都有

三、填空题

1. pH 玻璃电极使用前需要_____，主要目的是使_____固定。

2. F^- 选择性电极敏感膜的组成为_____。内参比溶液为_____。

3. 直接电位法常用的定量方法有_____、_____和_____。

4. 用 pH 玻璃电极在测量 pH 值很高（如 pH>9）的溶液时，pH 测定值比实际值_____，称为_____；而在测定 pH 很低的溶液事时（如 pH<1），pH 测定比实际值_____，称为_____。

5. 离子选择性电极的主要部件有_____、_____、_____以及导线和电极杆等。

6. 电位滴定法确定终点的常用方法是_____、_____和_____。

四、简答题

1. 用离子选择电极校准曲线法进行定量分析通常需加总离子强度调节缓冲液，请问使用总离子强度调节缓冲液有何作用？

2. 在用 pH 玻璃电极测定溶液 pH 时，为什么要选用与待测试液 pH 相近的 pH 标准溶液定位？

五、计算题

1. 今有一氢离子选择性电极，在实验条件下，发现当 $a_{Na^+}=1.0\times10^{-7}$ mol/L 时，测定的电位值恰好等于当 $a_{H^+}=0.1$ mol/L 时的电位值。试计算该电极 Na^+ 对 H^+ 的选择性系数，如果要在 1.0mol/L Na^+ 溶液中测定溶液的 pH 值，Na^+ 对 H^+ 离子浓度测定造成的误差小于 5%，则待测溶液的 pH 不得超过多少？

2. 25℃时，在烧杯中准确加入 100.0mL 水样，将甘汞电极（做正极）与 Ca^{2+} 选择性电极（做负极）插入溶液，测定其电动势。然后将 1.00mL 0.0731mol/L 的 Ca^{2+} 标准溶液加入烧杯中，测得电动势降低了 13.6mV。计算水样中 Ca^{2+} 的摩尔浓度。

3. 钙离子选择性电极的选择性系数 $K(Ca^{2+}, Na^+)=1.3\times10^{-4}$，现欲在 0.200mol/L 的 NaCl 溶液中测定浓度为 5.8×10^{-5} mol/L 的 Ca^{2+}，试计算由于 NaCl 的存在引起的相对误差。

9. 极谱分析法

一、判断题

1. 残余电流就是待测试液中残余的干扰组分引起的电流。（　　）

2. 极谱分析过程的特殊性主要表现在电极的特殊性和电解条件的特殊性。（　　）

3. 半波电位就是电流为极限电流一半时的电极电位，它极谱定性的依据。（　　）

4. 迁移电流是溶液中的待测离子在扩散力的作用下，迁移到电极表面上还原所产生的电流。（　　）

5. 充电电流是由电极反应产生的，所以根本无法消除和减小。（　　）

二、选择题

1. 阳极溶出伏安法的灵敏度高的主要原因在于（　　）。

A. 溶液的搅拌　　B. 预电解　　　　C. 使用悬汞电极　　D. 以上都正确

2. 直流极谱法中使用的两支电极，其性质为（　　）。
   A. 都是去极化电极　　　　　　B. 都是极化电极
   C. 一支是极化电极，另一支是去极化电极　　D. 没有要求
3. 在中性或碱性介质中，可采用（　　）方法消除氧波。
   A. 加入大量电解质　B. 加入碳酸钠　　C. 加入亚硫酸钠　D. 加入明胶
4. 经典极谱法的检出下限是 10^{-5} mol/L，严重限制其检出下限的因素是（　　）。
   A. 电解电流　　　B. 充电电流　　　C. 扩散电流　　　D. 极限电流
5. 单扫描极谱法的可逆极谱波的形状为（　　）。
   A. 台阶状　　　　B. 波浪状　　　　C. 锯齿状　　　　D. 尖峰状
6. 极谱分析中对扩散电流不产生影响的因素是（　　）。
   A. 温度　　　　　B. 毛细管特性　　C. 空气湿度　　　D. 溶液组分

三、填空题

1. 极谱分析时，试液可重复多次进行测定，这是因为电解时，_____。
2. 经典极谱分析的电解池中常用的两个电极，一个是_____，它是_____电极，另一个是_____电极，它是_____电极。
3. 极谱分析时，在一定测定条件下，扩散电流与汞柱高度的平方根成_____，因此，在实际测定时，应使汞柱高度_____。
4. 极谱定量分析适合的浓度测量范围是 $10^{-5} \sim 10^{-2}$ mol/L，若浓度太高，则_____，若浓度太低，则易发生_____。
5. 在极谱分析中，扩散电流除了受_____控制外，还要受_____所控制的极谱波，称为不可逆波。
6. 极谱分析，待测离子由溶液主体到达电极表面有三种运动形式，其中只有_____运动所产生的电流与待测物质有定量关系。

四、简答题

1. 在直流极谱法中，最常用的工作电极是滴汞电极，为什么？
2. 溶出伏安法的实质是什么？它定性和定量的依据是什么？

五、计算题

1. Cd^{2+} 在滴汞电极上还原为金属镉并与汞生成汞齐，产生一个可逆的极谱波，如果汞滴流速 1.68mg/s，滴汞周期 3.49s，Cd^{2+} 扩散电流系数为 $7.6×10^{-6}$ cm²/s，其浓度为 $5.00×10^{-3}$ mg/L，计算极限扩散电流。
2. 一种未知浓度的铅溶液，产生的扩散电流为 6.00μA。向 50mL 上述溶液中加入 10mL 浓度为 $2.0×10^{-3}$ mol/L Pb^{2+} 溶液，重新绘制极谱图，得到的扩散电流为 18.0μA。计算未知液中铅的浓度。

10. 其他电化学分析法

一、判断题

1. 电导仪主要由测量电源、电导池、测量电路组成，它没有单色器。（　　）
2. 在多种离子共存的试液中直接电导法可以测定溶液中某种离子的量。（　　）
3. 库仑滴定法中测量的主要参数是电解时间。（　　）
4. 温度影响电导率的测定，随着温度的升高，溶液电导率将减小。（　　）
5. 在电导率测量中，通常使用的电极是悬汞电极。（　　）
6. 库仑分析法的基本原理是法拉第电解定律。（　　）

二、选择题

1. 若使某种阳离子在溶液中被电解，应该使其电对的电极电位（　　）阴极的电位。
   A. 高于　　　　　B. 低于　　　　　C. 等于　　　　　D. 不确定
2. 电导分析法直接测定的是（　　）。

A. 阳离子的浓度　　B. 阴离子的浓度　　C. 电解质的解离度　　D. 电解质的浓度
3. 电导电极间的距离为 L，电极面积为 A，则电导池常数 θ 为（　　）。
　A. L/A　　　B. A/L　　　C. LA　　　D. $L+A$
4. 比较不同电解质的导电能力时，最好采用（　　）。
　A. 电导　　　B. 电导率　　　C. 摩尔电导率　　　D. 无限稀释摩尔电导率
5. 库仑分析法是一种测定（　　）从而确定物质含量的方法。
　A. 电压　　　B. 电流　　　C. 电荷量　　　D. 电位
6. 防止电解过程中产生浓差极化的方法有（　　）。
　A. 降低电流密度　　B. 升高溶液温度　　C. 搅拌　　D. 以上三者均有
7. 库仑滴定的终点可以用（　　）来确定。
　A. 指示剂　　　B. 电流　　　C. 电阻　　　D. 外电压
8. 库仑滴定法滴定终点的判断方式是（　　）。
　A. 指示剂变色法　　B. 电位法　　C. 电流法　　D. 都可以
9. 在电解法分析铜样品时，每当有 96485C 的电荷量通过电解池时，可以在阴极上析出铜的质量为（　　）。[Ar(Cu)=63.55]
　A. 63.55g　　　B. 31.78g　　　C. 48243g　　　D. 127.1g
10. 生物传感器具有高选择性的原因是（　　）。
　A. 生化反应的高选择性　　　　B. 电极结构的特殊性
　C. 固化方法的特殊性　　　　　D. 测定方法的特殊性

三、填空题

1. 库仑滴定法借助于电位法或指示剂来指示终点，它不需要化学滴定法及其他仪器滴定分析中所用的_____及_____。
2. 电解质溶液的导电能力可以用_____表示，它是_____的倒数。
3. 在温度、电极一定时，电解质的稀溶液中 θ 和 Λ_m 均为_____，所以溶液的电导与其浓度_____。
4. 溶液的导电能力与溶液中的_____、_____和_____因素有关。
5. 电解分析时，某物质是否在阴极析出取决于_____的高低。

四、简答题

1. 库仑分析法为什么不需要标准样品或标准溶液就能进行测量？
2. 试述电化学生物传感器的测量原理。

五、计算题

1. 电导电极的面积为 $1.25cm^2$，极间距离为 1.50cm，插入某溶液后，测得电阻为 1092Ω，求该溶液的电导率和电导池常数。
2. 在 25℃ 时测得 $BaSO_4$ 饱和溶液的电导率为 $4.58\mu S/cm$，所用水的电导率为 $1.52\mu S/cm$，求 $BaSO_4$ 的 $K_{sp}^{\ominus}$。
3. 某含氯样品 2.000g，溶解后在酸性溶液中进行电解，用银作阳极并控制其电位为 +0.25V (vs. SCE)，Cl^- 在银阳极上反应，生成 AgCl，当电解完后，与电解池串联的氢氧库仑计产生 48.5mL 混合气体（标准状态），试计算样品中氯的含量。

11. 色谱分析法导论

一、判断题

1. 气相色谱分析时，载气流速比较低时，分子扩散项成为影响柱效的主要因素。（　　）
2. 在气相色谱定量分析中，为克服检测器对不同物质响应性能的差异，常需引入校正因子。（　　）
3. 色谱分析混合烷烃时，应选择非极性固定相，按沸点由低到高的顺序出峰。（　　）
4. 色谱分析时，单位柱长组分在两相间的分配次数越少，分离效果越好。（　　）

5. 范第姆特方程的一阶导数为零时的流速为最佳流速。(　　)
6. 色谱分析中,组分的分配比越小,表示其保留时间越长。(　　)
7. 塔板理论给出了影响柱效的因素及提高柱效的途径。(　　)
8. 色谱分析中,由于塔板数 n 与保留时间 t_R 的平方成正比,因此,t_R 越大,n 越高,柱效越高,分离效率越高。(　　)
9. 色谱分离时,柱效随载气流速的提高而增加。(　　)
10. 适当地降低固定液液膜厚度和降低固定相的粒度是提高柱效的有效途径。(　　)

二、选择题
1. 在气相色谱分析中,提高柱温,色谱峰如何变化(　　)。
   A. 峰高降低,峰变窄　　　　　　　B. 峰高增加,峰变宽
   C. 峰高降低,峰变宽　　　　　　　D. 峰高增加,峰变窄
2. 下列内标法描述不正确的是(　　)。
   A. 比归一法准确　　　　　　　　　B. 进样量对分析结果影响小
   C. 进样量对分析结果影响大　　　　D. 适用于不能全部出峰的样品
3. 气相色谱分析中,增加载气流速,组分保留时间如何变化(　　)。
   A. 保持不变　　B. 缩短　　C. 延长　　D. 无法预测
4. 色谱分析过程中,欲提高分离度,可采取(　　)。
   A. 增加热导检测器的桥电流　　　　B. 加快记录仪纸速
   C. 增加柱温　　　　　　　　　　　D. 降低柱温
5. 归一化法定量适用于(　　)。
   A. 含有易分解组分的样品　　　　　B. 含有非挥发性组分的样品
   C. 检测器对某些组分不响应的样品　D. 检测器对所有组分响应的样品
6. 在下列情况下,两个组分肯定不能被分离的是(　　)。
   A. 两组分的相对分子质量相等　　　B. 两组分的沸点接近
   C. 分配系数比等于1　　　　　　　　D. 异构体
7. 色谱的内标法特别适用于(　　)。
   A. 组分全出峰的样品　　　　　　　B. 快速分析
   C. 无标样组分的定量　　　　　　　D. 大批量样品
8. 速率方程式的正确表达式是(　　)。
   A. $H = A/u + B/u + Cu$　　　　　B. $H = A + B/u + Cu$
   C. $H = A + Bu + C/u$　　　　　　D. $H = Au + B/u + Cu$
9. 在气相色谱法中,用非极性固定相SE-30分离己烷、环己烷和甲苯混合物时,它们的流出顺序为(　　)。
   A. 环己烷、己烷、甲苯　　　　　　B. 甲苯、环己烷、己烷
   C. 己烷、环己烷、甲苯　　　　　　D. 己烷、甲苯、环己烷
10. 用反相色谱法分离芳香烃时,若增加流动相的极性,则组分的保留时间将(　　)。
    A. 增加　　B. 减少　　C. 不变　　D. 不确定

三、填空题
1. 色谱定性的依据是_____,定量的依据是_____。
2. 气相色谱仪中的气化室作用是使样品_____。通常其温度比柱温高_____,但不可过高,否则将引起待测组分分解。
3. 制备色谱柱时,为了有较高的柱效,通常采用_____的固定液用量、_____的载体粒度和直径_____的柱管。
4. 气相色谱分析时,载气流速较低时,速率方程中的_____是引起色谱峰扩张的主要因素,此时宜采用相对分子质量_____气体作载气,以提高柱效。

5. 色谱分析中,选择固定液通常是根据_____原则。待分离组分与固定液性质越接近,它们之间的作用力越_____,该组分在柱中停留时间越_____,流出的越_____。

四、简答题

毛细管柱色谱仪的结构特点是什么?如何解决毛细管柱内径细所带来的问题?

五、计算题

1. 有一 A, B, C 三组分的混合物,经色谱分离后,其保留时间分别为:$t_{R(A)} = 4.5$min, $t_{R(B)} = 7.5$min, $t_{R(C)} = 10.4$min, 死时间 $t_0 = 1.4$min, 求:(1) B 对 A 的相对保留值;(2) C 对 B 的相对保留值;(3) B 组分在此柱中的容量因子是多少?

2. 有一样品含甲酸、乙酸、丙酸及少量水、苯等物质,称取样品 1.055g,以环己酮作内标,称取 0.1907g 环己酮加到样品中,混合均匀后进样,得如下数据

化合物	甲酸	乙酸	环己酮	丙酸
峰面积/cm²	14.8	72.6	133	42.4
相对校正因子(f)	3.83	1.78	1.00	1.07

求甲酸、乙酸和丙酸的质量分数。

12. 气相色谱法

一、判断题

1. GC 中,两组分能被分离的决定因素是两组分在流动相和固定相中的分配系数有差别。(   )
2. 色谱保留时间是色谱定性的依据,只要其值相同,就可以肯定是同一化合物。(   )
3. 气相色谱法的高灵敏度特点是由高灵敏度的检测器带来的。(   )
4. 提高载气流速有利于提高柱效。(   )
5. 流动相和固定相都是气体的色谱法称为气相色谱法。(   )
6. 气相色谱法是以气体为流动相,只能用于分析气体样品。(   )
7. 用非极性固定液分离非极性物质时,样品中组分按沸点由高到低的顺序流出。(   )
8. 色谱分析中,塔板高度越小,塔板数越大,则说明柱效能越高。(   )
9. 液体固定相就是固定液注入色谱柱中充当固定相。(   )
10. 在程序升温过程中,待分离组分的分配系数不变。(   )

二、选择题

1. 某气相色谱仪检测器,若其灵敏度加倍,噪音水平为原来的一半,则此改进后的检测器的检出限为原来的(   )倍。
   A. 1/2   B. 1/4   C. 4   D. 2

2. 气相色谱定量分析时(   )要求进样量特别准确。
   A. 内标法   B. 外标法   C. 面积归一法

3. 下列气相色谱仪的检测器中,属于质量型检测器的是(   )。
   A. 热导池和氢焰离子化检测器   B. 火焰光度和电子捕获检测器
   C. 热导池和电子捕获检测器   D. 火焰光度和氢焰离子化检测器

4. ECD 测量的是信号的(   ),因而使基流降低。
   A. 损失;降低   B. 增加;升高   C. 损失;升高   D. 增加;降低

5. 色谱分析中,(   )对物质的分离度没有影响。
   A. 增加柱长   B. 改用更灵敏的检测器
   C. 进样速度慢   D. 柱温变化

6. 在气相色谱分析中,载气的流速低时,(   )的影响较大。
   A. 涡流扩散项   B. 分子扩散项   C. 气相传质阻力   D. 液相传质阻力

7. 为了减小分子扩散对峰宽的影响,宜选择(   )为载气。

A. 氢气　　　　B. 氮气　　　　C. 氦气　　　　D. 空气
8. 当样品中所有组分都能产生可测量的色谱峰时，采用（　　）进行定量最简单。
A. 外标法　　　B. 内标法　　　C. 归一化法　　D. 单点校正法
9. 在气相色谱中，实验室间能通用的定性参数是（　　）。
A. 保留时间　　B. 保留体积　　C. 调整保留时间　D. 相对保留值
10. 在气液色谱中，色谱柱的使用上限温度取决于（　　）。
A. 样品中沸点最高组分的沸点　　B. 样品中各组分沸点的平均值
C. 固定液的沸点　　　　　　　　D. 固定液的最高使用温度

三、填空题
1. ECD 是一种高＿＿＿＿和高＿＿＿＿的检测器，它只对具有＿＿＿＿的物质产生信号。
2. 气相色谱仪一般由＿＿＿＿、＿＿＿＿、＿＿＿＿、＿＿＿＿和＿＿＿＿组成。
3. 在气液色谱中，固定液的选择原则遵循＿＿＿＿原则。
4. 在气相色谱分析中，对于沸点范围较宽的样品，通常采用＿＿＿＿色谱法。
5. 气相色谱法是以＿＿＿＿作为流动相，以＿＿＿＿或＿＿＿＿为固定相的色谱法。
6. 气相色谱仪检测器性能的主要技术指标有＿＿＿＿、＿＿＿＿、＿＿＿＿。
7. 硅藻土型载体按其制造方法不同分为＿＿＿＿和＿＿＿＿。
8. 气相色谱的液体固定相由＿＿＿＿和＿＿＿＿组成。
9. 气相色谱法的流动相是气体，称气体为＿＿＿＿。
10. 相对保留值只与＿＿＿＿和＿＿＿＿有关，常作为气相色谱的定性依据。

四、简答题
1. 以 FID 为检测器时，为什么用甲烷求死时间而不用空气？
2. 色谱定性的依据是什么，主要有哪些定性方法。
3. 当采用归一化法进行气相色谱定量分析时，进样量是否需要非常准确？为什么？

13. 高效液相色谱法

一、判断题
1. 在正相色谱体系中极性强的组分先出峰。（　　）
2. 液相色谱中流动相组成和极性的微小变化都会引起组分保留值的显著变化。（　　）
3. 高效液相色谱法适用于大分子热不稳定及生物样品的分析。（　　）
4. 反相分配色谱法的流动相极性大于固定相极性，适用于非极性化合物。（　　）
5. 液相色谱中引起色谱峰扩展的主要原因是分子扩散项。（　　）
6. 在液相色谱中，常用作固定相，又可用作键合相载体的物质是硅胶。（　　）
7. 流动相和固定相都是液体的色谱，称为液相色谱。（　　）
8. 液液色谱中的梯度洗脱就是改变洗脱液（流动相）的组成和极性，以显著的改变组分的分离效果。（　　）
9. 高效液相色谱法通常是采用降低分离温度和提高流动相流速来提高分离效果。（　　）
10. 化学键合固定相具有良好的热稳定性，不吸水、不易流失，可用于梯度洗脱的特点。（　　）

二、选择题
1. 液相色谱定量分析中，要求混合物中所有组分都必须出峰的方法是（　　）。
A. 内标法　　　B. 归一化法　　C. 外标法　　　D. 标准加入法
2. 下列色谱分析法中，吸附起主要作用的是（　　）。
A. 离子色谱法　B. 凝胶色谱法　C. 液固色谱法　D. 液液色谱法
3. 与气相色谱法比较，高效液相色谱的纵向扩散项可忽略，这主要是由于（　　）。
A. 柱内温度低　B. 柱后压力低　C. 组分在液相色谱中的分配系数小

D. 组分在液相色谱中的扩散系数比在气相色谱中的扩散系数小得多

4. 液相色谱分析中能够最有效提高色谱柱效的途径是（　　）。
   A. 适当升高温度　　　　　　　　　　B. 适当提高柱前压力
   C. 增大流动相流速　　　　　　　　　D. 减少填料颗粒直径，提高装填的均匀性

5. 下列方法中最适合分离结构异构体的方法是（　　）。
   A. 吸附色谱法　　　B. 离子交换法　　　C. 凝胶色谱法　　　D. 离子色谱法

6. 在液相色谱中通用型的检测器是（　　）。
   A. 紫外吸收检测器　　B. 示差折光检测器　　C. 热导检测器　　D. 荧光检测器

7. 高效液相色谱法最适宜的分析对象是（　　）。
   A. 低沸点小分子有机化合物　　　　　B. 所有的有机化合物
   C. 高沸点、难溶解的无机化合物　　　D. 高沸点不稳定的大分子有机化合物

8. 对于色谱峰相距太近或操作条件不易控制、准确测量保留值有一定困难的复杂样品，宜选择以下（　　）方法定性。
   A. 用化学分析法配合　　　　　　　　B. 利用文献保留值数据对照
   C. 加入已知物增加峰高　　　　　　　D. 求相对保留值

三、填空题

1. 在液固吸附色谱法中，洗脱剂极性强弱通常用_____来衡量，其值越大表示洗脱剂的极性越_____。

2. 反相高效液相色谱法中，常用的流动相有极性流动相，如_____、_____、_____以及它们的混合液等。

3. 利用化学反应将固定液键合到载体表面所制备的固定相称为_____。

4. 高效液相色谱分析时，如果进样量超过柱容量（即超载），即柱效迅速_____，色谱峰变_____。

5. 改变流动相的_____，可以改善液相色谱的分离度及调整出峰的时间。

6. 高效液相色谱法中的高压输液泵按照其工作原理可分为_____和_____。

7. 高效液相色谱固定相设计的原则是_____、_____以达到减少谱带变宽的目的。

8. 高效液相色谱的发展趋势是减小_____和_____以提高柱效。

9. 化学键合相色谱的重要优点是化学键合相固定相_____，使用过程中不易_____，适用于_____，适合于分配比 k 范围宽的样品分析。

10. 通过色谱柱的_____和_____之比叫阻滞因子。

四、简答题

在高效液相色谱中，为什么要对流动相脱气？

五、计算题

用 12cm 长的 ODS（十八烷基硅胶键合相）柱分离两个组分，已知柱效 $n = 2.00 \times 10^4 \, \text{m}^{-1}$，用苯磺酸溶液测得 $t_0 = 1.40 \, \text{min}$，$t_{R1} = 4.40 \, \text{min}$，$t_{R2} = 4.80 \, \text{min}$。试求：(1) k_1'、k_2' 和 $\gamma_{2,1}$；(2) 试问如要求分离度达到 1.5，柱长应增加至多少？

思考题答案

实验 1　天平称量练习

1. 答：直接称量法，固定质量称量法，递减称量法。

固定质量称量法：用于称取某一固定质量的试剂，要求被称物在空气中稳定、不吸潮、不吸湿。

减量法：一般用来连续称取几个试样，其量允许在一定范围内波动，可用于称取易吸湿、易氧化或易与二氧化碳反应的试样。

2. 答：称量时一定要用小纸片夹住称量瓶盖柄，将称量瓶在接受容器的上方，倾斜瓶身，用称量瓶盖轻敲瓶口上部使试样慢慢落入容器中，当敲落的试样接近所需要时，一边继续用瓶盖轻敲瓶口，一边逐渐将瓶身竖直，使黏附在瓶口上的试样落下，然后盖好瓶盖去称量。

实验 2　滴定分析基本操作练习

1. 答：用托盘天平称量。因为氢氧化钠溶液不稳定，氢氧化钠固体也会吸湿，会和空气中的二氧化碳反应，因此并不是根据氢氧化钠的质量来计算溶液的准确浓度，而是配制完成后用基准物质对它进行标定。

2. 答：因为滴定管，移液管用清水洗涤过后内壁会有水珠，若不润洗，水珠会稀释溶液，使实验所用的溶液量增多，之后几次实验的浓度与前面不一样，造成误差增大。锥形瓶不用润洗，因为被滴定的试剂是定量取的，不管怎么稀释，它所含的溶质不变，所以不需要润洗。

3. 答：酸滴碱时，终点酸过量，溶液弱酸性，所以要选择变色范围在 3.1～4.4 的甲基橙。碱滴酸时，终点碱过量，溶液弱碱性，所以要选择变色范围在 8.2～10 的酚酞。

4. 答：加入半滴的操作是：将酸式滴定管的旋塞稍稍转动或碱式滴定管的乳胶管稍微松动，使半滴溶液悬于管口，将锥形瓶内壁与管口接触，使液滴流出，并用洗瓶用蒸馏水冲下。

实验 3　盐酸溶液的配制和标定

1. 答：(1) Na_2CO_3 作为基准物，具有纯净，常温下不易吸湿，化学性质稳定等优点，且分子量大，可减小称量误差。另外，由于所标定的 HCl 标准溶液将用来测定混合碱，即 Na_2CO_3 与 NaOH 的混合物，标定与测定条件一致，可减小测定误差。

(2) 由于滴定管读数误差每次 ± 0.01 mL，读两次为 ± 0.02 mL。

以 20mL 计，滴定管读数引起的相对误差：$0.02/20 \times 100\% = \pm 0.1\%$

刚好符合定量分析相对误差 $\leqslant 1‰$ 的要求。

2. 答：HCl 消耗量以 20mL 计，Na_2CO_3 的称取量 m_1；根据反应方程式：

$W = 1 \times 10^{-3} \text{mol} \times 106 \text{g/mol} = 0.106 \text{g}$，即称取 0.1～0.12g 为宜。

实验 4　混合碱的连续滴定分析（双指示剂法）

1. 答：所谓双指示剂法就是分别以酚酞和甲基橙为指示剂，在同一份溶液中用盐酸标准溶液作滴定剂进行连续滴定，根据两个终点所消耗的盐酸标准溶液的体积计算混合碱中各组分的含量。

2. 答：指示剂有理论变色范围，酸碱滴定有突跃范围。酸碱滴定中指示剂的选择原则是使指示剂的变色范围处或部分处于滴定突跃范围之内。突跃范围以内变色的指示剂都可以保证其滴定终点误差小于 0.1%。

实验 5　NaOH 溶液的配制和标定

1. 答：基准物质的分子量越大越好，邻苯二甲酸氢钾的相对分子质量为 204.22，二水合草酸的相对分子质量为 125.07，这样称取基准物时邻苯二甲酸氢钾的用量大，造成的称量误差小，所以标定后的浓度更准确。邻苯二甲酸氢钾较易得到纯制品，最重要的是在空气中不吸潮，很容易保存；草酸在湿度低时会失水，影响物质的量。邻苯二甲酸氢钾与氢氧化钠反应是 1∶1 的反应，好计算；二水合草酸是 2∶1，相对来说不如 1∶1 的直观好算。

2. 答：邻苯二甲酸氢钾溶于水，水溶液呈酸性。用其标定氢氧化钠溶液时，取邻苯二甲酸氢钾用待标定的氢氧化钠标准滴定溶液滴定。相当于用碱滴定酸性溶液，滴定终点溶液呈弱酸性。所以采用酚酞做指示剂。

实验 6　铵盐中含氮量的测定（甲醛法）

1. 答：甲醛中的游离酸是甲酸，甲酸是弱酸，中和完全后，溶液显若碱性，适合用酚酞作为指示剂；若以甲基红为指示剂，用 NaOH 滴定，指示剂变为红色时，溶液的 pH 值为 4.4，而甲酸不能完全中和。铵盐试样中的游离酸是 HSO_4^- 和硫酸，属于强酸，可以用甲基红为指示剂；铵盐是强酸弱碱盐，溶液显弱酸性，若以酚酞为指示剂，用 NaOH 溶液滴定至粉红色时，铵盐就有少部分被滴定，使测定结果偏高。

2. 答：NH_4HCO_3 中含氮量的测定不能用甲醛法测定。因为 $NH_4HCO_3 + HCHO \longrightarrow (CH_2)_6N_4H^+ + H_2CO_3$，产物 H_2CO_3 易分解且酸性太弱，不能被 NaOH 准确滴定。

实验 7　EDTA 标准溶液的配制和标定

1. 答：铬黑 T 与 Mg^{2+} 能形成稳定的络合物，显色很灵敏，但与 Ca^{2+} 形成的络合物不稳定，显色灵敏度低，为此在 pH=10.0 的溶液中用 EDTA 滴定 Ca^{2+} 时，常于溶液中先加入少量 MgY，使之发生置换反应，置换出 Mg^{2+}，置换出的 Mg^{2+} 与铬黑 T 显示很深的红色：$Mg^{2+} + EBT == Mg-EBT$（红色）；但 EDTA 与 Ca^{2+} 的络合能力比 Mg^{2+} 强，滴定时，EDTA 先与 Ca^{2+} 络合，当达到终点时，EDTA 夺取 Mg-EBT 中的 Mg^{2+}，形成 MgY，$Y + Mg-EBT == MgY + EBT$（蓝色）；游离出的指示剂显蓝色，变色很明显，此过程中，滴定前的 MgY 与最后生成的 MgY 物质的量相等，故不影响滴定结果。

2. 答：因为络合滴定中，EDTA 与金属离子形成稳定络合物的酸度范围不同，如 Ca^{2+}、Mg^{2+} 要在碱性范围内，而 Zn^{2+}、Ni^{2+}、Cu^{2+} 等要在酸性范围内，故要根据不同的酸度范围选择不同的金属离子指示剂。在标定 EDTA 时，使用相应的指示剂，可以消除基底效应，减小误差。

3. 答：六亚甲基四胺为弱碱，$pK_b=8.87$。结合一个质子后形成质子化六亚甲基四胺：$(CH_2)_6N_4 + H^+ == (CH_2)_6N_4H^+$；质子化六亚甲基四胺为弱酸，$pK_a=5.15$。弱酸和它的共轭碱组成缓冲溶液，缓冲溶液的 pH 主要决定于 pK_a，当 $c_{酸}=c_{碱}$ 时，$pH=pK_a=5.15$，改变 $c_{酸}$、$c_{碱}$ 的比例，缓冲溶液的 pH 可在 $pK_a \pm 1$ 的范围调节，因此，六亚甲基四胺-盐酸缓冲溶液符合测定 Zn^{2+} 时 pH=5.5 的要求。

4. 滴定为什么要在缓冲溶液中进行？如果没有缓冲溶液存在，将会导致什么现象发生？

答：在络合滴定过程中，随着络合物的生成，不断有 H^+ 释出：$M^{2+} + H_2Y^{2-} == MY^{2-} + 2H^+$；因此，溶液的酸度不断增大，酸度增大的结果，不仅降低了络合物的条件稳定常数，使滴定突跃减小，而且破坏了指示剂变色的最适宜酸度范围，导致产生很大的误差。因此在络合滴定中，通常需要加入缓冲溶液来控制溶液的 pH 值。

实验 8　水的硬度的测定

1. 答：由于 Al^{3+}、Fe^{3+}、Cu^{2+} 等对指示剂有封闭作用，如用铬黑 T 为指示剂测定此水样，应加掩蔽剂将它们掩蔽：Al^{3+}、Fe^{3+} 用三乙醇胺，Cu^{2+} 用乙二胺或硫化钠掩蔽。

2. 答：因为滴定 Ca^{2+}、Mg^{2+} 总量时要用铬黑 T 作指示剂，铬黑 T 在 pH 为 8.0~11.0 之间为蓝色，与金属离子形成的配合物为紫红色，终点时溶液为蓝色。所以溶液的 pH 值要控制为 10.0。测定 Ca^{2+} 时，要将溶液的 pH 控制至 12.0~13.0，主要是让 Mg^{2+} 完全生成 $Mg(OH)_2$ 沉淀。以保证准确测定 Ca^{2+} 的含量。pH 为 12.0~13.0 时，钙指示剂与 Ca^{2+} 形成红色配合物，指示剂本身呈纯蓝色，当滴定至终点时溶液为纯蓝色。但 pH>13.0 时，指示剂本身为红色，因而无法确定终点。

3. 答：在溶液中，钙指示剂存在下列平衡：

H_2In^-（红色）$\xrightarrow{pK_{a2}=7.4}$ HIn^{2-}（蓝色）$\xrightarrow{pK_{a3}=13.5}$ In^{3-}（红色）

由于 MIn^- 为红色，要使终点的变色敏锐，从平衡式看 $7.4<pH<13.5$ 就能满足。为了排除 Mg^{2+} 的干扰，因此在 pH=12.0~13.0 的条件下滴定钙，终点呈蓝色。

4. 答：测定钙硬度时，采用沉淀掩蔽法排除 Mg^{2+} 对测定的干扰，由于沉淀会吸附被测离子 Ca^{2+} 和钙指示剂，从而影响测定的准确度和终点的观察（变色不敏锐），因此测定时注意：(1) 在水样中加入 NaOH 溶液后放置或稍加热，待看到 $Mg(OH)_2$ 沉淀后再加指示剂。放置或稍加热可以使 $Mg(OH)_2$ 沉淀颗粒增大，减少吸附；(2) 近终点时慢滴多搅，即滴一滴多搅动，待颜色稳定后再滴加。

实验 9　铅、铋混合液中铅、铋含量的连续测定

1. 答：按本实验操作，起始酸度没有超过滴定 Bi^{3+} 的最高酸度。随着滴定的进行，溶液的 pH 约为 1.0。加入 10mL 200g/L 六亚四基四胺后，溶液的 pH=5.0～6.0。

2. 答：不能在 pH 为 5.0～6.0 时滴定 Bi^{3+}、Pb^{2+} 总量，因为当溶液的 pH 为 5.0～6.0 时，Bi^{3+} 水解，不能准确滴定。

3. 答：在选择缓冲溶液时，不仅要考虑它的缓冲范围或缓冲容量，还要注意可能引起的副反应。若用 NaAc 调酸度，Ac^- 能与 Pb^{2+} 形成络合物，影响 Pb^{2+} 的准确滴定，所以用六亚四基四胺调酸度。

实验 10　高锰酸钾标准溶液的配制和标定

1. 答：因 $KMnO_4$ 试剂中常含有少量 MnO_2 和其他杂质，蒸馏水中常含有微量还原性物质，能慢慢地使 $KMnO_4$ 还原为 $MnO(OH)_2$ 沉淀。另外因 MnO_2 或 $MnO(OH)_2$ 又能进一步促进 $KMnO_4$ 溶液分解。因此，配制 $KMnO_4$ 标准溶液时，要将 $KMnO_4$ 溶液煮沸一定时间并放置数天，让还原性物质完全反应，并用微孔玻璃漏斗过滤除去沉淀，然后保存于棕色试剂瓶中。

2. 答：因 Mn^{2+} 和 MnO_2 的存在能使 $KMnO_4$ 分解，光照会加速分解。所以，配制好的 $KMnO_4$ 溶液要盛放在棕色试剂瓶中保存。如果没有棕色瓶，应放在避光处保存。

3. 答：因 $KMnO_4$ 溶液具有氧化性，能使碱式滴定管下端橡皮管氧化，所以滴定时，应要放在酸式滴定管中。

4. 答：若用 HCl 调酸度时，Cl^- 具有还原性，能与 $KMnO_4$ 作用。若用 HNO_3 调酸度时，HNO_3 具有氧化性。所以只能在 H_2SO_4 介质中进行。滴定必须在强酸性溶液中进行，若酸度过低 $KMnO_4$ 与被滴定物作用生成褐色的 $MnO(OH)_2$ 沉淀，反应不能按一定的计量关系进行，使结果偏低；酸度太高，$H_2C_2O_4$ 会发生分解，使结果偏高。

5. 答：棕色沉淀物为 MnO_2 和 $MnO(OH)_2$，可用酸性草酸和盐酸羟胺洗涤。

实验 11　过氧化氢含量的测定

1. 答：工业上常用碘量法测定 H_2O_2：

$H_2O_2+2H^++2I^- \rightleftharpoons 2H_2O+I_2$；$I_2+2S_2O_3^{2-} \rightleftharpoons S_4O_6^{2-}+2I^-$

2. 答：H_2O_2 在碱性介质中是比较强的氧化剂，在酸性介质中既是氧化剂，又是还原剂，在溶液中很易除去。对环境无污染，使用时应避免接触皮肤。

3. 答：在较强的酸性溶液中，$KMnO_4$ 才能定量氧化 H_2O_2，HAc 不是强酸，不能达到此反应的酸度要求；HCl 具有还原性，可与 $KMnO_4$ 发生反应，使反应不能定量进行；HNO_3 具有氧化性，会干扰 $KMnO_4$ 与 H_2O_2 的反应。

实验 12　$Na_2S_2O_3$ 标准溶液的配制及标定

1. 答：$Na_2S_2O_3$ 不是基准物质，因此不能直接配制标准溶液。配制好的 $Na_2S_2O_3$ 溶液不稳定，容易分解，这是由于在水中的微生物、CO_2、空气中 O_2 作用下，发生下列反应：

$Na_2S_2O_3 \longrightarrow Na_2SO_3 + S\downarrow$

$S_2O_3^{2-} + CO_2 + H_2O \longrightarrow HSO_3^- + HCO_3^- + S\downarrow$（微生物）

$S_2O_3^{2-} + 1/2 O_2 \longrightarrow SO_4^{2-} + S\downarrow$

此外，水中微量的 Cu^{2+} 或 Fe^{3+} 等也能促进 $Na_2S_2O_3$ 溶液的分解。因此，配制 $Na_2S_2O_3$ 溶液时，需要用新煮沸（为了除去 CO_2 和杀死细菌）并冷却了的蒸馏水，加入少量 Na_2CO_3，使溶液呈弱碱性，以抑制细菌生长。

2. 答：I_2 与 $Na_2S_2O_3$ 的反应需在中性或弱酸性的条件下进行，如不稀释酸性太强，$Na_2S_2O_3$ 会分解，

I^- 易被空气中的氧氧化；$Cr_2O_7^{2-}$ 的还原产物 Cr^{3+} 绿色，若不稀释颜色太深对终点观察不利。由于 $K_2Cr_2O_7$ 与 KI 的反应在稀溶液中反应较慢，因此等反应完成后再稀释。

3. 答：用碱式滴定管，因溶液呈碱性。

4. 答：因淀粉吸附 I_3^-，使 I_2 不易放出，影响实验结果的准确性，所以不能过早加入。

加入过量的 KI，产物碘与过量的 I^- 生成 I_3^-；$I_2+I^- \longrightarrow I_3^-$

I_3^- 呈红棕色，溶液由红棕色变为淡黄色时，说明大部分的 I_2 已与 $S_2O_3^{2-}$ 反应，未反应的 I_2 少了，因此可以加入淀粉指示剂。淀粉溶液最好能在终点前的 0.5mL 时加入。

实验 13 间接碘量法测定铜盐中的铜

1. 答：本实验中的反应式为：

$$2Cu^{2+}+5I^- \Longrightarrow 2CuI\downarrow+I_3^-；\quad 2S_2O_3^{2-}+I_3^-=S_4O_6^{2-}+3I^-$$

从上述反应可以看出，I^- 不仅是 Cu^{2+} 的还原剂，还是 Cu^+ 的沉淀剂和 I^- 的络合剂。

2. 答：因 CuI 沉淀表面吸附 I_2，这部分 I_2 不能被滴定，会造成结果偏低。加入 NH_4SCN 溶液，使 CuI 转化为溶解度更小的 CuSCN，CuSCN 不吸附 I_2，从而使被吸附的那部分 I_2 释放出来，提高了测定的准确度。但为了防止 I_2 对 SCN^- 的氧化，所以 NH_4SCN 应在临近终点时加入。

3. 答：若试样中含有铁，可加入 NH_4HF_2 以掩蔽 Fe^{3+}。同时利用 HF-F^- 的缓冲作用控制溶液的酸度为 pH=3.0～4.0。

4. 答：如果用 $Na_2S_2O_3$ 滴定 I_2 溶液，因淀粉吸附 I_2，所以应滴定至溶液呈浅黄色时再加入淀粉指示剂。如果用 I_2 滴定 $Na_2S_2O_3$ 溶液时，应提前加入淀粉，否则易滴过量。

实验 14 碘量法测定维生素 C 的含量

1. 答：碘在水中的溶解度很低。加入过量的 KI，可增加 I_2 在水中的溶解度，反应式如下：$I_2+I^- \Longrightarrow I_3^-$。

2. 答：因 I_2 微溶于水但易溶于 KI 溶液中，在稀的 KI 溶液中溶解也很慢，故配制时先将 I_2 溶解在较浓 KI 的溶液中，最后稀释到所需浓度。保存于棕色瓶中。

3. 答：维生素 C 有强还原性，为防止水中溶解的氧气氧化维生素 C，因此要将蒸馏水煮沸，以除去水中溶解的氧气；为防止维生素 C 的结构被破坏，因此要将煮沸的蒸馏水冷却。

4. 答：(1) 读数误差，由于碘标准溶液颜色较深，溶液凹液面难以分辨；但液面最高点较清楚，所以常读取液面最高点，读时应调节眼睛的位置，使之与液面最高点前后在同一水平位置上。(2) 反应物容易被空气中的氧氧化；滴定过程中用碘量瓶，而不用锥形瓶，避免剧烈地摇动。

实验 15 铁矿石中全铁含量的测定（重铬酸钾无汞法）

1. 答：控制 $SnCl_2$ 不过量的措施是采用甲基橙指示 $SnCl_2$ 还原 Fe^{3+}，原理是：Sn^{2+} 将 Fe^{3+} 还原完后，过量的 Sn^{2+} 可将甲基橙还原为氢化甲基橙而褪色，不仅指示了还原的终点，Sn^{2+} 还能继续使氢化甲基橙还原成 N,N-二甲基对苯二胺和氨基苯磺酸，过量的 Sn^{2+} 则可以消除。在溶液中加入几滴甲基橙，再滴加 $SnCl_2$ 溶液，当溶液由橙变红，再慢慢滴加 $SnCl_2$ 至溶液变为淡粉色，再摇几下直至粉色褪去。如刚加入 $SnCl_2$ 红色立即褪去，说明 $SnCl_2$ 已经过量，可补加 1 滴甲基橙，以除去稍过量的 $SnCl_2$，此时溶液若呈现粉红色，表明 $SnCl_2$ 已不过量。溶液呈浅粉色最好，不影响滴定终点。

2. 答：滴定反应为：$6Fe^{2+}+Cr_2O_7^{2-}+14H^+ \longrightarrow 6Fe^{3+}+2Cr^{3+}+7H_2O$；滴定突跃范围为 0.93～1.34V，使用二苯胺磺酸钠为指示剂时，由于变色点电位为 0.85V，终点提前到达，引入较大误差。因而需加入 H_3PO_4。加入 H_3PO_4 可使滴定生成的 Fe^{3+} 生成无色的 $Fe(HPO_4)^{2-}$ 而降低 Fe^{3+}/Fe^{2+} 电对的电位，使突跃范围变成 0.71～1.34V，指示剂可以在此范围内变色，同时也消除了 $FeCl_4^-$ 黄色对终点观察的干扰。若不立即滴定，Fe^{3+} 更易被氧化，故不能放置而应立即滴定。

3. 答：首先配制 $K_2Cr_2O_7$ 标准溶液，然后准确称取一定量的试样于 250mL 锥形瓶中，加 20mL 水溶解，加入 15mL 硫磷混酸，2～3 滴二苯胺磺酸钠指示剂，立即用 $K_2Cr_2O_7$ 标准溶液滴定至溶液呈稳定的紫红色即为终点。平行测定三次，计算试剂中铁的百分含量。

实验 16　氯离子含量的测定（莫尔法）

1. 答：用 K_2CrO_4 作指示剂，滴定不能在酸性溶液中进行，因指示剂 K_2CrO_4 是弱酸盐，在酸性溶液中 CrO_4^{2-} 依下列反应与 H^+ 结合，使 CrO_4^{2-} 浓度降低过多，在等当点不能形成 Ag_2CrO_4 沉淀。

$$Ag_2CrO_4 + H^+ \Longrightarrow 2Ag^+ + HCrO_4^-, \quad K_{a2}=3.2\times 10^{-7}; \quad 2HCrO_4^- = Cr_2O_7^{2-} + H_2O, \quad K=98$$

也不能在碱性溶液中进行，因为 Ag^+ 将形成 Ag_2O 沉淀：

$$Ag^+ + OH^- \longrightarrow AgOH; \quad 2AgOH \longrightarrow Ag_2O\downarrow + H_2O$$

因此，用铬酸钾指示剂法，滴定只能在近中性或弱碱性溶液（pH＝6.5～10.5）中进行。如果溶液的酸性较强可用硼砂、$NaHCO_3$ 或 $CaCO_3$ 中和，或改用硫酸铁铵指示剂法。

滴定不能在氨性溶液中进行，因 AgCl 和 Ag_2CrO_4 皆可生成 $[Ag(NH_3)_2]^+$ 而溶解。

2. 答：K_2CrO_4 浓度过大，会使终点提前，且 CrO_4^{2-} 本身的黄色会影响终点的观察，使测定结果偏低；若太小，会使终点滞后，使测定结果偏高。

3. 答：不能用 NaCl 滴定 $AgNO_3$，因为在 Ag^+ 中加入 K_2CrO_4 后会生成 Ag_2CrO_4 沉淀，滴定终点时 Ag_2CrO_4 转化成 AgCl 的速率极慢，使终点推迟。

实验 17　可溶性氯化物中氯含量的测定（佛尔哈德法）

1. 答：硝酸可以方便地控制所需要的酸度，同时不会和实验中其他试剂反应。不能用其他酸，例如 HCl、H_2SO_4 等都会和 Ag^+ 生成沉淀。

2. 答：佛尔哈德法测定卤素离子时，通常在 HNO_3 介质中进行，控制酸度在 0.1～1.0mol/L。酸度过低，Fe^{3+} 水解生成红色 $Fe(OH)_3$ 沉淀，影响滴定。

实验 18　钡盐中钡含量的测定

1. 答：沉淀 $BaSO_4$ 时要在稀溶液中进行，溶液的相对饱和度不至太大，产生的晶核也不至太多，这样有利于生成粗大的结晶颗粒。不断搅拌的目的是降低过饱和度，避免局部浓度过高，同时也减少杂质的吸附。

2. 答：为了洗去沉淀表面所吸附的杂质和残留的母液，获得纯净的沉淀，但洗涤又不可避免地会造成部分沉淀的溶解。因此，洗涤沉淀要采用适当的方法以提高洗涤效率，尽可能地减少沉淀的溶解损失。所以同体积的洗涤液应分多次洗涤。

3. 答：沉淀要在热溶液中进行，使沉淀的溶解度略有增加，这样可以降低溶液的过饱和度，以利于生成粗大的结晶颗粒，同时可以减少沉淀对杂质的吸附。为了防止沉淀在热溶液中的损失，应当在沉淀作用完毕后，将溶液冷却至室温，然后再进行过滤。

实验 19　分光光度法测定微量铁

1. 答：吸收曲线是测定样品在不同波长下的吸光度的大小，由吸光度ε和波长λ绘制的曲线，而标准曲线是在确定的波长下（一般是最大吸收波长），测定不同浓度的样品的吸光度，由吸光度ε和样品浓度C绘制的曲线。吸收曲线是用来找出最大吸收波长，标准曲线是用来确定未知样的浓度。

2. 答：参比溶液的作用是扣除背景干扰，不能用蒸馏水作参比，因为蒸馏水与试液组成相差太远，只有参比溶液和试液组成相近，测量的误差才会小。

3. 答：各种试剂的加入顺序不能颠倒，盐酸羟胺是把 Fe^{3+} 还原为 Fe^{2+}，邻二氮菲是显色剂，乙酸钠用来调节酸度。

实验 20　ICP-AES 测定饮用水中 Cr、Pb

1. 答：具有准确度高和精密度高、检出限低、测定快速、线性范围宽、可同时测定多种元素等优点。

2. 答：能否选择合适的分析谱线直接影响测量结果的准确性和方法的可信度。从仪器配置的数据库中可以查出所测元素检出限低、灵敏度高以及对加入一定体积的有机添加剂之后较敏感的分析谱线。

实验 21　电感耦合等离子体原子发射光谱法测定塑料及其制品中铅、镉、汞

1. 答：ICP 有较显著的酸效应，虽不同元素受影响程度不完全相同，但总的趋势是，随着酸度的增大结果降低。

2. 答：由于微波消解后的消解液仍残留较多的酸，因此，必须对用于绘制工作曲线的标准溶液采用与样品溶液基本一致的酸基体作介质配制标准溶液，降低酸基体效应对结果的影响。

实验 22 原子吸收光谱法测定硫酸锌中铅、镉的含量

1. 答：（1）标准系列的组成与待测试样组成尽可能相似，配制标准系列时，应加入与试样相同的基体成分。在测定时应该进行背景校正。

（2）所配制的试样浓度应该在 $A-c$ 标准曲线的直线范围内，吸光度在 0.15～0.6 之间测量的准确度较高。通常根据被测定元素的灵敏度来估计试样的合适浓度范围。

（3）在整个分析过程中，测定条件始终保持不变。若进样效率、火焰状态、石墨炉工作参数等稍有改变，都会使标准曲线的斜率发生变化。在大量试样测定过程中，应该经常用标准溶液校正仪器和检查测定条件。

2. 答：（1）测量应在 $A-c_x$ 标准曲线的线性范围内进行。

（2）为了得到准确的分析结果，至少应采用 4 个工作点制作标准曲线后外推。首次加入的元素标准溶液的浓度（c_o）应大致和试样中被测定元素浓度（c_x）相接近。

（3）标准加入法只能消除基体干扰和某些化学干扰，但不能消除背景吸收干扰。因此，在测定时应该首先进行背景校正。

实验 23 火焰原子吸收光谱法测定废水中的重金属离子

1. 答：在原子吸收测量条件下，测量对象是占原子总数 99% 以上的基态原子，而原子发射光谱测量的是占少数的激发态原子，温度的变化主要影响激发态原子数的变化，而它们在原子吸收测量条件下占原子总数不到 1%，对基态原子数的影响很小，因此原子吸收光谱法的准确度要优于原子发射光谱法。

2. 答：采用和空心阴极灯同频率的脉冲或方波调制电源，组成同步检波放大器，仅放大调频信号，为了消除原子化器中的原子发射干扰。

实验 24 维生素 B12 片剂含量的测定-紫外可见分光光度法

1. 答：A. 优先选择吸收峰干扰因素少的最大吸收波长。

B. 最大波长受到共存杂质干扰时，选择次强波长。

C. 最大波长的吸收峰太尖锐，测量波长难以重复时，选择次强波长。

2. 答：朗伯-比耳定律的前提条件之一是入射光为单色光。但实际上难以获得真正意义上的纯单色光。分光光度计只能获得近乎单色的狭窄光谱通带。复合光可导致对朗伯-比耳定律的正或负偏离。

实验 25 紫外分光光度法测定塑料制品中双酚 A

1. 答：吸收曲线可以提供物质的结构信息，并作为物质定性分析的依据之一。不同浓度的同一种物质，在某一定波长下吸光度 A 有差异，在 λ_{max} 处吸光度 A 的差异最大。此特性可作为物质定量分析的依据。在 λ_{max} 处吸光度随浓度变化的幅度最大，所以测定最灵敏。吸收曲线是定量分析中选择入射光波长的重要依据。

2. 答：通过调节双酚 A 标准溶液的 pH 为 4、5、6、7、8、9、10、11、12，在不同 pH 的介质中，双酚 A 的吸光度值测定结果。结果表明，在 pH 为 7 的水溶液中，双酚 A 的紫外吸收强度最大，故本方法选择双酚 A 测定的溶液 pH 为 7。

实验 26 苯甲酸的红外吸收光谱测定

1. 答：局部有发白现象发白，表示压制的晶片厚薄不匀，晶片模糊，表示晶体吸潮，水在光谱图 $3450cm^{-1}$ 和 $1640cm^{-1}$ 处出现吸收峰。

2. 答：一般来说，凡是脆性的化合物，即只要利用研钵可以研得碎的固体样品都能利用溴化钾压片的方法来进行红外样品的制备。如果是韧性的化合物（即在研钵中研不碎的化合物），通常是一些高聚物，如用粉碎机或哈氏切片机可以设法将它们弄成足够细（通常为几微米）的颗粒，也可以用溴化钾压片的方法来制样。

实验 27 红外光谱吸收法测定液体有机化合物的结构

1. 答：在使用溶液法时，要求溶剂不损伤盐片；也不与试样起反应；各溶剂的光谱在较大范围内无吸收。

2. 答：氯化钠透过波段 0.25～22.00nm，溴化钾透过波段 0.20～34.00nm，溴化钾的透过波段比较宽，所以大部分都用溴化钾。

实验 28 氟离子选择性电极测定牙膏中氟的含量

1. 答：在酸性溶液中，H^+ 与部分 F^- 形成 HF 或 HF_2^-，会降低 F^- 离子的浓度；在碱性溶液中，LaF_3 薄膜与 OH^- 发生反应而使溶液中 F^- 浓度增加。

2. 答：氯化钠用来维持总离子强度稳定，冰醋酸-NaOH 保证溶液的 pH 值处于一定的范围，柠檬酸钠作为掩蔽剂掩蔽 Fe^{3+}、Al^{3+} 避免对 F^- 测定的干扰。

实验 29 电位滴定法测定食醋中醋酸的含量

1. 答：不等于 7。反应终点产物为醋酸钠，是一元弱碱，pH 值应大于 7。

2. 答：用于调节溶液的总离子强度，使滴定各点的活度系数基本保持恒定，增加导电性，缩短平衡时间。

实验 30 循环伏安法测定染发剂中的对苯二胺

1. 答：峰电流随扫描速度的增大而增大。当对苯二胺浓度为 $1.0×10^{-3}$ mol/L 时，在扫描速度为 10～500mV/s 的范围内，氧化峰电流及还原峰电流均与扫描速度呈良好的线性关系，且扫描速度越大，扫描时的电容电流增大。

2. 答：将石墨粉与液体石蜡以 1∶1.2 的质量比在研钵内调成糊状，同时将需要涂抹的石墨电极棒先用超声波清洗器清洗 5～10min，然后将调匀的碳糊均匀地涂抹在石墨电极棒上，均匀抹平。

实验 31 葡萄酒中乙醇含量的气相色谱法测定

1. 答：(1) 内标物应是试样中不存在的纯物质。(2) 内标物的性质应与待测组分性质相近，以使内标物的色谱峰靠近并与之完全分离。(3) 内标物与标样品应完全互溶，但不能发生化学反应。(4) 内标物加入量应接近待测组分含量。

2. 答：为获得准确的定量，首先必须准确判断基线，其次要求有很好的色谱分离，其分离度的要求随难分离对峰高比的增加而提高。相对而言，用峰高定量对分离度的要求比用峰面积低。所以在分离度低情况，宜用峰高定量，保留时间短，半峰宽窄的峰，其半峰宽测定误差相对较大，所以也宜用峰高定量。但是，用归一化法宜用峰面积定量，峰形不正常时也必须用峰面积定量。

实验 32 液相色谱法检测土壤中的尿素含量

1. 答：外标法：外标工作曲线法、外标一点法、外标二点法等，内标法：内标工作曲线法、内标一点法、内标二点法、内标对比法等，使用内标和外标准曲线法时，可以不必测定校正因子，其他方法须要用校正因子校正峰面积。

2. 答：(1) 色谱填充性能；(2) 流动相及流动相的极性；(3) 流速。

实验 33 离子色谱法测定高纯氯化锂中的五种微量阴离子

1. 答：离子色谱常用的检测方法可以分为两类：即电化学法和光学法。电化学检测器有 3 种，即电导、安培和积分安培（包括脉冲安培）。其中，电导检测器应用的最广泛。电导检测器又可分为抑制型（两柱型）和非抑制型（单柱型）两种。由于抑制型能够显著提高电导检测器的灵敏度和选择性已逐渐成为电导检测器的主流。而光学法主要是紫外-可见光和荧光检测器。

2. 答：$3.5×10^{-3}$ mol/L Na_2CO_3 和 $1.0×10^{-3}$ mol/L $NaHCO_3$。

练习题答案

第二章 定量分析基本操作

一、选择题

1	2	3	4	5	6	7	8	9	10	11	12	13	14	15
A	C	C	C	C	B	D	D	A	B	B	B	A	C	A
16	17	18	19	20	21	22	23	24	25	26	27	28	29	30
B	B	C	B	A	C	C	C	C	B	D	D	D	C	A
31	32	33	34	35										
C	B	B	D	B										

二、填空题

1. 内壁不挂水珠。2. -0.02%, -1.5%。3. 右手，左手，食指。4. 玻璃棒，稍向上提。5. 0.4%, 20mL以上。6. 0.2500 和 24.10。7. 突跃小，终点不明；终点误差大造成浪费。8. 保证试剂（优级纯），分析试剂（分析纯），化学纯试剂（化学纯），实验室试剂；G.R，A.R，C.P，L.R；绿，红，蓝，黄色。9. 0.1，4，左手，右手。10. 滴定剂体积，准确浓度（或标准浓度）一定体积。11. 五。12. 20。13. 8.4。14. 定性、定量、化学、仪器。15. 常量，1%。16. 移液管、滴定管、容量瓶。17. 正态分布曲线。18. 实际上能测到的数字。19. 从物料的不同部位合理采取到有代表性的一小部分试样。20. 分离，掩蔽。21. $\mu = \bar{x} \pm (t_{0.05,4}S)/5^{0.5}$。22. $\pm 1.96\sigma$。23. 极值误差。24. 算术平均值（或中位数）。25. 15.8%。26. 的显著性（或是否有意义）。27. 0.25%。28. $0.002/m=0.02$, $m=0.1g$, 故配制500mL。29. 12.98。30. $(0.22.05 \pm 0.02)$mL。31. $Q=0.71<0.76$，保留；0.2014；0.2077。32. 真值；平均值；正确；重复；再现。33. 用基准物标定；与其他标准溶液比较。34. 反应速度慢、试样不易溶解、无合适指示剂。35. 回滴定。36. 量筒。

三、简答题

1. 答：进行对照试验，回收试验，空白试验，校准仪器和用适当的方法对分析结果校正。

2. 答：为了避免装入后的标准溶液被稀释，所以应用该标准溶液润洗滴管2～3次。而锥形瓶中有水也不会影响被测物质量的变化，所以锥形瓶不需先用标准溶液润洗或烘干。

3. 答：因为这时所加的水只是溶解基准物质，而不会影响基准物质的量。因此加入的水不需要非常准确。所以可以用量筒量取。

4. 答：反应必须具有确定的化学计量关系。反应必须定量地进行。必须具有较快的反应速度。必须有适当简便的方法确定滴定终点。

四、计算题

1. 解：设称样xg则：$-0.5 \times 10^{-3}/(x \times 5.0\%) = -0.1\%$; $x=10(g)$; 答：最少要称样10g。

第三章 酸碱滴定

一、选择题

1	2	3	4	5	6	7	8	9	10	11	12	13	14	15
C	D	B	C	B	D	B	B	B	A	C	A	B	C	B
16	17	18	19	20	21	22	23	24	25	26	27	28	29	30
D	B	B	B	B	B	A	B	A	C	B	A	D	D	B
31	32	33	34	35	36	37	38	39	40	41	42	43	44	45
C	B	C	C	C	C	C	C	D	D	D	D	C	B	B

二、填空题

1. 高，低。 2. 甲基橙，偏高。 3. （1）分析天平，量筒．（2）台秤，烧杯，试剂瓶。 4. 偏高。 5. 4.0mol/L。 6. 草酸和邻苯二甲酸氢钾 7. 偏低 8. 8.26~10.26。 9. 3.1~4.4；红；黄；橙。 10. 6.0~9.7 11. $NaOH + Na_3PO_4$ 或 $NaOH + Na_2HPO_4$。 12. 3.3%，3.5%。 13. $[H^+] - 0.30 = [OH^-] + [SO_4^{2-}]$。 14. 强，弱。 15. 109.5%，硼砂部分失去结晶水。 16. 突跃小，终点不明显，终点误差大；造成浪费。 17. $[H^+]=[OH^-]$ 的溶液。 18. 减小。 19. $[H^+]=[H_2BO_3^-]+[OH^-]-[Na^+]$ 或 $[H^+]=[H_2BO_3^-]+[OH^-]-2c$。 20. 1，酚酞。 21. 6.80，7.0。 22. $5.84×10^{-3}$mol/L。 23. 1.000。 24. 1∶2。 25. 12.58。 26. 3.3。 27. 蓝色；浅红。 28. 50%。 29. 质子的转移；离解、水解、中和、质子自递。 30. 分析，c，mol/L，H^+，$[H^+]$，pH。 31. 8.04。 32. $[H^+]^3/K_1K_2K_3=10^{-0.3}$。 33. （1）1.45；（2）0.96；（3）8.72；（4）6.89；（5）5.28；（6）9.70；（7）5.98；（8）6.74。 34. 滴定突跃范围；变色范围。 35. 8.22，酚酞。

三、判断题

1	2	3	4	5	6	7	8	9	10	11	12	13	14	15
×	√	×	×	√	×	×	√	×	√	√	×	×	×	√

16	17	18	19	20	21	22	23	24	25	26
√	×	×	×	√	×	×	√	√	√	

四、简答题

1. 答：(1) 称取 NaOH 用台秤。因为是粗配 NaOH，且称样量较大。(2) 称取邻苯二甲酸氢钾用分析天平。因为需要准确称量，且称样量小。

2. 答：NH_4NO_3 和 NH_4Cl 中均属于强酸弱碱的盐，其含氮量，可以用甲醛法测定。NH_4HCO_3 中的含氮量不能直接用甲醛法测定。因反应 $NH_4HCO_3 + HCHO \longrightarrow (CH_2)_6N_4H^+ + H_2CO_3$，产物 H_2CO_3 易分解且酸性太弱，不能被 NaOH 准确滴定。

3. 答：测定 c_{HCl}，用酚酞指示剂，结果偏高（多消耗 NaOH）；用甲基橙指示剂，结果无影响。$2NaOH \longrightarrow Na_2CO_3$。

酚酞指示剂：$NaOH + HCl =\!\!=\!\!= NaCl + H_2O$；$Na_2CO_3 + HCl =\!\!=\!\!= NaHCO_3 + NaCl$；2mol NaOH ~ 1mol HCl

甲基橙指示剂：$NaOH + HCl \longrightarrow NaCl + H_2O$；$Na_2CO_3 + 2HCl \longrightarrow CO_2 + H_2O + 2NaCl$；1mol NaOH ~ 1mol HCl

4. 答：因 NH_4^+ 的 $K_a=5.6×10^{-10}$，酸性太弱，其 $c_{ka}<10^{-8}$，所以不能用 NaOH 直接滴定。

5. 答：① 能否直接被准确滴定的判别式为 $cK_a \geqslant 10^{-8}$，所以对苯甲酸而言，$cK_a=0.2×10^{-4.21}>10^{-8}$，所以苯甲酸可用强碱直接滴。

② 反应完成时，反应为：$C_6H_5COOH+OH^-=C_6H_5COO^-+H_2O$

$C_6H_5COO^-$ 为碱，$pK_b=14.00-4.21=9.79$，用最简式计算：

$$[OH^-]=\sqrt{cK_a}=\sqrt{\frac{0.2}{2}×10^{-9.79}}=10^{-5.40}$$

pH=14.00-5.40=8.60，所以可选酚酞作指示剂。

6. 答：NaOH 试剂中会含有水分及 CO_3^{2-}，其标准溶液须采用间接法配制，因此不必准确称量，亦不必定容至 500mL，而是在台秤上称约 2g NaOH，最后定容亦是约 500mL。

加热煮沸是为除去其中 CO_2，然而在碱性中是以 CO_3^{2-} 存在，加热不会除去，应当先将水煮沸冷却除去 CO_2 后加入饱和的 NaOH 液（此时 Na_2CO_3 不溶于其中）。

碱液不能保存在容量瓶中，否则碱腐蚀，瓶塞会打不开，应置于具橡皮塞的试剂瓶中。

五、计算题

1. 答：$w(Na_2CO_3)=\dfrac{0.1060×20.10×106.0}{0.3010×10^3}×100\%=75.03\%$

$$w(NaHCO_3) = \frac{0.1060 \times (47.79 - 2 \times 20.10) \times 84.01}{0.3010 \times 10^3} \times 100\% = 22.45\%$$

2. 答: $NaHCO_3 + HCl == NaCl + H_2CO_3$ (甲基橙变色);
$NaOH + HCl == NaCl + H_2O$ (酚酞变色)
$c_{NaHCO_3} = 1000 \times 1.008/84/250 = 0.048 mol/L$; $c_{NaOH} = 1000 \times 0.3200/40/250 = 0.032 mol/L$。
酚酞变色时: $V_{HCl} = 0.032 \times 50/0.1000 = 16 mL$; 甲基橙变色时: $V_{HCl} = 0.048 \times 50/0.1000 = 24 mL$

3. 解: $w(NH_4NO_3) = \frac{0.1000 \times 24.25 \times 500 \times 80.04}{25 \times 4.000 \times 1000} \times 100\% = 97.01\%$

换算成干试样时, $w'(NH_4NO_3) = \frac{97.01}{(1-2.20\%)} = 99.2\%$

六、设计题

1.

```
                    NaOH标准溶液              AgNO₃标准溶液
NaCl                NaCl
NH₄Cl   甲基红指示剂   NH₄Cl    K₂CrO₄指示剂    AgCl
HCl                 NaCl
                    测HCl                    测总氯

                    NaOH标准溶液
NaCl
NH₄Cl   用NaOH中至甲基红变黄   (CH₂)₆N₄
        HCHO
HCl
                    测NH₄⁺
NaCl量为总氯-HCl-NH₄Cl
```

第四章 络合滴定

一、选择题

1	2	3	4	5	6	7	8	9	10	11	12	13	14	15
C	C	C	A	B	B	A	C	D	A	A	C	B	C	B
16	17	18	19	20	21	22	23	24	25	26	27	28	29	30
D	A	A	A	C	B	B	C	C	A	D	D	A	C	A
31	32	33	34	35	36	37	38	39	40	41	42	43	44	45
C	B	D	D	A	B	A	C	B	B	A	C	B	D	C

二、填空题

1. 无影响。 2. $AlY^- + 6F^- + 2H^+ == AlF_6^{3-} + H_2Y^{2-}$ 3. 1:1; 控制酸度; pH=1左右; 六亚甲基四胺 4. 10.0, 5.0。 5. 三乙醇胺 掩蔽 Fe^{3+}、Al^{3+} 等少量共存离子。 6. Ba^{2+} 能与 EDTA 生成较稳定的络合物, 或者说钡离子产生络合效应。 7. 作为缓冲剂控制 pH, 防止滴定中酸度增高; 作为辅助络合剂, 防止 $Zn(OH)_2$ 沉淀。 8. 二甲酚橙(XO), 铬黑 T (EBT)。 9. $Na_2H_2Y \cdot 2H_2O$, 碳酸钙, 纯锌和氧化锌。 10. 乙二胺四乙酸, 七, Y^{4-}。 11. 由于简单配合物一般情况下都具有逐级配合作用, 因此不适合作为滴定剂。 12. 浓度 c 和条件稳定常数 K'_{MY}, K'_{MY} 越大浓度 c 越大。 13. 减小; 增大。 14. $\Sigma H_iY + [Y] + [MY]$, $\Sigma H_iY + [Y]$, $\Sigma ML_i + [M]$, $\Sigma ML_i + [M] + [MY]$。 15. 稳定性高, 组成简单, 易溶于水, 大多无色。

16. 5.4。17. 6。18. 降低。19. M 与 L 没有副反应。20. $10^{4.14}$。21. 有关，无关。22. $10^{-5.1}$；$10^{-5.6}$。23. 0.75，6.9。24. 8.2。25. 28.41%。26. 控制酸度。27. 7.84。28. 0.2。29. 滴定 Mg^{2+} 必须在 pH≈10.0 时进行，此时 $MgNH_4PO_4$ 将又重新沉淀致使无法滴定，故需先加 EDTA 络合，再调 pH，而后回滴。30. 39.98%。31. $10^{-9.2}$（或 $6.3×10^{-10}$）。32. FeF^{2+}。41. 11.3。

三、判断题

1	2	3	4	5	6	7	8	9	10
√	×	×	×	×	√	×	√	×	×

四、简答题

1. 答：(1) 不需准确加入。

(2) 必须保持 1:1 精确关系，Mg^{2+} 少则测定结果偏低，多则偏高。

(3) 在此溶液中加入氨性缓冲液及铬黑 T，应当再加半滴 0.02mol/L EDTA 后呈蓝色，而加半滴 0.02mol/L Mg^{2+} 呈红色，若不合格则应滴加 EDTA（或 Mg^{2+}）使之合格。

2. 答：各种金属离子与滴定剂生成络合物时都应有允许最低 pH 值，否则就不能被准确滴定。而且还可能影响指示剂的变色点和自身的颜色，导致终点误差变大，甚至不能准确滴定。因此酸度对络合滴定的影响是多方面的，需要加入缓冲溶液予以控制。

3. 答：① $\lg K'_{MgY} = \lg K_{MgY} - \lg \alpha_{Y(H)} = 8.69 - 4.64 = 4.04$

② $\lg c K'_{MgY} = \lg(10^{-2} × 10^{4.04}) = \lg 10^{2.04} = 2.04 < 6$

所以在 pH=6 时，不能用 EDTA 准确滴定 Mg^{2+}

③ $\lg \alpha_{Y(H)} = \lg K_{Mg} + \lg c_{Mg} - 6 = 8.69 - 2 - 6 = 0.69$

查上表，得 pH=10.0

4. 答：①加入三乙醇胺的目的：掩蔽 Fe^{2+}、Al^{3+}，防水解，避免对 EBT 的封闭。加入的方式，酸性条件下加入，其理由是防止 Al^{3+}、Fe^{3+} 水解。②加入 NH_3-NH_4Cl 调节 pH≈10.0。

五、计算题

1. 解：铅的质量分数：$(0.00780 × 19.70 × 207.2)/(0.4080 × 1000) × 100\% = 7.80\%$

锌的质量分数：$(0.02150 × 29.10 × 65.38)/(0.4080 × 1000) × 100\% = 10.03\%$

镁的质量分数：$(0.02150 × 45.90 - 0.0078 × 19.70) × 24.31/(0.4080 × 1000) × 100\% = 4.96\%$

2. 解：

$$\begin{array}{l} Bi^{3+} \\ Pb^{2+} \\ Cd^{2+} \end{array} \xrightarrow[pH\ 1.0]{XO,\ Y} \begin{array}{l} BiY \\ Pb^{2+} \\ Cd^{2+} \end{array} \xrightarrow[pH\ 5.5]{Y} \begin{array}{l} BiY \\ PbY \\ CdY \end{array} \xrightarrow{Phen} \begin{array}{l} BiY \\ PbY \\ Cd(Phen) \end{array} \begin{array}{l} Pb^{2+} \\ \downarrow \\ +Y \end{array}$$

pH=1.0 时，只有 Bi^{3+} 被滴定，pH=5.5 时，Pb^{2+}、Cd^{2+} 均被滴定；加入 Phen，置换出与 Cd^{2+} 等摩尔的 Y。

$c_{Bi} = (0.02025 × 21.80)/25.00 = 0.01766$ mol/L

$c_{Cd} = (0.02011 × 11.60)/25.00 = 0.009331$ mol/L

$c_{Pb} = (0.02025 × 32.50 - 0.02011 × 11.60)/25.00 = 0.01699$ mol/L

3. 解：由题意可知，$Ca(NO_3)_2$ 中的 Ca^{2+} 一部分和 F^- 反应，另外一部分和 EDTA 反应。

$Ca^{2+} + 2F^- \Longrightarrow CaF_2$（沉淀） $Ca^{2+} + EDTA \Longrightarrow Ca^{2+} - EDTA$（络合）

NaF 的质量分数为：

$(0.1100 × 50.00 - 0.05200 × 25.35) × 2 × 41.99 × 10^{-3}/1.000 × 100\% = 35.12\%$

4. 解：$\alpha_Y = \alpha_{Y(H)} = 10^{6.45}$

$[Ac^-] = c_\delta = 0.2 K_a/([H^+] + K_a) = 10^{-0.89}$

$\alpha_{Pb} = \alpha_{Pb(Ac)} = 1 + \beta_1[Ac^-] + \beta_2[Ac^-]^2 = 10^{1.65}$

$\lg K' = \lg K - \lg \alpha_Y - \lg \alpha_{Pb} = 18.04 - 6.45 - 1.65 = 9.94$

5. 解：滴定 Ca 的 EDTA 标准溶液的浓度用高纯锌来标定。其浓度为：0.011mol/L。所以，每克奶粉中 Ca 的含量为：3.93（mg/g）

6. 解：$pMg_{ep} = \lg K'_{MgEBT} = \lg K_{MgY} - \lg \alpha_{EBT(H)} = 7.0 - 1.6 = 5.4$；
$\alpha_{EBT(H)} = 1 + [H^+]/K_{a2} + [H^+]^2/K_{a2}K_{a1} = 10^{1.6}$

六、设计题

1. 参考答案：

称取锌量：$0.02 \times 25 \times 65.38 \times 10/1000 \approx 0.32$（g），溶于 HCl，定容于 250mL 容量瓶，移取 25.00mL 作标定，滴定介质的酸度与指示剂可用以下两种之一：

(1) pH=5.5 醋酸缓冲液，二甲酚橙指示剂，用 EDTA 滴至紫红变黄。
(2) pH=10 氨性缓冲液，铬黑 T 指示剂，用 EDTA 滴至紫红变纯蓝。

2. 参考答案：

a. 酸碱滴定法：$Ca^{2+} \longrightarrow CaCO_3 \rightarrow Ca^{2+}$（加入过量 HCl），以酚酞为指示剂，用 NaOH 标准溶液滴定过量 HCl。

b. 络合滴法：$Ca^{2+} + H_2Y^{2-} \longrightarrow CaY^{2-} + 2H^+$，在 pH~10 时，以铬黑 T 为指示剂，用 EDTA 直接滴定 Ca^{2+}。

c. 氧化还原滴定法：$Ca^{2+} \longrightarrow CaC_2O_4 \longrightarrow Ca^{2+}$（加入强酸）$+ H_2C_2O_4$，用 $KMnO_4$ 滴定 $H_2C_2O_4$ 来间接测量 Ca^{2+}。$2MnO_4^- + 5C_2O_4^{2-} + 16H^+ \Longrightarrow 2Mn^{2+} + 10CO_2 \uparrow + 8H_2O$

d. 重量分析法：$Ca^{2+} \longrightarrow CaC_2O_4 \downarrow$，经过滤、洗涤、干燥，用天平称量 CaC_2O_4，再换算为 Ca^{2+}。

第五章 氧化还原滴定答案

一、选择题

1	2	3	4	5	6	7	8	9	10	11	12	13	14	15
A	D	C	A	C	D	D	D	C	B	D	B	A	D	A
16	17	18	19	20	21	22	23	24	25	26	27	28	29	30
B	C	D	A	D	C	D	B	B	B	A	B	C	A	C
31	32	33	34	35	36	37	38	39	40	41	42	43	44	45
C	D	C	B	B	C	C	A	D	B	B	B	E	A	C

二、填空题

1. 减小，偏低，Na_2CO_3。 2. 偏低，偏低。 3. $K_2Cr_2O_7$，KI，I_2，亮绿。

4. I_2 的挥发；I^- 被空气中的氧氧化为 I_2。

5. 使溶液悬挂在滴定管出口管嘴上，形成半滴，用锥形瓶内壁将其沾落，再用洗瓶吹洗。

6. $Na_2C_2O_4$。 7. 铬酸钾，中性或弱碱性，硝酸银。

8. $SnCl_2$-甲基橙联合；生成无色的 $Fe(HPO_4)^{2-}$；消除 $FeCl_4^-$ 黄色的影响，增大电位突跃。

9. 0.5；0.06；0.2。

10. $CaCO_3$，纯金属锌；草酸钠；邻苯二甲酸氢钾，草酸；铬黑 T、二甲酚橙；$KMnO_4$；酚酞。

11. 50.30% 12. I_2，还原性，I_2 和 $Na_2S_2O_3$，氧化性。

13. 偏低，因为生成了 $MnO_2 \cdot H_2O$ 沉淀。

14. 氯离子具有还原性；硝酸具有氧化性；影响实验结果。

15. 二苯胺磺酸钠，淀粉。16. 置换。17. 高。

18. $\varphi = \varphi^{\ominus}_{MnO_4^-/Mn^{2+}} + (0.059/5) \cdot \lg([MnO_4^-][H^+]^8/[Mn^{2+}])$

19. 3:4。 20. +0.27。 21. 0.68V。 22. 0.97V。 23. 3:2。 24. $KMnO_4$。 25. 3.351。

26. 电位法；指示剂法。 27. 0.007585；0.001177。 28. 二苯胺磺酸钠。 29. 0.864V。

30. 1:6。 31. 1.32×10^{-10} mol/L。 32. 1.41V；0.72V。 33. 0.1574mol/L。

34. I_2 先析出，若 $[Br^-]>[I^-]$，则同时析出。35. 升高。
36. $pH=4.4$。37. $0.14V$。38. I_2；I^-；$2I^- \rightleftharpoons I_2$；$I_2+2S_2O_3^{2-} \rightleftharpoons 2I^-+S_4O_6^{2-}$。
39. 除 O_2；除 CO_2；杀死细菌。40. 还原剂；氧化剂。41. MnO_4^-/Mn^{2+}。

三、判断题

1	2	3	4	5	6	7	8	9	10	11	12	13	14	15
×	×	×	√	√	√	×	×	√	×	×	√	×	×	×
16	17	18	19	20	21	22	23							
×	√	√	√	×	×	×	×							

四、简答题

1. 答：(1) 因为 $Cr_2O_7^{2-}$ 与 $S_2O_3^{2-}$ 直接反应无确定计量关系，产物不仅有 $S_4O_6^{2-}$ 还有 SO_4^{2-}，而 $Cr_2O_7^{2-}$ 与 I^- 以及 I_2 与 $S_2O_3^{2-}$ 的反应均有确定的计量关系。(2) $Cr_2O_7^{2-}$ 是含氧酸盐，必在酸性中才有足够强的氧化性。放置是因反应慢。放于暗处是为避免光催化空气中 O_2 氧化 I^-。稀释则是为避免酸度高时空中 O_2 氧化 I^-，同时使 Cr^{3+} 绿色变浅，终点变色明显。若终点后很快出现蓝色，说明 $Cr_2O_7^{2-}$ 氧化 I^- 反应不完全，应弃去重做。

2. 答：
(1) $K_2Cr_2O_7$ 试剂含吸附水，要在 $120℃$ 烘约 $3h$。
(2) $n(K_2Cr_2O_7):n(Na_2S_2O_3)=1:6$，$0.23g$ $K_2Cr_2O_7$ 耗 $Na_2S_2O_3$ 体积为：

$$V(S_2O_3^{2-}) \approx \frac{0.23 \times 6}{(294 \times 0.02)} = 235 \text{ (mL)}$$

显然体积太大，应称约 $0.25g$ $K_2Cr_2O_7$ 配在 $250mL$ 容量瓶中，移取 $25mL$ 滴定。
(3) 此反应需加酸。(4) 反应需加盖在暗处放置 $5min$。(5) 淀粉要在近终点才加入。

3. 答：(1) 因 CuI 沉淀表面吸附 I_2，这部分 I_2 不能被滴定，会造成结果偏低。加入 NH_4SCN 溶液，使 CuI 转化为溶解度更小的 CuSCN，而 CuSCN 不吸附 I_2 从而使被吸附的那部分 I_2 释放出来，提高了测定的准确度。为了防止 I_2 对 SCN^- 的氧化，NH_4SCN 应在临近终点时加入。(2) 碘量法测铜的实验中加入 NH_4HF_2 的作用是：①若试样中含有铁，加入 NH_4HF_2 可以掩蔽 Fe^{3+}。②作为缓冲溶液，使溶液的 pH 值在 $3.2\sim4.0$ 之间。

4. 答：碘量法测铜的实验中加入 NH_4HF_2 的作用是：①若试样中含有铁，加入 NH_4HF_2 可以掩蔽 Fe^{3+}。②作为缓冲溶液调节溶液的 pH 在 $3.2\sim4.0$ 之间。

5. 答：因随着滴定的进行，Fe(Ⅲ) 的浓度越来越大，$[FeCl_4]^-$ 的黄色不利于终点的观察，加入 H_3PO_4 可使 Fe^{3+} 生成无色的 $[Fe(HPO_4)_2]^-$ 络离子而消除。同时由于 $[Fe(HPO_4)_2]^-$ 的生成，降低了 Fe^{3+}/Fe^{2+} 电对的电位，使化学计量点附近的电位突跃增大，指示剂二苯胺磺酸钠的变色点落入突跃范围之内，提高了滴定的准确度。在 H_3PO_4 溶液中铁电对的电极电位降低，Fe^{2+} 更易被氧化，故不应放置而应立即滴定。

6. 答：因为在碱性溶液中，I_2 发生歧化反应：$3I_2+6OH^- \rightleftharpoons IO_3^-+5I^-+3H_2O$。同时发生副反应：$S_2O_3^{2-}+4I_2+10OH^- \rightleftharpoons S_4^{2-}+8I^-+5H_2O$。

而在强酸性溶液中，$S_2O_3^{2-}$ 发生分解反应：$S_2O_3^{2-}+2H^+ \rightleftharpoons SO_2+S+H_2O$；同时 I^- 易被空气中的氧氧化：$4I^-+4H^++O_2 \rightleftharpoons 2I_2+2H_2O$。

7. 答：$75\sim85℃$ 过高，$C_2O_4^{2-}$ 易分解；温度过低，反应速度慢，引起的误差较大；此反应为自催化反应，产物 Mn^{2+} 是该反应的催化剂：

$$2MnO_4^-+5C_2O_4^{2-}+16H^+ \rightleftharpoons 2Mn^{2+}+10CO_2+8H_2O$$

8. 答：因 $KMnO_4$ 试剂中常含有少量 MnO_2 和其他杂质，蒸馏水中常含有微量还原性物质它们能慢慢地使 $KMnO_4$ 还原为 $MnO(OH)_2$ 沉淀。另外因 MnO_2 或 $MnO(OH)_2$ 又能进一步促进 $KMnO_4$ 溶液分解。因此，配制 $KMnO_4$ 标准溶液时，要将 $KMnO_4$ 溶液煮沸一定时间并放置数天，让还原性物质完全反应后并用微孔玻璃漏斗过滤，滤取 MnO_2 和 $MnO(OH)_2$ 沉淀后保存于棕色瓶中。

9. 答：①KI 是还原剂，沉淀剂 $Cu^{2+}+2I^- \rightleftharpoons CuI\downarrow +I_2$，②KI 是配位剂 $I^-+I_2 \rightleftharpoons I_3^-$，③CuI 沉淀对 I_2 有强烈的吸附作用，加入 KSCN 将 CuI 转化或 $CuSCN\downarrow$，近终点加入是为了防止 SCN^- 被氧化。④滴定反应为：$I_2+2Na_2S_2O_3 \rightleftharpoons 2NaI+Na_2S_4O_6$。

10. 答：①加入过量和 KI，使反应更完全，同时使 $I_2 \rightarrow I_3^-$，防止 I_2 的挥发。②加入 KSCN 的作用是使吸附在 CuI 沉淀表面上的 I_2 释放出来，避免产生误差。③近终点加入 KSN，防止 I_2 被 KSCN 还原。④$2Cu^{2+}+4I^- \rightleftharpoons 2CuI\downarrow +I_2$；$I_2+2S_2O_3^{2-} \rightleftharpoons 2I^-+S_4O_6^{2-}$。

11. 答：①加入三乙醇胺的目的：掩蔽 Fe^{3+}、Al^{3+}，防水解，避免对 EBT 的封闭。加入的方式，酸性条件下加入，其理由是防止 Al^{3+}、Fe^{3+} 水解。②加入 NH_3-NH_4Cl 调节 $pH=10$。

12. 答：酸碱滴定法：以质子传递反应为基础的滴定分析法。滴定剂为强酸或碱。指示剂为有机弱酸或弱碱。滴定过程中溶液的 pH 值发生变化。

氧化还原滴定法：以电子传递反应为基础的滴定分析法。滴定剂为强氧化剂或还原剂。指示剂氧化还原指示剂和惰性指示剂。滴定过程中溶液的氧化还原电对电位值发生变化。

五、计算题

1. 解：依据返滴定的原理，总的 $Na_2C_2O_4$ 减去与 $KMnO_4$ 反应的量，才是与 MnO_2 反应的量，有关反应的关系式为：$n_{Na_2C_2O_4}:n_{KMnO_4}=5:2$；$n_{MnO_2}:n_{Na_2C_2O_4}=1:1$（或有写出关反应方程式）。$MnO_2+C_2O_4^{2-}$（过）$+4H^+ \xrightarrow{\triangle} Mn^{2+}+2CO_2+2H_2O+C_2O_4^{2-}$（剩）

百分含量为：53.08%

2. 解：相关反应如下：
$$2Cu^{2+}+4I^- \rightleftharpoons 2CuI+I_2,\quad I_2+2S_2O_3^{2-} \rightleftharpoons S_4O_6^{2-}+2I^-$$

$$c(Na_2S_2O_3)=\frac{m(Cu)\times 10^3}{M(Cu)V_1(Na_2S_2O_3)}$$

$$w(Cu)=\frac{c(Na_2S_2O_3)V_2(Na_2S_2O_3)M(Cu)}{m_s\times 10^3}$$

$$=\frac{m(Cu)V_2(S_2O_3^{2-})}{V_1(S_2O_3^{2-})m_s}$$

$$=\frac{0.1107\times 26.28}{39.42\times 0.2240}=0.3295=32.95\%$$

3. 解：有关反应如下：
$$2CrO_4^{2-}+2H^+ \rightleftharpoons Cr_2O_7^{2-}+H_2O$$
$$Cr_2O_7^{2-}+6I^-+14H^+ \rightleftharpoons 2Cr^{3+}+3I_2+7H_2O$$
$$2S_2O_3^{2-}+I_2 \rightleftharpoons 2I^-+S_4O_6^{2-}$$

可得出 $2CrO_4^{2-} \sim Cr_2O_7^{2-} \sim 6I^- \sim 3I_2 \sim 6S_2O_3^{2-}$

$CrO_4^{2-} \sim 3I^- \quad CrO_4^{2-} \sim 3S_2O_3^{2-}$

剩余 K_2CrO_4 的物质的量 $n_{K_2CrO_4}=0.1020\times 10.23\times 1/3\times 10^{-3}=3.478\times 10^{-4}$

K_2CrO_4 的总物质的量 $n=0.194/194.19=10^{-3}$ mol

与试样作用的 K_2CrO_4 的物质的量 $n=6.522\times 10^{-4}$

$$w_{KI}=\frac{0.6522\times 10^{-3}\times 3\times 166.00}{0.3504}\times 100\%=92.70\%$$

4. 解：有关反应如下：
$$Cr_2O_7^{2-}+6Fe^{2+}+14H^+ \rightleftharpoons 2Cr^{3+}+6Fe^{3+}+7H_2O$$

由反应式：$1Cr_2O_7^{2-} \sim 6Fe^{2+} \sim 3Fe_2O_3$

所以有如下关系：

$$w(Fe_2O_3)=\frac{c\times \frac{1}{2}w(Fe_2O_3)\times 3\times M(Fe_2O_3)\times 100}{m_s\times 1000}$$

即：$0.5000 \times 1000 = c \times (1/2) \times 3 \times 159.7 \times 100$

解得：$c = 0.02087$ (mol/L)

5. 解：$m = [(6 \times 0.02000 \times x \times 55.85)/(x\% \times 1000)] \times 100\% = 0.6072$ (g)

6. 解：(1) 该反应为 $5C_2O_4^{2-} + 2MnO_4^- + 16H^+ = 2Mn^{2+} + 10CO_2 + 8H_2O$

则：$c_{C_2O_4^{2-}} \cdot V_{C_2O_4^{2-}} = (5/2) c_{MnO_4^-} \cdot V_{MnO_4^-}$，要使 $V_{C_2O_4^{2-}} = V_{MnO_4^-}$

$c_{C_2O_4^{2-}} = (5/2) c_{MnO_4^-} = 0.02 \times (5/2) = 0.05 \text{ mol/L}$

(2) 配制 100mL 这种溶液称取 $m_{Na_2C_2O_4} = 0.05 \times 0.1 \times 126.07 \approx 7g$

7. 解：$5H_2O_2 + 2MnO_4^- + 6H^+ = 5O_2 + 2Mn^{2+} + 8H_2O$

故：$5H_2O_2 \sim 2MnO_4^-$

$$w_{H_2O_2} = \frac{\frac{5}{2} n_{MnO_4^-} \cdot M_{H_2O_2}}{m_{样}} \times 100\%$$

$$= \frac{\frac{5}{2} \times 0.02400 \times 36.82 \times 10^{-3} \times 34.02}{1.010 \times 10.00} \times 100\%$$

$$= 0.7441\%$$

六、设计题

1. 参考答案：

第一步：以酚酞为指示剂，用 NaOH 标准溶液滴定 $H_2C_2O_4$ 溶液至粉红色出现。第二步：向 $H_2C_2O_4$ 溶液中加入 H_2SO_4 并加热，用 $KMnO_4$ 标准溶液滴定至粉红色。

$$c(KMnO_4) = \frac{c(NaOH)V(NaOH)}{V(KMnO_4) \times 5}$$

2. 参考答案：(1) 酸碱滴定。称试样 (mg) 加入过量 HCl 标准溶液，加热赶去 CO_2，冷后用 NaOH 标准溶液滴定，以甲基橙为指示剂，滴定至黄色。

$$w(CaCO_3) = \frac{[c(HCl)V(HCl) - c(NaOH)V(NaOH)]M(CaCO_3)}{m} \times 100\%$$

(2) 络合滴定。称取试样加 HCl 溶解，加碱至 $pH = 12 \sim 13$，以钙指示剂为指示剂，用 EDTA 标准溶液滴定至溶液由酒红色变为纯蓝色。

$$w(CaCO_3) = \frac{c(EDTA)V(EDTA)M(CaCO_3)}{2 \times m} \times 100\%$$

(3) 氧化还原法。称取试样，溶于 HCl，加热，加 $(NH_4)_2C_2O_4$，滴加氨水至甲基橙变黄。陈化、过滤、洗涤。用热 H_2SO_4 溶解沉淀，在加热下以 $KMnO_4$ 标准溶液滴定至粉红色。

$$w(CaCO_3) = \frac{\frac{5}{2} c(KMnO_4)V(KMnO_4)M(CaCO_3)}{m} \times 100\%$$

第六章 沉淀滴定与重量法答案

一、选择题

1	2	3	4	5	6	7	8	9	10	11	12	13	14	15
A	C	C	D	D	B	C	D	B	D	B	B	D	B	D
16	17	18	19	20	21	22	23	24	25	26	27	28	29	30
C	C	C	C	B	B	B	C	D	D	A	C	A	B
31	32	33	34	35	36	37	38	39	40					
C	B	B	B	B	D	D	A	D	B					

二、填空题

1. (1) B (2) C (3) D (4) A。2. 无定形沉淀；沉淀；陈化；烘干；灰化。3. 加入有机溶剂如硝基苯或 1,2-二氯乙烷。4. >5. 同离子；络合效应。6. 共沉淀；生成混晶 7. 共沉淀；后沉淀。8. 白色；褐或黄。9. 铬酸钾，中性或弱碱性，硝酸银 10. 价态 11. −2.5% 12. 热的电解质溶液。13. 减小 14. 氯化钡法，双指示剂法 15. 局部过浓 16. 混晶 17. 低 18. 均相成核 19. 非晶型（也叫无定型沉淀） 20. 1.22×10^{-14} 21. 0.2783. 22. Mg^{2+}，$Mg(OH)_2$ 23. 40.00 24. 1:3。25. $Ag(NH_3)_2^+$；高 26. Ag^+；X。27. 之后；之前。28. 过滤；有机溶剂。29. 胶体；吸附。30. 阴；吸附了 Ag^+ 而带正电荷的 AgCl。

三、判断题

1	2	3	4	5	6	7	8	9	10
√	×	×	×	×	√	×	×	×	×
11	12	13	14	15	16	17			
√	×	×	√	√	×	×			

四、简答题

1. 答：(1) 沉淀的溶解度必须很小。(2) 沉淀应易于过滤和洗涤。(3) 沉淀力求纯净，尽量避免其他杂质的玷污。(4) 沉淀易于转化为称量形式。

2. 答：(1) 在适当稀、热的溶液中进行。(2) 在不断搅拌的同时慢慢滴加沉淀剂。(3) 沉淀后要陈化使沉淀晶粒变大，变得更纯净。

3. 答：(1) 酸性太强 CrO_4^{2-} 转化为 $Cr_2O_7^{2-}$，不易形成 Ag_2CrO_4 沉淀，导致测定误差。若是碱性太强，则有氢氧化银甚至氧化银沉淀析出。(2) $AgNO_3$ 见光分解，故配制好的 $AgNO_3$ 溶液要保存于棕色瓶中，并置于暗处。

四、计算题

1. 解：$I\% = [(cV)_{AgNO_3} - (cV)_{KSCN}] \times M_1/(m_s \times 1000) \times 100\% = 34.98\%$

2. 解：pH=5.0，$[H^+]=10^{-5}$，设 CaC_2O_4 的溶解度为 s，

则 $[Ca^{2+}]=s$，溶液中 $[C_2O_4^{2-}]$ 来自两部分，一部分来自 $H_2C_2O_4$ 解离，一部分来自 CaC_2O_4 解离。

$$\delta_{C_2O_4^{2-}} = \frac{K_{a_1}K_{a_2}}{[H^+]^2 + K_{a_1}[H^+] + K_{a_1}K_{a_2}}$$
$$= \frac{5.9 \times 10^{-2} \times 6.4 \times 10^{-5}}{(1 \times 10^{-5})^2 + 5.9 \times 10^{-2} \times 10^{-5} + 5.9 \times 10^{-2} \times 6.4 \times 10^{-5}}$$
$$= 0.86$$

由 $H_2C_2O_4$ 解离的 $C_2O_4^{2-}$ 为 $\delta_{C_2O_4^{2-}} c = 0.86 \times 0.010 = 0.0086 mol/L$

$[C_2O_4^{2-}] = s + 0.0086 \approx 0.0086$

$K_{sp} = [Ca^{2+}][C_2O_4^{2-}] = s \cdot 0.0086 = 2.0 \times 10^{-9}$

$s = 2.3 \times 10^{-7} mol/L$

五、设计题

1. 答：第一步，以甲基红为指示剂，先用 NaOH 标准溶液滴定至黄，测 HCl 含量。第二步，以 K_2CrO_4 为指示剂，再用 $AgNO_3$ 标准溶液滴定第一步滴定后的溶液至砖红色。或直接用甲醛法测 NH_4Cl。

第七章 分光光度法答案

一、选择题

1	2	3	4	5	6	7	8	9	10	11	12	13
D	B	D	C	B	C	A	B	A	D	B	A	C

二、填空题

1. 72.3%。2. 500。3. 0.107。4. 吸光度。5. 绿色。6. 反比。7. 物质对光的选择性吸收；微量。8. $0.5c$；$1.5c$。9. $A = -\lg T$。10. 滤光片；棱镜或光栅。11. 选择性的。12. $L/(mol \cdot cm)$。13. 溶液的

浓度；光程；光源的强度无关。14. 互补光色。15. 双波长分光光度法。

仪器分析实验练习题

1. 绪论

一、判断题

1	2	3	4	5	6	7	8	9	10
×	√	×	×	×	√	×	√	√	√

二、选择题

1	2	3	4	5	6	7	8	9
D	C	C	C	D	A	B	A	B

三、填空题

1. 精密度、准确度、检出限。2. 本底信号，空白信号。3. 采样要具有代表性。4. 除去样品中杂质，色谱法、化学法、萃取法。5. 浓缩，常压浓缩、减压浓缩、氮气吹干浓缩、冷冻干燥浓缩。6. 衍生物，衍生化。7. 光分析法、电化学分析法、分离分析法。8. 压力密封消解法，微波加热消解法。

四、简答题

答：消解时根据情况准确称取少量样品于压力釜消解容器中，加入消解试剂，密封后置于微波炉内在一定功率挡进行消解。消解反应瞬时即可在100℃的密闭容器中快速进行。同时，微波产生的交变磁场导致容器内分子告诉振荡，使反应"界面"不断更新，消解时间大为缩短，一般只需几分钟，并且微波炉的转盘上一次可放置20个样品罐，因此大大提高了工作效率，适用于大批样品的快速消解和转化。

五、计算题

1. 1/4。 2. 方程：$A=0.201+2.11\times 10^3 c$，相关系数：$r=1.00$。 3. 检出限：$D=0.668\mu g/mL$。

2. 光学分析法导论

一、判断题

1	2	3	4	5	6	7	8	9	10
×	√	√	×	×	×	√	×	√	×

二、选择题

1	2	3	4	5	6	7	8	9	10	11	12	13	14	15
B	B	C	C	A	C	B,B	C	B	B	C	B	B	B	B

三、填空题

1. 单色光。2. 物料的纯度、杂质的含量，溶液的浓度。3. 原子或分子结构。4. 光的吸收，较低能级，较高能级。5. 丁铎尔散射、瑞利散射、拉曼散射。6. 电子能级跃迁。7. 原子吸收光谱、分子吸收光谱、核磁共振波谱。8. 色散，单色光。9. 原子发射光谱、分子发光光谱、X射线光谱。

四、简答题

1. 答：当物质受到光辐射作用时，物质中的分子或原子以及强磁场中的原子核吸收了特定的光子后，由低能态（一般为基态）被激发跃迁到高能态（激发态），此时如将吸收的光辐射记录下来，得到的就是吸收光谱。按其产生的本质可分为：分子吸收光谱（包括紫外与可见吸收光谱、红外吸收光谱）、原子吸收光谱及核磁共振波谱等。

吸收了能量处于高能态的分子或原子，其寿命很短，当它们回到基态或较低能态时，有时以热的形式释放出所吸收的能量，由于这种热量很小，一般不宜觉察出来；有时重新以光辐射形式释放出来，由此获得的光谱就是发射光谱。发射光谱按其产生的本质通常分为：原子发射光谱、分子发光光谱和 X 射线光谱等。

2. 答：原子光谱的产生的是线光谱，分子光谱是带状光谱。本质区别是一个是原子轨道的跃迁，另一个是分子轨道的跃迁，一个线很窄，一个线很宽。原子光谱是一条条彼此分立的线光谱。产生原子光谱的是处于稀薄气体状态的原子（相互之间作用力小），由于原子没有振动和转动能级，因此原子光谱的产生主要是电子能级跃迁所致。分子光谱是一定频率范围的电磁辐射组成的带状光谱。产生分子光谱的是气态、液态、固态或溶液中的分子，分子光谱分三个层次：电子光谱、振动光谱和转动光谱。电子能级中包含振动能级，振动能级中包含转动能级，可以由任意能态产生跃迁，形成带状吸收。

3. 答：包含多种频率成分的光称为复合光。只有一种频率成分的光称为单色光。在光谱分析中，广泛的采用棱镜及光栅来获得单色光。

3. 原子发射光谱法

一、判断题

1	2	3	4	5	6	7	8	9	10
×	×	×	×	×	×	×	×	√	×

二、选择题

1	2	3	4	5	6	7	8	9	10
C	B	D	B	C	C	B	C	C	C

三、填空题

1. 原子发射光谱法。2. 灵敏度。3. 激发源、分光系统，检测系统。4. 2.11。5. 频率、波数、波长、速率。6. 能量。7. 出射狭缝，光电转换器。8. 玻尔兹曼分布。9. 主共振发射线。10. 蒸发、原子化、激发。

四、简答题

答：铁光谱比较法即元素光谱法。铁的谱线较多，而且分布在较广的波长范围内（210～660nm 内有几千条谱线），相距很近，每条谱线的波长都已精确测定，载于谱线表内。铁光谱比较法是以铁的光谱线作为波长的标尺，将各个元素的最后线按波长位置标插在铁光谱（上方）相关的位置上，制成元素标准光谱图。在定性分析时，将待测样品和纯铁同时并列摄谱于同一感光板上，然后在映谱仪上用元素标准光谱图与样品的光谱对照检查。如待测元素的谱线与标准光谱图中表明的某元素谱线（最后线）重合，则可以认为可能存在该元素。应用铁光谱比较法可同时进行多元素定性分析。在很多情况下，还可以根据最后线的强弱，进一步判断样品的主要元素和微量元素。

五、计算题

$9.00\mu g/mL$

4. 原子吸收光谱法

一、判断题

1	2	3	4	5	6	7	8	9	10
×	√	√	×	√	√	×	√	√	×

二、选择题

1	2	3	4	5	6	7	8	9	10
C	C	C	A	D	D	C	C	C	B
11	12	13	14	15	16	17	18	19	
C	C	C	B	D	B	D	B	A	

三、填空题

1. 0.041mg/mL/1%。 2. 原子，分子，锐线，原子化。后，前。 3. 吸收光谱，电子光谱，相同。溶液中的分子或离子，基态原子蒸汽。 4. 谱线轮廓，峰值吸收系数，中心频率，峰值吸收。 5. 基态，激发态，玻尔兹曼。 6. 基体，背景。 7. 自吸，严重，强度减弱。 8. 雾化，雾化器，原子化，燃烧器。 9. 冷，低温（或氢化物）。 10. Ar；干燥，灰化，原子化，清残（净化）。 11. 共振吸收线，共振发射线，共振线。共振线，元素的特征谱线。 12. 光源，杯形空心阴极，待测元素金属，低压氖或氩，辉光放电管。 13. 单色器的位置不同，光源-吸收池-单色器，光源-单色器-吸收池。 14. 喷雾室，雾化室，燃烧器。 15. 减少，负。 16. 0.05mm。 17. 0.3nm。

四、简答题

1. 答：发射线的轮廓变宽对分析不利，吸收线的轮廓变宽对分析有利。

2. 答：影响原子吸收谱线宽度主要有哪些因素有自然宽度、多普勒变宽、和压力变宽。压力变宽包括洛伦兹变宽和赫尔兹马克变宽两种。对于原子火焰吸收，洛伦兹变宽为主要变宽；而对于石墨炉原子化吸收，多普勒变宽为主要变宽。

3. 答：原子吸收分析中，必须以峰值吸收代替积分吸收，即要求产生的谱线为锐线。空心阴极灯的电流较小，阴极温度不高，所以多普勒变宽小，自吸显现少；灯内充入低压惰性气体，洛伦兹变宽可以忽略，因而空心阴极灯能产生半宽度很窄的特征谱线。故原子吸收中多以空心阴极灯为灯源。

4. 答：原子吸收的背景校正方法主要有：（1）用非吸收线扣除背景；（2）用氘灯或卤素灯扣除背景；（3）利用塞曼效应扣除背景。

五、计算题

1. 解：$b = c \times 0.0044/A = 2.50 \times 0.0044/(-\lg 42\%)$mg/L/1%
   $= 0.011/0.377$mg/L/1% $= 0.029$mg/L/1%

2. 解：倒线色散率 $D = 1/(线色散率) = 1/1.25$mm/nm $= 0.8$nm/mm；
   有效宽度 $W = (589.6 - 589.0)/2$nm $= 0.3$nm；
   因此，理论狭缝宽度 $S = W/D = 0.3/0.8$mm $= 0.375$mm。

3. 解：$S = W/D = (404.7 - 404.4)/1$mm $= 0.3$mm；

4. 解：根据题中数据得：$c_0 = 0$；$A_1 = 0.230$；$c_1 = 1.00$mL $\times 0.0500$mol/L$/25.0$mL $= 0.00200$mol/L；$A_2 = 0.453$；$c_2 = 2.00$mL $\times 0.0500$mol/L$/25.0$mL $= 0.00400$mol/L；$A_3 = 0.680$。

以锌标准溶液浓度-吸光度作图，得标准曲线，由标准曲线上查得 $c_x = 0.00200$mol/L；

样品中锌的质量分数为 w，则 $c_x = 1.00w/(65.39 \times 25 \times 10^{-3}) = 0.00200$mol/L；

$w = 3.3 \times 10^{-3}$g/g（或 0.33%）。

5. 解：由 $W = D \times S$ 得 $D_1 = W_1/S_1 = 0.19$nm$/0.1$mm $= 1.9$nm/mm；
$D_2 = W_2/S_2 = 0.38$nm$/0.2$mm $= 1.9$nm/mm；$D_3 = W_3/S_3 = 1.9$nm$/1.0$mm $= 1.9$nm/mm；

因此，该仪器的色散元件的倒线色散率倒数为 1.9nm/mm。

$W_1 = 2.0$nm/mm $\times 0.05$mm $= 0.10$nm；$W_2 = 2.0$nm/mm $\times 0.10$mm $= 0.20$nm；
$W_3 = 2.0$nm/mm $\times 0.20$mm $= 0.40$nm；$W_4 = 2.0$nm/mm $\times 2.0$mm $= 4.0$nm。

5. 紫外-可见吸收光谱法

一、判断题

1	2	3	4	5	6	7	8	9	10
×	√	×	×	×	×	×	×	×	√

二、选择题

1	2	3	4	5	6	7	8	9	10
D	C	C	D	B	B	D	D	A	D

三、填空题

1. $200\sim800$。2. 物质的量比法，连续变化法。3. 平行单色光，均匀非散射性。4. 0.2nm。5. σ 键，远紫外区，溶剂。6. 石英。7. 紫外吸收分光光度法、可见吸收分光光度法、红外吸收分光光度法。8. 检定，结构。9. 显色反应。10. I/I_0，$I/I_0\times100\%$，$-\lg T$。

四、简答题

1. 答：吸光度 A 与波长之间放的关系曲线即为吸收曲线。它的特点由两点：(1) 相同物质吸收曲线形状相似，浓度不同吸光度值有大小；(2) 相同物质最大吸收波长 $\lambda_{\max}$ 不变。

2. 答：用不同极性的溶剂溶解待测物质，扫描紫外-可见吸收光谱，根据 $\lambda_{\max}$ 长移还是短移的方法可以区别 $n\to\pi^*$ 和 $\pi\to\pi^*$ 跃迁类型。溶剂极性越大，$n\to\pi^*$ 跃迁向短波方向移动，$\pi\to\pi^*$ 跃迁向长波方向移动。

3. 答：在 $n\to\pi^*$ 跃迁中，溶剂的极性增强时 n 分子轨道能量降低，且低于分子轨道 π^* 能量下降幅度，因此吸收带发生紫移；在 $\pi\to\pi^*$ 跃迁中，激发态的极性大于基态，当溶剂的极性增强时，由于溶剂与溶质相互作用，使溶质的分子轨道 π^* 能量下降幅度大于 π 成键轨道，因而使 π 与 π^* 的能量差减小，导致吸收峰 $\lambda_{\max}$ 红移。

4. 答：参比溶液的作用是扣除由于吸收池、溶剂和试剂对入射光的吸收和反射带来的影响。

5. 答：由于溶剂的极性不同而影响某些化合物的吸收峰波长、吸收峰强度及形状的现象。增强溶剂的极性，通常使 $\pi\to\pi^*$ 跃迁则发生红（长）移，使 $n\to\pi^*$ 跃迁向短波方向移动（蓝移）。

五、计算题

1. 解：(1) $A=-\lg T=-\lg 71.6\%=0.145$；
(2) $\kappa=A/(cL)=0.145/(3.00\times10^{-5}\text{mol/L}\times1.0\text{cm})=4.83\times10^3\text{L/(mol·cm)}$；
(3) $A=\kappa cL=4.83\times10^3\text{L/(mol·cm)}\times3\text{cm}\times3.00\times10^{-5}\text{mol/L}=0.435$；
$\lg T=-A=-0.435$；$T=36.7\%$。

2. 解：$A_{355}=\kappa_{355}c(NO_2^-)L$
$c(NO_2^-)=0.678/[23.3\text{L/(mol·cm)}\times1.0\text{cm}]=0.0291\text{mol/L}$
$A_{302}=\kappa_{302}^{NO_2^-}c(NO_2^-)L+\kappa_{302}^{NO_3^-}c(NO_3^-)L$
$0.861=[23.3\text{L/(mol·cm)}/2.50]\times0.0291\text{mol/L}\times1.0\text{cm}+7.24\text{L/(mol·cm)}\times c(NO_3^-)\times1.0\text{cm}$
$c(NO_3^-)=0.0815\text{mol/L}$

3. 解：$A=\kappa cL$；$A_1/A_2=c_1/c_2$；$0.250/0.320=16.0\mu g/L/c_2$，$c_2=20.5\mu g/L$

$$k=\frac{A}{cL}=\frac{0.250}{\dfrac{16.0\times10^{-6}\text{g/L}}{207\text{g/mol}}\times1.0\text{cm}}=3.23\times10^6\text{L/(mol·cm)}$$

6. 红外吸收光谱法

一、判断题

1	2	3	4	5	6	7	8	9	10
×	×	√	√	×	√	√	√	×	×

二、选择题

1	2	3	4	5	6	7	8	9	10
C	D	C	B	A	C	B	C	D	C

三、填空题

1. 高波数，低波数。2. 氢键。3. 特征谱带区，指纹区。4. 红移，蓝移。5. $690\sim900\text{cm}^{-1}$。6. 振动，振动。7. 正比，反比。8. $1650\sim2000\text{cm}^{-1}$，$650\sim900\text{cm}^{-1}$。

四、简答题

1. 答：(1) KBr 在 $4000\sim400\text{cm}^{-1}$ 的范围内没有吸收峰，不影响样品的测定；(2) KBr 薄片透光性

好,对红外光的散射较少;(3) KBr 容易压成片。

2. 答:在苯甲酸中,羟基与羰基(C=O)相连,并且由于苯基的存在,同时有诱导效应和共轭效应,使其振动吸收频率升高。而乙醇中羟基与烷基项链,没有诱导与共轭效应,频率不变。

3. 答:A、B 两化合物结构上的差异主要表现在 A 化合物对称性差,而 B 化合物分子中心完全对称,因此他们的红外光谱上的主要区别在于 A 物质在 1690~1630 cm^{-1} 区域有 $\nu_{C=C}$ 吸收峰而 B 物质由于 $\nu_{C=C}$ 属于红外非活性振动而在红外光谱上无此吸收峰。

4. 答:上述物质 $\nu_{C=O}$ 频率由大到小的顺序是: $\nu_{C=O(c)} > \nu_{C=C(b)} > \nu_{C=C(a)}$。

(a) 物质因为苯环与 C=O 基共轭效应轭产生共轭而使 $\nu_{C=O}$ 向低频位移;(c) 物质中—OCH$_3$ 基产生诱导效应使 $\nu_{C=O}$ 向高频位移。

5. 答:(1) 没有偶极矩变化的振动,不产生红外吸收;(2) 相同频率的振动吸收重叠,即简并;(3) 仪器不能区别那些频率十分接近的振动,或吸收带很弱,仪器检测不出。

7. 电化学分析导论

一、判断题

1	2	3	4	5	6	7	8	9	10
√	×	√	×	×	×	×	×	√	×

二、选择题

1	2	3	4	5	6	7	8	9	10
B	C	C	D	A	B	C	C	B	C

三、填空题

1. $\varphi_+ - \varphi_-$,原电池,电解池。2. 实际测得的分解电压 $U_分$ 与理论分解电压 $U_理$。3. 参比电极、指示电极、待测溶液。4. 标准氢电极(标准、不常用)、甘汞电极、Ag-AgCl 电极。5. 原电池、电解池、电导池。6. 电极与溶液间的相界电位、电极与导线之间的接触电位、溶液与溶液间的液接电位。

四、简答题

1. 答:因为单个电极不能实现化学能和电能的相互转换,单个电极也不能构成回路。从化学反应讲,单个氧化还原反应中没有电子接受体或电子给予体,反应无法进行,所以必须和另一个已知电极电位的电极(人为规定标准氢电极 SHE 的电位为零)组成一个测量电池进行相对测量。

2. 答:规定标准氢电极来自热力学平衡体系即等温等压条件下:
$E^{\ominus} = -\Delta G^{\ominus}/nF = -RT/(nF) \times \ln K^{\ominus}$;$E^{\ominus} = \varphi^{\ominus}_{(+)} - \varphi^{\ominus}_{(-)}$

温度改变对热力学状态函数产生影响将导致标准电极电位改变。电化学规定:标准氢电极电位在任何温度下的电极电位均为零,所以温度改变对标准氢电极电位没有影响。

五、计算题

1. 解:(1) $E^{\ominus} = \varphi^{\ominus}(Fe^{3+}/Fe^{2+}) - \varphi^{\ominus}(Cu^{2+}/Cu) = 0.771V - 0.342V = 0.429V$

(2) $(-)Cu(s)|Cu^{2+}(c_1) \| Fe^{3+}(c_2),Fe^{2+}(c_3)|Pt(+)$

(3) 正极:Fe^{3+}/Fe^{2+},$2Fe^{3+} + 2e^- = 2Fe^{2+}$;负极:$Cu^{2+}/Cu$,$Cu - 2e^- = Cu^{2+}$

(4) $\varphi(Cu^{2+}/Cu) = \varphi^{\ominus}(Cu^{2+}/Cu) + 0.0592/2 \times \lg\alpha(Cu^{2+})$
$= 0.342V + (0.0592/2 \times \lg 10)V = 0.372V$
$E = \varphi^{\ominus}(Fe^{3+}/Fe^{2+}) - \varphi(Cu^{2+}/Cu) = 0.771V - 0.372V = 0.399V$

8. 电位分析法

一、判断题

1	2	3	4	5	6	7	8	9	10
√	×	√	√	×	√	√	×	√	√

二、选择题

1	2	3	4	5	6	7	8	9	10
B	D	D	A	D	C	A	C	B	D

三、填空题

1. 浸泡 24h，不对称电位值。2. LaF_3 单晶掺杂一些 EuF_2 或 CaF_2，NaCl（0.1mol/L）+ NaF（0.1mol/L）。3. 直接比较法、标准曲线法，标准加入法。4. 低，碱差或钠差；高，酸差。5. 敏感膜、内参比电极、内参比溶液。6. E-V 曲线法、一阶微商法，二阶微商法。

四、简答题

1. 答：使用总离子强度调节缓冲液有三个方面的作用：（1）保持试样溶液与标准系列溶液有相同的总离子强度及活度系数；（2）含有缓冲剂，可控制溶液的 pH 值；（3）含有络合剂，可以掩蔽干扰离子。

2. 答：用 pH 玻璃电极测定溶液 pH 时，用 pH 标准溶液是为了消除不对称电位和液接电位的影响，只有选用与待测试液 pH 相近的 pH 标准溶液定位，控制测定条件完全一致，才能使标准溶液和待测试样各自测得的电动势中的常数项 K_s 和 K_x 相等，从而消除不对称电位和液接电位的影响（常数项 K 中包括不对称电位、液接电位和参比电极的电位）。

五、计算题

1. 解：$K_{H^+, Na^+} = a_{H^+}/a_{Na^+} = 1.0 \times 10^{-7}/0.1 = 1.0 \times 10^{-6}$；$0.05 a_{H^+} = 1.0 \times 10^{-6}$；$a_{H^+} = 2.0 \times 10^{-5}$ mol/L；pH $= -\lg(2.0 \times 10^{-5}) = 4.70$

2. 解：$c(Ca^{2+}) = c_s V_s/(V_x + V_s) \times (10^{-\Delta E/S} - 1)^{-1}$
   $= 0.0731 \times 1.00/(100 + 1.00) \times (10^{2 \times 0.0136/0.0592} - 1)^{-1}$ mol/L $= 3.85 \times 10^{-4}$ mol/L

3. 解：相对误差 $= 1.3 \times 10^{-4} \times (0.200)^{2/1}/(5.8 \times 10^{-5}) \times 100\% = 8.97\%$

9. 极谱分析法

一、判断题

1	2	3	4	5
×	√	×	×	×

二、选择题

1	2	3	4	5	6
B	C	C	B	D	C

三、填空题

1. 通过溶液的电流很小。2. 滴汞电极，极化，甘汞电极，去极化。3. 正比，保持一致。4. 不易产生浓差极化，残余电流干扰。5. 扩散过程，电极反应。6. 扩散，扩散。

四、简答题

1. 答：在直流极谱法中，最常用的工作电极是滴汞电极，他具有以下优点：（1）由于汞滴的表面不断更新，经常保持洁净，故分析结果的准确度高，重现性好；（2）氢在汞上的超电位较大。使得极谱测定可以在酸性溶液中进行；（3）许多金属不但与汞形成汞齐，而且它们的离子在汞电极上的还原反应是可逆的；（4）汞很容易纯化。

2. 答：溶出伏安法的实质是电解法和极谱法的结合，它包括点解富集和反向溶出两个过程。峰值电位是其定性的依据，峰值电流是其定量的依据。

五、计算题

1. 解：由尤考维奇方程，代入数据得：极限扩散电流为
$607 \times 2 \times (7.6 \times 10^{-6})^{1/2} \times 1.68^{2/3} \times 3.49^{1/6} \times 5.00 \times 10^{-3}$ mA $= 2.91 \times 10^{-2}$ mA

2. 解：$i_d = Kc$；$i_{d(x)} = Kc_x = 6.00$ μA；$i_{d(x+s)} = K(c_x \times 50 + 10 \times 2.0 \times 10^{-3})/(50 + 10) = 18.0$ μA；

解得：$c_x = 1.5 \times 10^{-4}$ mol/L $= c(Pb^{2+})$。

10. 其他电化学分析法

一、判断题

1	2	3	4	5	6
√	×	√	×	×	√

二、选择题

1	2	3	4	5	6	7	8	9	10
A	D	A	D	C	D	A	D	B	A

三、填空题

1. 标准溶液，体积计量。2. 电导，电阻。3. 定值，成正比。4. 离子总数、离子所带电荷、离子迁移速率。5. 阴极电位。

四、简答题

1. 答：库仑分析法依据法拉第定律进行测量，法拉第定律是建立在电解质的电极反应的基础上的，当电极反应确定时，其电解消耗的电荷量关系，即电荷量与物质的量的关系随之确定，库仑分析法可以根据电极反应，计算电荷量求得未知物质的含量，而不需要用标准物质来确定量之间的关系。

2. 答：电化学生物传感器是将对待测定的分子具有特异选择性的生物活性物质（如酶、细胞等）制成敏感膜。当敏感膜与样品接触时，生物活性物质与目标物质的分子发生作用，通过换能装置将变化转变为仪器信号（如电位、电流等），从而达到检测目标物质的作用。

五、计算题

1. 解：电导电极的电极常数为：$\theta = L/A = 1.50\text{cm}/1.25\text{cm}^2 = 1.2\text{cm}^{-1}$；

该溶液的电导为：$G = 1/R = \kappa/\theta$；所以电导率为：$\kappa = \theta/R = 1.2/1092 \text{S} \cdot \text{cm}^{-1}$

2. 解：$\Lambda_m^\ominus(Ba^{2+}) = 127.28 \text{S} \cdot \text{cm}^2 \cdot \text{mol}$　$\Lambda_m^\ominus(SO_4^{2-}) = 159.6 \text{S} \cdot \text{cm}^2 \cdot \text{mol}$；

溶液的无限稀释摩尔电导率为：

$\Lambda^0 = \Lambda_m^\ominus(Ba^{2+}) + \Lambda_m^\ominus(SO_4^{2-}) = 127.28 \text{S} \cdot \text{cm}^2 \cdot \text{mol} + 159.6 \text{S} \cdot \text{cm}^2 \cdot \text{mol} = 286.88 \text{S} \cdot \text{cm}^2 \cdot \text{mol}$

所以，$BaSO_4$ 的溶解度为：

$S = c = \kappa/\Lambda_m^\ominus \times 10^{-3} = [(4.58 - 1.52) \times 10^{-3}/286.88] \text{mol/L} = 1.07 \times 10^{-5}$ mol/L

$K_{sp} = (1.07 \times 10^{-5})^2 = 1.14 \times 10^{-10}$

3. 解：$m = (48.5 \times 35.45)/(0.172 \times 96485 \times 1) = 1.1024$ (g)；$w = 0.1024/2.000 \times 100\% = 5.12\%$

11. 色谱分析法导论

一、判断题

1	2	3	4	5	6	7	8	9	10
√	√	√	×	√	×	×	×	×	√

二、选择题

1	2	3	4	5	6	7	8	9	10
B	C	B	D	D	C	C	B	C	A

三、填空题

1. 保留值，$m = fA$。2. 迅速完全汽化，30～70℃。3. 较少，较小，较细。4. 分子扩散项，较大。5. 相似相容，大，长，晚。

四、简答题

1. 答：毛细管柱色谱仪的结构特点是管柱内径细，允许通过的载气流量很小。因此柱容量小，允许的进样量很小。解决的办法是采用分流技术。分流后柱后流出的样品组分量少，流速缓慢，解决的办法是采用高灵敏度的氢焰检测器，使用尾吹技术。

五、计算题

1. 解：(1) $\gamma_{B,A} = t'_{R(B)}/t'_{R(A)} = (7.5-1.4)\text{min}/(4.5-1.4)\text{min} = 1.97$
(2) $\gamma_{C,B} = t'_{R(C)}/t'_{R(B)} = (10.4-1.4)\text{min}/(7.5-1.4)\text{min} = 1.48$
(1) $\kappa'_B = t'_{R(B)}/t_0 = (7.5-1.4)\text{min}/1.4\text{min} = 4.36$

2. 解：代入质量分数的表达式中得到各组分的质量分数分别为：

$w_{甲酸} = (14.8/133) \times (0.1907/1.055) \times 3.83 \times 100\% = 7.71\%$

$w_{乙酸} = (72.6/133) \times (0.1907/1.055) \times 1.78 \times 100\% = 17.56\%$

$w_{丙酸} = (42.4/133) \times (0.1907/1.055) \times 1.07 \times 100\% = 6.17\%$

12. 气相色谱法

一、判断题

1	2	3	4	5	6	7	8	9	10
√	×	√	×	×	×	×	√	×	×

二、选择题

1	2	3	4	5	6	7	8	9	10
B	B	D	A	B	B	C	C	D	D

三、填空题

1. 灵敏度，选择性，电负性大。2. 气路系统、进样系统、分离系统、检测系统、温度控制系统、记录系统。3. 相似相溶。4. 程序升温。5. 气体，固体，液体。6. 灵敏度，检出限（敏感度），线性范围。7. 红色载体，白色载体。8. 固定液，载体。9. 载气。10. 柱温，固定相性质。

四、简答题

1. 答：由于 FID 只对含碳有机物产生响应信号，对在氢火焰中不电离的无机物（如空气）没有响应，因此以 FID 为检测器时要用甲烷求死时间。

2. 答：色谱定性的依据是保留值主要定性法；纯物对照法；加入纯物增峰高法；保留指数定性法；相对保留值法。

3. 答：不需要。因为归一化法测定的是各组分相对含量，与进样量大小无关。

13. 高效液相色谱法

一、判断题

1	2	3	4	5	6	7	8	9	10
×	√	√	√	×	√	×	√	×	√

二、选择题

1	2	3	4	5	6	7	8
B	C	D	D	A	B	D	C

三、填空题

1. 溶剂强度参数，强。2. 甲醇、乙氰、四氢呋喃、水。3. 化学键合固定相。4. 降低，宽。5. 组成和极性。6. 恒压泵，恒流泵。7. 缩短传质途径、降低传质阻力。8. 填充颗粒的大小，柱径。9. 稳定，流失，梯度洗脱。10. 样品，载气移动速度。

四、简答题

1. 答：脱气就是去除溶解在溶剂中的气体。(1) 脱气是为了防止流动相从高压柱内流出时，释放出气泡。这些气泡进入检测器后会使噪声剧增，甚至不能正常检测。(2) 溶解氧会与某些流动相与固定相作用，破坏它们的正常功能。对水及极性溶剂的脱气尤为重要，因为氧在其中的溶解度较大。

五、计算题

解：(1) 根据公式：$k' = t'_R/t_0 = (t_R - t_0)/t_0$；分别求出 k'_1、k'_2

$k'_1 = (4.40 - 1.40)\text{min}/1.40\text{min} = 2.14$；$k'_2 = (4.80 - 1.40)\text{min}/1.40\text{min} = 2.43$

$\gamma_{2,1} = k'_2/k'_1 = 2.43/2.14 = 1.14$

(2) 当实验条件一定时，分离度 R 平方与柱长 L 成正比；$R_1^2/R_2^2 = L_1/L_2$；

当 $R_2 = 1.5$ 时，$1.07^2/1.5^2 = 0.12/L_2$；$L_2 = 0.236\text{m}$。

当柱长增加至 23.6cm 时，分离度达到 1.5。

附 录

附录1 化学试剂等级对照表

级别	一级品	二级品	三级品	四级品	
中文标志	保证试剂	分析试剂	化学纯	化学用试剂	生物试剂
	优级纯	分析纯	化学纯	化学用	
符号	GR	AR	CP	LR	BR
瓶签颜色	绿色	红色	蓝色	棕色等	黄色等

附录2 常用酸碱试剂的浓度

名称	化学式	摩尔质量	密度/(g/mL)	质量百分浓度/%	物质的量浓度/(mol/L)
盐酸	HCl	36.46	1.19	38	12
硝酸	HNO_3	63.01	1.42	70	16
硫酸	H_2SO_4	98.07	1.84	98	18
高氯酸	$HClO_4$	100.46	1.67	70	11.6
磷酸	H_3PO_4	98.00	1.69	85	15
氢氟酸	HF	20.01	1.13	40	22.5
冰乙酸	CH_3COOH	60.05	1.05	99.9	17.5
氢溴酸	HBr	80.93	1.49	47	9
甲酸	$HCOOH$	46.04	1.06	26	6
过氧化氢	H_2O_2	34.01		>30	
氨水	$NH_3 \cdot H_2O$	35.05	0.90	27(NH_3)	14.5

附录3 常用酸碱指示剂

序号	名称	pH变色范围	颜色变化		pK_a	溶液配制
1	甲基紫(第1次变色)	0.13~0.5	黄	绿	0.8	0.1%水溶液
2	甲酚红(第1次变色)	0.2~1.8	红	黄	—	0.04%乙醇(50%)溶液
3	甲基紫(第2次变色)	1.0~1.5	绿	蓝	—	0.1%水溶液
4	百里酚蓝(第1次变色)	1.2~2.8	红	黄	1.65	0.1%乙醇(20%)溶液
5	甲基紫(第3次变色)	2.0~3.0	蓝	紫	—	0.1%水溶液
6	甲基黄	2.9~4.0	红	黄	3.3	0.1%乙醇(90%)溶液

续表

序号	名称	pH 变色范围	颜色变化		pK_a	溶液配制
7	溴酚蓝	3.0~4.6	黄	蓝	3.85	0.1%乙醇(20%)溶液
8	甲基橙	3.1~4.4	红	黄	3.40	0.1%水溶液
9	溴甲酚绿	3.8~5.4	黄	蓝	4.68	0.1%乙醇(20%)溶液
10	甲基红	4.4~6.2	红	黄	4.95	0.1%乙醇(60%)溶液
11	溴百里酚蓝	6.0~7.6	黄	蓝	7.1	0.1%乙醇(20%)
12	中性红	6.8~8.0	红	黄	7.4	0.1%乙醇(60%)溶液
13	酚红	6.8~8.0	黄	红	7.9	0.1%乙醇(20%)溶液
14	甲酚红(第2次变色)	7.2~8.8	黄	红	8.2	0.04%乙醇(50%)溶液
15	百里酚蓝(第2次变色)	8.0~9.6	黄	蓝	8.9	0.1%乙醇(20%)溶液
16	酚酞	8.2~10.0	无色	紫红	9.4	0.1%乙醇(60%)溶液
17	百里酚酞	9.4~10.6	无色	蓝	10.0	0.1%乙醇(90%)溶液

附录4 常用混合酸碱指示剂

序号	指示剂名称	溶液配制	比例	变色点	颜色变化	
1	甲基黄	0.1%乙醇溶液	1:1	3.28	蓝紫	绿
	亚甲基蓝	0.1%乙醇溶液				
2	甲基橙	0.1%水溶液	1:1	4.3	紫	绿
	苯胺蓝	0.1%水溶液				
3	溴甲酚绿	0.1%乙醇溶液	3:1	5.1	酒红	绿
	甲基红	0.2%乙醇溶液				
4	溴甲酚绿钠盐	0.1%水溶液	1:1	6.1	黄绿	蓝紫
	氯酚红钠盐	0.1%水溶液				
5	中性红	0.1%乙醇溶液	1:1	7.0	蓝紫	绿
	亚甲基蓝	0.1%乙醇溶液				
6	中性红	0.1%乙醇溶液	1:1	7.2	玫瑰	绿
	溴百里酚蓝	0.1%乙醇溶液				
7	甲酚红钠盐	0.1%水溶液	1:3	8.3	黄	紫
	百里酚蓝钠盐	0.1%水溶液				
8	酚酞	0.1%乙醇溶液	1:2	8.9	绿	紫
	甲基绿	0.1%乙醇溶液				
9	酚酞	0.1%乙醇溶液	1:1	9.9	无色	紫
	百里酚酞	0.1%乙醇溶液				
10	百里酚酞	0.1%乙醇溶液	2:1	10.2	黄	绿
	茜素黄	0.1%乙醇溶液				

注：混合酸碱指示剂要保存在深色瓶中。

附录5　络合指示剂

序号	名称	颜色变化		溶液配制	适用pH范围	被滴定离子
1	铬黑T	蓝	橙	与固体NaCl混合物(1:100)	6.0~11.0	Ca^{2+}, Cd^{2+}, Hg^{2+}, Mg^{2+}, Mn^{2+}, Pb^{2+}, Zn^{2+}
2	二甲酚橙	柠檬黄	红	0.5%乙醇溶液	5.0~6.0	Cd^{2+}, Hg^{2+}, La^{3+}, Pb^{2+}, Zn^{2+}
					2.5	Bi^{3+}, Th^{4+}
3	茜素	红	黄	—	2.8	Th^{4+}
4	钙试剂	亮蓝	深红	0.5%水溶液	>12.0	Ca^{2+}
5	酸性铬紫B	橙	红		4.0	Fe^{3+}
6	甲基百里酚蓝	灰	蓝	1%与固体KNO_3混合物	10.5	Ba^{2+}, Ca^{2+}, Mg^{2+}, Mn^{2+}, Sr^{2+}
7	铝试剂	酒红	黄		8.5~10.0	Ca^{2+}, Mg^{2+}
		红	蓝紫		4.4	Al^{3+}
		紫	淡黄		1.0~2.0	Fe^{3+}

附录6　氧化还原指示剂

序号	名称	氧化态颜色	还原态颜色	E_{ind}/V	溶液配制
1	二苯胺	紫	无色	+0.76	1%浓硫酸溶液
2	二苯胺磺酸钠	紫红	无色	+0.84	0.2%水溶液
3	亚甲基蓝	蓝	无色	+0.532	0.1%水溶液
4	淀粉	蓝	无色	+0.53	0.1%水溶液
5	邻二氮菲-亚铁	浅蓝	红	+1.06	(1.485g邻二氮菲+0.695g$FeSO_4$)溶于100mL水
6	酸性绿	橘红	黄绿	+0.96	0.1%水溶液

附录7　常用缓冲溶液

序号	缓冲溶液组成	缓冲溶液配制方法	pH值
1	氯化钾-盐酸	13.0mL 0.2mol/L HCl与25.0mL 0.2mol/L KCl混合均匀后,加水稀释至100mL	1.7
2	氨基乙酸-HCl	在500mL水中溶解氨基乙酸150g,加480mL浓HCl,再加水稀释至1L	2.3
3	一氯乙酸-NaOH	在200mL水中溶解2g一氯乙酸后,加40g NaOH,溶解完全后再加水稀释至1L	2.8
4	邻苯二甲酸氢钾-HCl	把25.0mL 0.2mol/L的邻苯二甲酸氢钾溶液与6.0mL 0.1mol/L HCl混合均匀,加水稀释至100mL	3.6
5	邻苯二甲酸氢钾	称取1.02g苯二甲酸氢钾($KHC_8H_4O_4$),溶于水并稀释至100mL	4.0
6	邻苯二甲酸氢钾-NaOH	把25.0mL 0.2mol/L的邻苯二甲酸氢钾溶液与17.5mL 0.1mol/L NaOH混合均匀,加水稀释至100mL	4.8

续表

序号	缓冲溶液组成	缓冲溶液配制方法	pH 值
7	六亚甲基四胺-HCl	在 200mL 水中溶解六亚甲基四胺 40g,加浓 HCl 10mL,再加水稀释至 1L	5.4
8	磷酸二氢钾-NaOH	把 25.0mL 0.2mol/L 的磷酸二氢钾与 23.6mL 0.1mol/L NaOH 混合均匀,加水稀释至 100mL	6.8
		取磷酸二氢钾 0.68g,加 0.1mol/L 氢氧化钠溶液 29.1mL,用水稀释至 100mL	7.0
9	NH_3-NH_4Cl	把 0.1mol/L 氯化铵与 0.1mol/L 氨水以 2∶1 比例混合均匀	9.1
10		取 2g NH_4Cl 加水溶解,加 10mL 浓氨水,稀释至 100mL	10.0

附录 8　相对原子质量表

原子序数	元素名称	元素符号	相对原子质量	原子序数	元素名称	元素符号	相对原子质量
1	氢	H	1.007	36	氪	Kr	83.798
2	氦	He	4.003	37	铷	Rb	85.468
3	锂	Li	6.941	38	锶	Sr	87.621
4	铍	Be	9.012	39	钇	Y	88.906
5	硼	B	10.811	40	锆	Zr	91.224
6	碳	C	12.017	41	铌	Nb	92.906
7	氮	N	14.007	42	钼	Mo	95.942
8	氧	O	15.999	43	锝	Tc	97.907
9	氟	F	18.998	44	钌	Ru	101.072
10	氖	Ne	20.180	45	铑	Rh	102.906
11	钠	Na	22.990	46	钯	Pd	106.421
12	镁	Mg	24.305	47	银	Ag	107.868
13	铝	Al	26.982	48	镉	Cd	112.412
14	硅	Si	28.086	49	铟	In	114.818
15	磷	P	30.974	50	锡	Sn	118.711
16	硫	S	32.066	51	锑	Sb	121.760
17	氯	Cl	35.453	52	碲	Te	127.603
18	氩	Ar	39.948	53	碘	I	126.904
19	钾	K	39.098	54	氙	Xe	131.294
20	钙	Ca	40.078	55	铯	Cs	132.905
21	钪	Sc	44.956	56	钡	Ba	137.328
22	钛	Ti	47.867	57	镧	La	138.905
23	钒	V	50.942	58	铈	Ce	140.116
24	铬	Cr	51.996	59	镨	Pr	140.908
25	锰	Mn	54.938	60	钕	Nd	144.242
26	铁	Fe	55.845	61	钷	Pm	145
27	钴	Co	58.933	62	钐	Sm	150.36
28	镍	Ni	58.693	63	铕	Eu	151.964
29	铜	Cu	63.546	64	钆	Gd	157.253
30	锌	Zn	65.409	65	铽	Tb	158.925
31	镓	Ga	69.723	66	镝	Dy	162.500
32	锗	Ge	72.641	67	钬	Ho	164.930
33	砷	As	74.921	68	铒	Er	167.259
34	硒	Se	78.963	69	铥	Tm	168.934
35	溴	Br	79.904	70	镱	Yb	173.043

续表

原子序数	元素名称	元素符号	相对原子质量	原子序数	元素名称	元素符号	相对原子质量
71	镥	Lu	174.967	79	金	Au	196.967
72	铪	Hf	178.492	80	汞	Hg	200.592
73	钽	Ta	180.948	81	铊	Tl	204.383
74	钨	W	183.841	82	铅	Pb	207.21
75	铼	Re	186.207	83	铋	Bi	208.980
76	锇	Os	190.233	84	钋	Po	208.982
77	铱	Ir	192.217	85	砹	At	209.987
78	铂	Pt	195.085	86	氡	Rn	222.018

参 考 文 献

[1] 武汉大学主编. 分析化学实验. 第5版. 北京：高等教育出版社，2011.
[2] 范玉华主编. 无机及分析化学实验. 青岛：中国海洋大学出版社，2009.
[3] 陈凤玲，陈金忠，丁振瑞，梁伟华等. ICP-AES测定饮用水中5种重金属元素. 光谱实验室，2010，27（3）：896-899.
[4] 鲁丹，谢彬彬，赵珊红，邹学权等. 电感耦合等离子体原子发射光谱法测定橡胶和塑料制品中局关注物质含钴、砷、铬、锡、铅的量. 理化检验-化学分册，2013，49（9）：1046-1049.
[5] 杨晓婧，李美丽，白建华. 火焰原子吸收光谱法测定废水中的重金属离子. 光谱实验室，2010，27（1）：247-249.
[6] 靳月琴，郭丽敏，宋建荣，杨金香等. 紫外可见分光光度法测定维生素B_{12}含量. 长治医学院学报，2007，21（4）：251-253.
[7] 任霁晴，贾大兵，壮亚峰. 紫外分光光度法测定塑料制品中双酚A. 吉林化工学院学报，2007，24（4）：40-42.
[8] 刘阳. 氟离子选择性电极测定牙膏中氟的含量. 广东化工，2013，40（249）：49.
[9] 郭静，张睿，金根娣. 循环伏安法测定染发剂中的对苯二胺. 扬州职业大学学报，2011，15（3）：41-43.
[10] 谢婷. 气相色谱法测葡萄酒中乙醇含量-甲醇作内标. 广东化工，2011，33（12）：93-95.
[11] 华晓莹. 液相色谱法检测土壤中的尿素含量. 实验科学与技术，2008，6（2）：43-45.